JN033727

new astronomy library

新天文学 **7**
ライブラリー

銀河団
Clusters of Galaxies

北山 哲
Kitayama Tetsu

日本評論社

新天文学ライブラリー刊行によせて

　近代科学の出発点としての歴史と，つねに新たな世界観を切り拓く先進性，その二つを合わせもった学問が天文学です．しかしその結果として，歴史的な研究から最新の発見に至るまで学ぶべきことが多く，特に新たに研究を始めようとする学生の皆さんにとっては，すぐれた教科書シリーズが待ち望まれていました．

　日本評論社からすでに出版されている「シリーズ現代の天文学」全17巻は，天文学の基礎事項を網羅したすぐれた概論的教科書として定着しています．さらに，それらと相補的に個々のテーマをじっくりと解説した書籍が必要ではないかとの考えから，この「新天文学ライブラリー」は生まれました．

　編集委員である私たちが特に留意したのは，

● 概論的教科書では紙面の関係で結果を示すだけになりがちな部分であっても，それらが基礎的な事項の積み重ねとしてすっきり理解できるように説明すること

● 単なる式の羅列ではなく，それらの導出と物理的説明や解釈を通じて，じっくり読めば十分な達成感が得られること

● 複数の著者ではなく，一人あるいは少数の著者が執筆することで，行間からそれぞれの著者の科学観が伝わること

の3点です．そしてこれらは本シリーズの特長そのものでもあります．

　私たちが天文学を志した頃には，このような発展を遂げるとは予想もできなかったテーマ，さらにはそもそも存在すらしていなかったテーマが，今回一冊の本になっている場合も少なくありません．その意味では私たち編集委員は，本シリーズから多くのものを学んだ幸運な最初の読者だというべきでしょう．「新天文学ライブラリー」を読んだ方々が，未だ知られていない新世代の天文学の扉を開いてくれることを心から期待しています．

編集委員　須藤　靖（委員長），田村元秀，林　正彦，山崎典子

はじめに

　宇宙にはさまざまな種類の天体が存在するが，その中で最も大きな天体である銀河団について本書では解説する．宇宙最大の天体であるということは，宇宙全体と最も関連の深い天体であることを意味する．個々の天体の性質を解明すること（天体物理学の主要テーマ）と，その背後にある宇宙全体の進化を探ること（宇宙論の主要テーマ）は，技術的な制約により乖離してしまう場合が多いのが現状だが，それらが両立する希少な例が銀河団の研究である．別の言い方をすると，宇宙全体の進化の中で，さまざまな天体がいかに形成されてきたのかを明らかにするには，銀河団についてはどうであるかをまず理解することが出発点となる．その意味で，銀河団は「宇宙論と天体物理学の交差点」に位置すると言える．

　また，銀河団のもう一つの特徴は，観測データが豊富であると同時に，それらと基本的な物理法則とを比較的結びつけやすいことにある．宇宙の天体はいずれも複雑系であるので，その性質を第一原理的に説明するのは一般には難しいが，本書で詳しく述べるように，銀河団に対してはそれが可能となることが多い．また，銀河団を調べることで，上で述べた宇宙全体の進化や，正体不明のダークマター・ダークエネルギーについての貴重な手がかりも得られる．その意味で，銀河団は天然の「実験場」とも言える．

　しかし，銀河団全般に関する内容を，素過程から出発して系統的に記した教科書は，国内外を問わず現状では見あたらない．また，専門家向けに最新の研究成果をまとめた文献は数多いが，大学生を含む非専門家向けの解説書は非常に少ない．そこで，本書では以下の点に留意した．

- 基本原理・法則から観測データの解釈に至るまでを可能な限り略さずに結びつけ，この一冊で自己完結した内容にすること．
- 普遍性をもつ事項，10 年後においても価値が失われにくい内容を重点的に取り上げること．
- 大学の学部 2 年生程度の物理学の素養があれば，十分に読破できるように記述すること．
- 大学院生や非専門家がこの分野の学術論文を読む際に役立つ前提知識を提供すること．

　これらのもと，力学や電磁気学などの基礎的内容が，現実の銀河団にどのように結びつくのかを明瞭にするため，ほぼすべての重要事項の導出過程を省略せずに示した．結果的に，本書には多くの数式が登場するが，数式を扱うのはそれ自体が目的ではなく，絵画におけるデッサンやスポーツにおけるランニングなどと同様に，より先の段階に進むための土台と考えていただくのが良いだろう．土台がしっかりしているほど，発展の余地は大きくなり，楽しみ方の幅も広がるはずだ．実際に，本書の前半（2, 3 章）の素過程についての内容は，銀河団に焦点をあててはいるが，他の研究対象にも広く適用できる．一方で，本書の後半（4, 5 章）では最近の研究成果も紹介しているが，研究成果はつねに更新され，多くは数年で古くなってしまうので，それらを網羅することよりも，土台となる考え方を示すことに重きを置いた．

　また，本書では一般相対論の知識は前提とせず，その考え方のみ二箇所（2.1 節冒頭および 4.5 節冒頭）で用いるが，いずれも定性的な説明やニュートン力学を用いた直観的な理解の方法を併せて記した．天文学の専門知識も前提としない．ニュートン力学，古典電磁気学，熱力学，初歩的な量子力学と流体力学は，この順序の頻度で前提として用いる．それ以外に繰り返し用いる基礎事項（ローレンツ変換など）は，付録にまとめた．

　大学などで学んだ基礎事項の一つ一つが，互いに結びつきながら積み重なり，やがて宇宙最大の天体を記述するに至るまでの醍醐味を実感していただければ幸いである．

　本書の執筆にあたっては，浅妻翼氏，井上進氏，須藤靖氏，田村元秀氏，照喜名歩氏，西田重晴氏，林正彦氏，山崎典子氏，山本一博氏，渡邉彩香氏から，貴重な助言を頂いた．また，日本評論社の佐藤大器氏には，本書の構想段階から長きにわたって大変お世話になった．ここに深く感謝申し上げたい．

2020 年 8 月

北山 哲

第1章

さまざまな手段で見た銀河団

1.1 宇宙最大の天体

1.1.1 銀河団とは

　現在の宇宙の物質は決して均一には分布しておらず，星や銀河をはじめとした幾重もの階層を形づくりながら，膨大なスケールに渡って存在している（表 1.1）. このような階層構造の起源と成り立ちを解き明かすことは，宇宙物理学の主要テーマの一つであると言える.

　本書では，これらの階層構造の一つである「銀河団（cluster of galaxies）」を対象とする. 銀河団とは文字通り，銀河（galaxy）が密集して集団をなしている天体である. 慣用的には，銀河数が 50 個程度までの集団を「銀河群（group of

表 1.1　宇宙の階層構造のあらまし. 値は典型的な目安を表す.

	直径 [pc]	質量 [$M_\odot$]
恒星	10^{-8}–10^{-4}	0.1–100
球状星団	10–100	10^4–10^6
銀河	10^3–10^5	10^7–10^{13}
銀河群	10^5–10^6	10^{13}–10^{14}
銀河団	10^6–10^7	10^{14} – 10^{15}
超銀河団	$> 10^7$	$> 10^{16}$

$M_\odot$：太陽質量

galaxies）」，それ以上の集団を「銀河団」と呼ぶことが多いが，両者の性質の間
には明確な境界はない．したがって，特に断らない限り，本書の内容は銀河群に
も同じように適用できると考えて良い．また，複数の銀河団や銀河群がゆるやか
に連結した系は「超銀河団（supercluster）」と呼ばれるが，重力による結合が弱
く，宇宙の平均的な物質分布との区別が明確でない．つまり，銀河団は，重力に
よって物質が強く結合した系（以下では，このような系を「自己重力系」と呼ぶ）
としては，宇宙最大である．

　このため，銀河団は宇宙全体との関連がきわめて深い天体であると言える．つ
まり，銀河団の性質を説明する上では，宇宙の進化を正しく考慮することが必要
であるし，逆に銀河団の観測データからは（直接見ることができない）宇宙の進
化についての貴重な情報を得ることができるのである．本章では，このような銀
河団が実際にどのような姿をしているのかをまず概観し，次章以降の内容との関
連を述べていきたい．

1.1.2　物理量の単位

　宇宙物理学では，巨視的な天体の性質と微視的な原子等の性質の両者を扱うこ
とが多く，特に宇宙最大の天体である銀河団に対してはそれが顕著となるので，
目的に応じて複数の単位を使い分けるのが便利である．そこで本書では，天文学
的なスケールにおける物理量を扱う際の単位として，距離には pc（パーセク），
質量には $M_\odot$（太陽質量），時間には yr（年）を用いる．これらはそれぞれ，$1\,\mathrm{pc}$
$= 3.09 \times 10^{18}\,\mathrm{cm} = 3.26$ 光年，$1M_\odot = 1.99 \times 10^{33}\,\mathrm{g}$，$1\,\mathrm{yr} = 3.16 \times 10^7\,\mathrm{sec}$ であ
る．また，kpc は 10^3 pc, Mpc は 10^6 pc, Gpc は 10^9 pc にそれぞれ対応する．

　一方で，微視的な物理量に対しては，ガウス（Gauss）単位系を用いる．すな
わち，距離は cm, 質量は g, 時間は sec で表す．ただし，エネルギーは電子ボル
ト（$1\,\mathrm{eV} = 1.602 \times 10^{-12}\,\mathrm{erg}$）で表す場合もある．大学の学部生以下向けの教科
書では MKSA 単位系 やそれを拡張した SI 単位系が標準的であるが，宇宙物理学
の研究現場ではガウス単位系が広く用いられることを考慮して，両者を橋渡しす
ることを本書では意図している．単位系の違いは，特に電磁気学に関連した内容
で顕著となり，混乱を生じやすいので，本論とは別に A.6 節で詳しく解説する．
また，物理定数を含めて本書で用いる諸量の一覧が表 A.4 に掲載してある．

1.2 可視光で見た銀河団

1.2.1 可視光における観測量

最も古くから銀河団が観測されてきたのは可視光においてである．可視光では，個々の銀河を構成する恒星や活動銀河核[*1]からの光が観測される．銀河団の撮像イメージからは，銀河団に属するメンバー銀河の形態や色についての情報が得られる．図 1.1 は，ハッブル宇宙望遠鏡によって撮影された銀河団の画像を示しているが，銀河団ではない一般の宇宙空間（「フィールド（field）」と呼ばれる）に比べて，楕円形の形状をもつ楕円銀河の割合が高く，渦巻銀河の割合が低いことが特徴的である．楕円銀河の多くは赤い色をしており，これは古い恒星の比率が高いことを意味する．また，中心に大型の楕円銀河である「cD 銀河」が存在する銀河団も数多く知られている[*2]．これらは銀河団中における銀河進化が，フィールドとは大きく異なっていたことを示唆している．銀河進化の詳細については，5.3.2 節で解説する．

図 1.1 可視光で見た銀河団 Abell 2218 の姿．ハッブル宇宙望遠鏡によって得られた．画像の大きさ（約 $3' \times 1.5'$）は，この銀河団の赤方偏移 $z = 0.175$ において約 540×270 kpc に相当する．広がった楕円状の天体はこの銀河団に属する銀河であるが，細い弧状の天体は重力レンズ効果を受けた背後の銀河である（NASA）．

[*1] 銀河中心部で，非常に強い電磁波を放射し，激しい活動性を示す領域のことを活動銀河核（Active Galactic Nucleus: AGN）と呼ぶ．また，そのような領域をもつ銀河を，活動銀河と呼ぶ．

[*2] c は銀河団（cluster of galaxies）の頭文字であり，D 銀河は周辺部の広がりの大きな楕円銀河を指す．

　また, 図 1.1 には, 細く引き伸ばされた弧状の天体がいくつか見られる. これらは銀河団の莫大な質量によって, 背後に存在する銀河からの光が曲げられたために引き起こされた「重力レンズ（gravitational lensing）効果」と呼ばれる現象である. 重力レンズ効果を用いると, 銀河団の質量を精度良く測定することが可能となる. その結果, 銀河団には未知の「ダークマター（dark matter）」が大量に存在することが強く示唆されている. 重力レンズ効果については, 4.5 節で詳しく解説する.

　一方, 上で述べたような画像データを取得する撮像観測とは相補的な情報源となるのが, 光の波長スペクトルを取得する分光観測である. 分光データからは, 銀河の物質組成や星形成率などについての情報に加えて, 銀河の速度についての情報を得ることができる. 速度の視線成分 $v_{/\!/}$ によるドップラー（Doppler）効果は, スペクトル線の波長に

$$z \equiv \frac{\lambda' - \lambda}{\lambda} = \frac{v_{/\!/}}{c} \tag{1.1}$$

で与えられるずれをもたらす. ここで, z は「赤方偏移（redshift）」と呼ばれ, $v_{/\!/}$ は観測者から遠ざかる向きに正の符号をとる. また, $c = 3.00 \times 10^{10} \,\mathrm{cm\,s^{-1}}$ は光速, λ は銀河の静止系におけるスペクトル線の波長, λ' は観測されるスペクトル線の波長である. ただし, 式 (1.1) の二つ目の等号は, $v_{/\!/} \ll c$ のときに成り立つ近似である. したがって, $z \ll 1$ の場合には, 赤方偏移の測定から $v_{/\!/}$ を求めることが可能となる.

　仮に銀河の赤方偏移が, ハッブル–ルメートル（Hubble–Lemaître）の法則[3]

$$cz = H_0\, d \tag{1.2}$$

にしたがう宇宙膨張だけに起因していれば, 赤方偏移 z は距離 d と直接結びつく. ここで, H_0 は「ハッブル定数」と呼ばれ, 無次元パラメータ h を用いて,

$$H_0 = 100\, h \,\mathrm{km/s/Mpc} = 3.24 \times 10^{-18} h \,\mathrm{s^{-1}} \tag{1.3}$$

と表される. 観測的には $h \simeq 0.7$ が示唆されている. しかし実際には, 銀河の速度には, 宇宙膨張からのずれ, すなわち特異速度も含まれる. そこで, 複数のメ

[3]　E. Hubble, Proceedings of the National Academy of Sciences of the United States of America, 15, 168（1929）; G. Lemaître, Annales de la Société Scientifique de Bruxelles, A47, 49（1927）.

ンバー銀河の赤方偏移を測定することが可能な場合は，その平均値 $\langle z \rangle$ を銀河団の赤方偏移（主に宇宙膨張に起因する）とみなし，その 2 乗平均値と合わせて定義される

$$\sigma_{1\mathrm{D}}^2 \equiv \langle (cz - c\langle z \rangle)^2 \rangle = c^2 (\langle z^2 \rangle - \langle z \rangle^2) \tag{1.4}$$

をメンバー銀河の 1 次元速度分散（特異速度に起因する）とみなすことが多い[*4]．$\langle z^2 \rangle$ と $\langle z \rangle^2$ は一般には異なることに注意してほしい．多くの銀河団では，$\sigma_{1\mathrm{D}} \simeq$ 500–2000 km/s 程度の値が示唆されている．銀河団中の銀河の特異速度は，銀河団全体の重力場によって生じるので，速度分散からは銀河団の総質量を測定することができる（詳細は 4.3 節）．その結果，銀河団には大量のダークマターが存在することが，重力レンズ効果とは独立に示唆されている．

なお，厳密には式（1.2）は近傍宇宙（$z \ll 1$）においてのみ成立する式であるが，より遠方の宇宙についてもこれを拡張した関係式（詳細は 2.1.5 節）によって，赤方偏移 z を距離の指標として用いることが可能である．

1.2.2 可視光における銀河団カタログ

図 1.1 を見て気づかれた読者もいるかもしれないが，実は天球面上に投影された銀河分布だけから，銀河が密集している領域を判別することはかなり難しい．銀河団の典型的な半径 R は 2 Mpc 程度であり，この領域内に 1000 個にのぼる銀河が含まれることもある．したがって，銀河団中における平均的な銀河数密度 $\langle n_{\mathrm{gal}} \rangle_{\mathrm{cluster}}$ は，銀河団に含まれる銀河総数を N_{gal} で表すと，

$$\langle n_{\mathrm{gal}} \rangle_{\mathrm{cluster}} = \frac{3N_{\mathrm{gal}}}{4\pi R^3} \simeq 30 \left(\frac{N_{\mathrm{gal}}}{1000} \right) \left(\frac{R}{2\,\mathrm{Mpc}} \right)^{-3} \ \mathrm{Mpc}^{-3} \tag{1.5}$$

となる．一方，フィールドにおいて観測される銀河数密度は $\langle n_{\mathrm{gal}} \rangle_{\mathrm{field}} \sim 0.1$ Mpc^{-3} 程度で，銀河団内よりも 2 桁以上低い．これらを現在観測できる宇宙の大きさ[*5]$R_{\mathrm{univ}} \sim 4$ Gpc にわたって視線上に足し上げれば，天球面上での密集の度合いを表す面密度が得られる．この結果，銀河団方向とフィールドのみの方向

[*4] 本書では特に断らない限り，速度分散は 1 次元の量として定義する．これは，等方的な速度分布の場合，3 次元速度分散の 1/3 倍の大きさをもつ．なお，混同しない範囲で，標準偏差 $\sigma_{1\mathrm{D}}$ が慣用的に速度分散と呼ばれることもある．

[*5] 式（2.79）で与えられるハッブル半径に対応する．

をそれぞれ観測したときの面密度の比は

$$\frac{\Sigma_{\text{cluster}}}{\Sigma_{\text{field}}} \sim \frac{\langle n_{\text{gal}} \rangle_{\text{cluster}} 2R + \langle n_{\text{gal}} \rangle_{\text{field}} R_{\text{univ}}}{\langle n_{\text{gal}} \rangle_{\text{field}} R_{\text{univ}}} \sim 1 \tag{1.6}$$

でしかないことがわかる．ここで，分子では，銀河団の前景と背景はフィールド
であることを考慮した．式 (1.6) は，奥行き方向の情報なしには，天球面上に投
影された銀河分布だけから銀河団を同定するのは難しいことを意味している．も
ちろん，大多数の銀河の赤方偏移が精度よく測定できれば，3 次元的な位置情報
をもとに銀河団を同定することが可能となるが，そのような測定を広域かつ遠方
まで行うのは非常に難しい．

　そこで歴史的には，銀河の見かけの明るさが，一般には遠方ほど暗くなること
を用いた簡易的な同定がまず行われた．銀河の光度（単位時間あたりの放射エネ
ルギー）を L とすると，観測されるフラックス（flux）F（単位時間・単位面積あ
たりに入射するエネルギー）は

$$F = \frac{L}{4\pi d_{\text{L}}^2} \tag{1.7}$$

のように，銀河までの距離[*6] d_{L} の 2 乗に反比例して減少する．一方，天文学でよ
く用いられるみかけの等級は，

$$m = -2.5 \log_{10} F + C \tag{1.8}$$

と表され，暗い天体ほど値が大きくなる．定数 C は，通常，こと座のベガが 0 等
級になるように定められる．式 (1.7) (1.8) より，同一の距離にある天体に対し
ては，光度と等級は 1 対 1 に対応するので，仮想的に天体までの距離を 10 pc に
揃えたときのみかけの等級を絶対等級 M と定義して，天体本来の明るさ（すな
わち光度）を表す指標として用いる．すると，同一の天体に対して，

$$m - M = 5 \log_{10} \left(\frac{d_{\text{L}}}{10 \text{ pc}} \right) \tag{1.9}$$

が成り立つ．式 (1.9) 左辺の $m - M$ は「距離指標」と呼ばれ，d_{L} が大きくなる
ほど増加する．たとえば，可視領域における太陽の絶対等級は $M = 4.8$ であるの
で，仮に太陽が距離 $d_{\text{L}} = 1 \text{ Mpc}$（すなわち距離指標 $m - M = 25.0$）にあれば，

[*6]　正確には「光度距離」と呼ばれ，詳しくは 2.1.5 節で解説する．

そのみかけの等級は $m = 29.8$ となる.

　みかけの明るさを用いて銀河団を同定した代表例が，エイベル（G.O. Abell），コーウィン（H.G. Corwin），オロウィン（R.P. Olowin）によって 1989 年に出版された ACO カタログである[*7]. このカタログは，もともと 1958 年にエイベルが発表したエイベルカタログ [*8]が原型となっており，写真乾板を用いて同定された計 4076 個の銀河団が含まれている. 銀河団の選択規準としては，「銀河の集団中で 3 番目に明るい銀河の見かけの等級を m_3 とするとき，$m_3 < m < m_3 + 2$ の明るさをもつ銀河が，角半径 θ_A 内に 30 個以上存在すること」が採用されている. ここで，「3 番目に明るい銀河」を規準とする理由は，1 番目に明るい銀河では，銀河団の手前に偶然存在する銀河（このような銀河は距離が近いために明るい）を誤って含めてしまう確率が高いためである. θ_A は，10 番目に明るい銀河の赤方偏移 z_{10} を用いて

$$\theta_A = \frac{H_0 r_A}{c z_{10}}, \tag{1.10}$$

で定義される. ここで，

$$r_A = 1.5 h^{-1} \mathrm{Mpc} \tag{1.11}$$

はエイベル半径と呼ばれ，銀河団の典型的な大きさの目安を与えている. また，式（1.2）から，この銀河までの距離が $c z_{10}/H_0$ と示唆されることが用いられている. なお，上の定義で同定されたメンバー銀河の数は「リッチネス（richness）」と呼ばれ，銀河団の質量の指標として用いられる.

　ACO カタログは，比較的近傍（$z < 0.2$）において全天を網羅する可視光カタログとして広く用いられてきた. このカタログに含まれる銀河団には，それぞれに Abell··· という名前がつけられており，たとえば，かみのけ座銀河団が Abell 1656, ペルセウス座銀河団が Abell 426 といった具合に，近傍の代表的な銀河団の大半が含まれている. ただし，上で述べたような人為的な定義にもとづいていることに加えて，見かけの明るさを用いただけでは前景ないし背景の銀河の混入を受けやすいという制約がある. これを改善するため，より最近のカタログでは，赤い色をした楕円銀河が銀河団中に集中することを用いてそれらを選択的に抽出

[*7]　G.O. Abell, H.G. Corwin & R.P. Olowin, Astrophy. J. Suppl., 70, 1 (1989).

[*8]　G.O. Abell, Astrophy. J. Suppl., 3, 211 (1958).

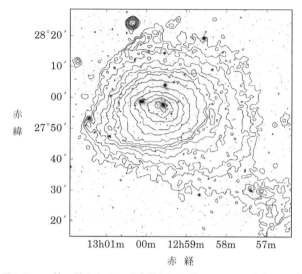

図 1.2　X 線で見たかみのけ座銀河団の姿．ROSAT 衛星が測定
した放射強度の等高線（内側ほど強い）が可視光のイメージに重
ねてある．画像の一辺（約 1.2°）は，この銀河団の赤方偏移 $z =$
0.0232 において約 2 Mpc に相当する．J.O. Burns, Science, 280,
400（1998）より転載．

したり，銀河の典型的なスペクトル形をもとに撮像データから赤方偏移を推定し
たり，といった方法が用いられることが多い．たとえば，約 14000 平方度の領域
を，写真乾板よりもはるかに感度の良い CCD を用いて観測したスローンデジタ
ルスカイサーベイ（Sloan Digital Sky Survey）のデータからは，$0.05 < z < 0.8$ に
存在する 10 万個以上の銀河団からなるカタログが作成されている[*9]．

1.3　X 線で見た銀河団

前節で述べたように，銀河団はもともと可視光において銀河の集団として観測
され，それが名前の由来にもなっている．しかし実は，銀河をはるかに上まわる
量の電離した高温ガスが銀河間に存在していることが，X 線観測から明らかにさ
れている（図 1.2）．宇宙からの X 線は大気で遮蔽されて地上には届かないので，
人工衛星等を用いた大気圏外での観測が必要となる．

[*9]　Z.L. Wen, J.L. Han & F.S. Liu, Astrophy. J. Suppl., 199, 34（2012）.

銀河団からの X 線は，温度 $T \sim 10^7$–$10^8\,\mathrm{K}$ 程度，数密度 $n_{\mathrm{gas}} \sim 10^{-5}$–$10^{-2}\,\mathrm{cm}^{-3}$ 程度の電離ガスからの熱的制動放射（3.2 節）と，鉄をはじめとする重元素イオンによる輝線放射（3.3 節）によって占められている．これらはいずれもガス粒子の 2 体散乱によって引き起こされるので，その放射率はガス粒子の数密度の 2 乗 n_{gas}^2 に比例する．したがって，式（1.6）と同様の評価をすると，

$$\frac{\Sigma_{\mathrm{cluster}}}{\Sigma_{\mathrm{field}}} > \frac{\langle n_{\mathrm{gas}}\rangle_{\mathrm{cluster}}^2 2R + \langle n_{\mathrm{gas}}\rangle_{\mathrm{field}}^2 R_{\mathrm{univ}}}{\langle n_{\mathrm{gas}}\rangle_{\mathrm{field}}^2 R_{\mathrm{univ}}} \sim 100 \qquad (1.12)$$

となる．ここで，$\langle n_{\mathrm{gas}}\rangle_{\mathrm{cluster}}/\langle n_{\mathrm{gas}}\rangle_{\mathrm{field}} \sim \langle n_{\mathrm{gal}}\rangle_{\mathrm{cluster}}/\langle n_{\mathrm{gal}}\rangle_{\mathrm{field}} \sim 300$ を用いた．式（1.12）の不等号は，X 線放射率はガスの温度にも依存し，フィールドよりも高温に加熱された銀河団内の方が放射率は高くなること，および $\langle n_{\mathrm{gas}}^2 \rangle > \langle n_{\mathrm{gas}} \rangle^2$ であることを考慮している．したがって，X 線では，周囲の領域から銀河団を区別することが，可視光に比べてはるかに容易である．

　この特性を利用して，X 線においても大規模な銀河団カタログが作成されている．まず，X 線の輝度データから広がった放射を示す領域を銀河団候補として選別し，次に可視光での追観測によって複数のメンバー銀河の赤方偏移を測定して確証を得る，という手順が一般的である．現状では，ヨーロッパの X 線衛星 ROSAT による全天サーベイを中心に，1000 個程度の X 線銀河団が知られている[*10]．

　X 線の観測データからは，ガスの密度や温度，重元素量などについての情報が得られる．また，ガスが高温に加熱されるのは，銀河団の重力場によってガス粒子の運動が引き起こされた結果であるので，ガスの温度と密度のデータから銀河団の総質量を，前節で述べた銀河速度分散や重力レンズ効果とは独立に測定することが可能となる（詳細は 4.4 節）．このような観測の結果，銀河団の全質量に占める割合は，銀河が数%程度，高温ガスが15%程度，ダークマターが80%程度であることが明らかになっている．また，高温ガスの重量組成比は，水素が70%以上，ヘリウムが25%程度，鉄や酸素などの重元素が1%程度と考えられている．

1.4　電波で見た銀河団

　電波では，いくつかの異なる成分が観測される．まず，銀河団中にはシンクロトロン（synchrotron）放射（詳細は 3.4 節）で輝く電波銀河が存在することが多

[*10]　たとえば，H. Böhringer *et al.* 2013, Astron. Astrophys., 555, 30（2013）.

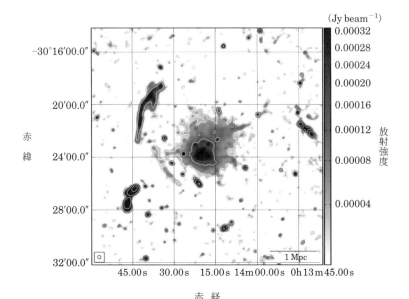

図 1.3 電波で見た銀河団 Abell 2744（$z = 0.308$）の姿．Very
Large Array（VLA）が測定した放射強度の分布を，色の濃さと等
高線が示している．中央の円状に広がった放射領域が電波ハロー，
左上の棒状に広がった放射領域が電波レリックと呼ばれる．左下の
円が画像の解像度（直径 15″）を示しており，これと同程度の大き
さの放射は解像度よりもコンパクトな電波銀河によると考えられ
る．C.J.J. Pearce *et al.*, Astrophys. J., 845, 81（2017）より転
載．Jy（ジャンスキー：Jansky）は，電波天文学でよく用いられ
る単位であり，10^{-26} J/s/m^2/Hz あるいは 10^{-23} erg/s/cm^2/Hz
に等しい．また，beam（ビーム）は，解像度を天球面上の面積で
表した量であり，arcsec^2 や str と同じ次元をもつ．

い．電波銀河はクエーサーなどの活動銀河の仲間であり，形態としては楕円銀河
に分類されるものが多いので，フィールドに比べて銀河団内に存在する比率が高
い．また，ジェットなどを通じて周囲の高温ガスと相互作用をしているものも観
測されている．

　また，個々の銀河とは別に，広がったシンクロトロン放射が観測されている銀
河団も数多く知られている（図 1.3）．このうち，銀河団中心付近からの放射成分
は「電波ハロー（radio halo）」，外縁部からの放射成分は「電波レリック（radio

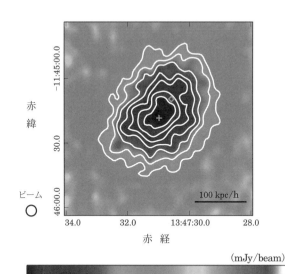

図1.4　スニヤエフ–ゼルドビッチ効果による銀河団　RXJ 1347.5−1145（$z = 0.451$）の姿．Atacama Large Millimeter/submillimeter Array（ALMA）が測定した放射強度の分布を，色の濃さと等高線が示している．左下の円の直径が，画像の解像度（5″）に相当する．T. Kitayama *et al.*, Publ. Astron. Soc. Japan, **68**, 88（2016）より転載．

relic）」と呼ばれる．このような放射の存在は，銀河団中に大域的な磁場が存在し，かつ相対論的なエネルギーにまで電子が加速されていることを裏づけている．また，シンクロトロン放射のスペクトル形状からは，これらの電子が熱平衡状態にはない非熱的粒子であることが示唆される．しかし，詳細な加速機構や，相対論的電子の量，磁場の強さ・方向などはまだ不明である．

　さらに，前節で述べた熱的な高温ガスは，宇宙マイクロ波背景放射光子を逆コンプトン（Compton）散乱して電波で観測される（図1.4）．この放射は，「スニヤエフ–ゼルドビッチ（Sunyaev–Zel'dovich）効果」と呼ばれる物理過程によるもので，シンクロトロン放射よりも高い周波数帯で卓越し，X線とは相補的な高温ガスの観測手段となる（詳細は3.5節）．

1.5　物理法則を用いて見た銀河団

多波長での観測データは，銀河団の性質や成り立ちを理解する上での貴重な情報源となる．このことを，基本的な物理法則を用いて見てみよう．なお，本節では全体像をつかむことを重視して，詳細な係数は無視した次元解析によるオーダー評価を行う．

1.5.1　運動の法則

まず，可視光観測で得られる銀河の速度分散（式（1.4））は，銀河団の重力場中で運動する銀河の平均的な速度に対応するので，

$$\sigma_{1D}^2 \sim \frac{GM}{R} \tag{1.13}$$

が成り立つ（係数まで含めた取り扱いは 4.3 節）．$G = 6.67 \times 10^{-8}\,\mathrm{cm^3\,g^{-1}\,s^{-2}}$ は万有引力定数，R は銀河団の半径である．左辺と右辺は，単位質量あたりの運動エネルギーとポテンシャルエネルギーにそれぞれ対応している．これより直ちに，銀河団の総質量 M を

$$M \sim 5 \times 10^{14} \left(\frac{\sigma_{1D}}{1000\ \mathrm{km/s}} \right)^2 \left(\frac{R}{2\ \mathrm{Mpc}} \right) M_\odot \tag{1.14}$$

と見積もることができる．星の質量の総和はこの数％程度にすぎない．

一方，X 線などで観測される高温ガスも，同じ重力場中で運動しているので，ガスの主成分が水素であることを考慮すれば，

$$\frac{k_B T}{m_p} \sim \frac{GM}{R} \tag{1.15}$$

が成り立つ（係数まで含めた取り扱いは 4.4 節）．ここで，$k_B = 1.38 \times 10^{-16}\,\mathrm{cm^2\,g\,s^{-2}\,K^{-1}}$ はボルツマン（Boltzmann）定数，$m_p = 1.67 \times 10^{-24}\,\mathrm{g}$ は陽子質量である．これより，

$$M \sim 4 \times 10^{14} \left(\frac{T}{10^8\ \mathrm{K}} \right) \left(\frac{R}{2\ \mathrm{Mpc}} \right) M_\odot \tag{1.16}$$

が得られる．ガス自身の質量は，この 15％程度にすぎない．式（1.14）と（1.16）がいずれも銀河やガスの質量よりもはるかに大きい値を示すことは，銀河団に大量のダークマターが存在することの強い裏づけとなっている．また，両者がほぼ

一致することから，銀河団中の銀河とガスに対して，運動エネルギーがほぼ等分配され，近似的に平衡状態が実現されていることも示唆される．

1.5.2　力学時間

銀河団をはじめとする自己重力系の構造が変化する時間スケールは「力学時間（dynamical time）」と呼ばれ，

$$t_{\mathrm{dyn}} \sim \frac{R}{\sigma_{\mathrm{1D}}} \sim \frac{1}{\sqrt{G\rho}} \tag{1.17}$$

のように，系の質量密度だけで決まる[*11]．この時間が短いほど，力学的に安定した状態（すなわち平衡状態）に早く到達することができる．平衡状態は初期条件にはよらないので，力学時間が短い系ほど，自らが形成された過程についての記憶が早く失われてしまうことになる．たとえば，銀河団の総質量 M と半径 R からは，ダークマターを含めた質量密度が

$$\rho = \frac{3M}{4\pi R^3} = 2 \times 10^{-27} \left(\frac{M}{10^{15} M_\odot}\right) \left(\frac{R}{2\mathrm{Mpc}}\right)^{-3} \mathrm{g\ cm}^{-3} \tag{1.18}$$

で与えられるので，力学時間は

$$t_{\mathrm{dyn}} \sim 4 \times 10^9 \left(\frac{\rho}{10^{-27}\mathrm{g\ cm}^{-3}}\right)^{-1/2} \mathrm{yr} \tag{1.19}$$

のように，現在の宇宙年齢 $t_0 = 1.4 \times 10^{10}$ yr にかなり近い値をとる．このことは，銀河団が宇宙全体の時間発展とともに構造を変化させ，かろうじて平衡状態に達しつつある段階にあることを意味している．つまり，銀河団の性質には，自らの形成過程に関する情報が色濃く残されており，それが宇宙の進化と密接に結びついていることになる．逆の例を挙げると，太陽のような恒星の平均密度は $\rho \sim 1\,\mathrm{g\,cm}^{-3}$ 程度で，力学時間は数時間のオーダーでしかないので，その力学的構造をいくら調べても，宇宙の進化についての情報を引き出すのは困難である．

1.5.3　冷却時間

銀河団中の高温ガスの熱エネルギー密度は，

$$u \sim n_{\mathrm{gas}} k_{\mathrm{B}} T \sim 10^{-11} \left(\frac{n_{\mathrm{gas}}}{10^{-3}\,\mathrm{cm}^{-3}}\right) \left(\frac{T}{10^8\,\mathrm{K}}\right) \mathrm{erg\ cm}^{-3} \tag{1.20}$$

[*11]　後述するハッブル時間（式 (2.78)）や自由落下時間（式 (2.169)）と係数を除いて等しい．

であり，主に熱的制動放射によって単位時間・単位体積あたり

$$\dot{u} \simeq 2 \times 10^{-29} \left(\frac{n_{\mathrm{gas}}}{10^{-3}\,\mathrm{cm}^{-3}}\right)^2 \left(\frac{T}{10^8\,\mathrm{K}}\right)^{1/2} \mathrm{erg\ s^{-1}\ cm^{-3}} \tag{1.21}$$

ずつ運動エネルギーを散逸させている（詳細は 3.2 節）．このようにガスがそのエネルギーを失う過程を「冷却」と呼ぶ．銀河団ガスが熱エネルギーを失って冷えきってしまうまでの「冷却時間（cooling time）」は，

$$t_{\mathrm{cool}} = \frac{u}{\dot{u}} \sim 2 \times 10^{10} \left(\frac{n_{\mathrm{gas}}}{10^{-3}\,\mathrm{cm}^{-3}}\right)^{-1} \left(\frac{T}{10^8\mathrm{K}}\right)^{1/2} \mathrm{yr} \tag{1.22}$$

であり，宇宙年齢にほぼ等しい（係数を含めた取り扱いは，3.6 節）．つまり，銀河団全体としては，ガスの冷却はほぼ無視できる．実はこれが，銀河と銀河団の間の最大の違いであり，銀河ではガスの冷却が進んだ結果として大量の星が形成されたが，銀河団はまだその前段階にあると考えられるのである．星の形成過程には不明の点が多く，個々の銀河の性質を理解する上でのボトルネックとなっているが，銀河団全体ではその影響は限定的であると考えられる．ただし，銀河団中心付近の高密度領域では，ガスの冷却と星形成が起こっている可能性もあるので，これについては 5.3.1 節で別途解説する．

1.5.4 平均自由行程

銀河団中のガス粒子の平均間隔は，

$$n_{\mathrm{gas}}^{-1/3} \sim 10 \left(\frac{n_{\mathrm{gas}}}{10^{-3}\,\mathrm{cm}^{-3}}\right)^{-1/3} \mathrm{cm} \tag{1.23}$$

程度であるが，クーロン（Coulomb）力による 2 体散乱の平均自由行程 （mean free path）はこれよりもはるかに長く，電子–電子，陽子–陽子，電子–陽子いずれに対しても

$$\lambda_{\mathrm{gas}} \sim 20 \left(\frac{n_{\mathrm{gas}}}{10^{-3}\,\mathrm{cm}^{-3}}\right)^{-1} \left(\frac{T}{10^8\,\mathrm{K}}\right)^2 \mathrm{kpc} \tag{1.24}$$

で与えられる（詳細は 3.1.4 節）．平均自由行程よりも大きな空間スケールでは，ガスを流体として扱うことができる．また，クーロン散乱によって粒子がエネルギーをやりとりする 2 体緩和時間 も一般には宇宙年齢に比べると短いので，ガス粒子は熱平衡状態にほぼ達していると考えられる．ただし，銀河団全体が等しい

温度に均一化されてはいないことに加え，次段落で述べるように光子は熱平衡状態にないので，より正確には局所熱平衡状態と言うべきである．本書では「熱平衡」という言葉は局所熱平衡を表すものとする．

一方，光子の平均自由行程は，自由電子との散乱に対しては

$$\lambda_\gamma \sim \frac{1}{\sigma_{\rm T} n_{\rm gas}} \sim 500 \left(\frac{n_{\rm gas}}{10^{-3}\,{\rm cm}^{-3}} \right)^{-1} \quad {\rm Mpc} \tag{1.25}$$

で，銀河団のサイズよりもはるかに大きい．ここで，$\sigma_{\rm T} = 6.65 \times 10^{-25}\,{\rm cm}^2$ はトムソン（Thomson）散乱の全断面積である．つまり，大多数の光子はガスと相互作用をせずに銀河団をすり抜けるので，光子まで含めた熱平衡状態は実現せず，光子はプランク（Planck）分布に従わない．ただし，3.3.4 節で述べるように，一部の重元素輝線中の光子については，平均自由行程が銀河団のサイズよりも短く，散乱の効果が無視できなくなる場合がある．

さらに，銀河同士の重力相互作用による平均自由行程 も，ごく中心部を除けば

$$\lambda_{\rm gal} \sim 500 \left(\frac{N_{\rm gal}}{100} \right) \left(\frac{R}{\rm Mpc} \right) {\rm Mpc} \tag{1.26}$$

程度（詳細は 4.2.1 節）で十分に大きいので，基本的には銀河を無衝突系として扱うことができる．

1.6　宇宙の構造形成過程の実験場

以上のように，銀河団は，宇宙全体の進化と密接に結びついていること，多彩な観測手段が存在すること，基礎的な物理法則を用いた記述に適していることなどから，宇宙の構造形成過程の実験場と位置づけることができる．このような観点から，次章以降では，宇宙の構造形成理論の枠組み（2 章）と，観測結果の解釈に必要不可欠となる放射過程（3 章）についてまず解説する．この二つの章の内容は，銀河団を主な対象としてはいるが，より幅広い天体現象にも適用できる一般性を備えている．次に，それらを組み合わせることで，銀河団の内部構造（4 章）および時間進化（5 章）がどのように記述されるかを述べる．

第2章

宇宙の構造形成

今日の宇宙には銀河団をはじめとする多様な階層の天体が存在するが，過去の宇宙は高い精度で一様であり，物質分布の非一様性はごくわずかであったことが宇宙マイクロ波背景放射（Cosmic Microwave Background: 以下 CMB と略す）の観測により示されている[*1]．宇宙物理学の大きな目標の一つは，一様に近い宇宙からどのようにして豊かな非一様性が生み出されたのかを明らかにすることにあると言える．本章では，そのための基本的な枠組みについて解説する．

2.1 一様等方宇宙

2.1.1 アインシュタイン方程式

自然界に存在する 4 つの力（重力，電磁気力，強い力，弱い力）のうち，宇宙の全体構造に関わるような大スケールにおいて最も卓越するのは，重力である[*2]．したがって，宇宙の全体構造とその時間変化は，重力の理論である一般相対論の基礎方程式，すなわちアインシュタイン（Einstein）方程式

$$G^{\mu}_{\ \nu} = \frac{8\pi G}{c^4} T^{\mu}_{\ \nu} \tag{2.1}$$

によって記述される．ここで，$G^{\mu}_{\ \nu}$ はアインシュタインテンソル，$T^{\mu}_{\ \nu}$ はエネルギー運動量テンソルと呼ばれ，いずれも添字が $\mu, \nu = 0, 1, 2, 3$（0 が時間座標，

[*1]　G.F. Smoot *et al.*, Astrophys. J., 396, L1（1992）；C.L. Bennet *et al.*, Astrophys. J. Suppl., 148, 1（2003）；Planck collaboration, Astron. Astrophys., 571, A1（2014）.
[*2]　宇宙のごく初期には，他の力の影響も無視できなかったと考えられているが，そのような時期を正確に記述するのに必要な量子重力理論はまだ完成していない．

1, 2, 3 が空間座標に対応する）の値をとる 4 行 4 列の行列として表される．式
(2.1) の左辺は時間と空間を合わせた「4 次元時空の振舞い」を指定し，右辺はそ
こに存在する「物質の分布」を表している．つまりアインシュタイン方程式のも
とでは，一見無関係に見えるこれら二つの概念は表裏一体であり，一方が決まる
と自動的に他方も決まることになる．

　さて，式 (2.1) 左辺の G^μ_ν は，4 次元時空の線素（微小距離）が指定されれば
全成分が自動的に決まる．これを指定するために現在標準的な宇宙論では，「宇
宙空間は大きなスケールで平均して見ると，一様かつ等方的である（つまり，特
別な場所や方角は存在しない）」とする宇宙原理が採用されている[*3]．この原理
は，少なくとも過去の宇宙については観測的に支持されていることから，現在の
宇宙に対しても自然な作業仮説とみなされている．宇宙原理を満たす 4 次元時空
の線素は

$$ds^2 = -c^2 dt^2 + a(t)^2 \left[\frac{dr^2}{1 - Kr^2} + r^2 (d\theta^2 + \sin^2\theta d\varphi^2) \right] \tag{2.2}$$

で与えられる．ここで，空間座標 (r, θ, φ) は時間座標 t には依存せずに宇宙に貼
りついているので「共動座標（comoving coordinate）」と呼ばれ，その原点は一
様等方性により任意に選べる．また，$a(t)$ は「スケール因子（scale factor）」と呼
ばれる無次元のパラメータで，任意の 2 点間の距離（あるいは空間座標全体）が
時間 t とともにどのように伸縮するかを表し，現在の時刻 t_0 において

$$a(t_0) = a_0 = 1 \tag{2.3}$$

となるように規格化されている．本書では特に断らない限り，添字 0 は現在での
値を表すものとする．K は 3 次元空間の曲率で，閉じた空間では $K > 0$，平坦な
空間では $K = 0$，開いた空間では $K < 0$ の値をもつ．ある時刻における共動座標
系での空間ベクトル $\vec{x}$ と，宇宙の時間発展から切り離された座標系（本書では便
宜上，「静止座標系」と呼ぶ）での対応するベクトル $\vec{X}$ は

$$\vec{X} = a(t)\vec{x} \tag{2.4}$$

で結びついている．

[*3]　宇宙原理のもとでは，空間的な境界（端）をもたない宇宙のみを考えることになる．ただし，時間
的な境界（ビッグバン）は存在してもよい．

また，宇宙原理のもとでは，式 (2.1) 右辺の T^μ_ν も同時に

$$T^\mu_\nu = \begin{pmatrix} -\rho(t)c^2 & 0 & 0 & 0 \\ 0 & p(t) & 0 & 0 \\ 0 & 0 & p(t) & 0 \\ 0 & 0 & 0 & p(t) \end{pmatrix} \tag{2.5}$$

という形に限定される．これは，質量密度 $\rho(t)$，圧力 $p(t)$ をもつ完全流体に対するエネルギー運動量テンソルと同形である．つまり，一様等方宇宙を満たす物質は，粘性が無視でき，等方的な速度分布をもつことが要請される．ただし，質量をもたない光子などにもエネルギー密度 $\rho(t)c^2$ は存在して T^μ_ν に寄与するので，$\rho(t)$ は粒子の質量とは無関係に「エネルギー密度を c^2 で割った量」とみなすべきである．

式 (2.2) (2.5) によって式 (2.1) は劇的に簡単化され，次の二式に帰着する[*4]．

$$\left[\frac{\dot{a}(t)}{a(t)}\right]^2 = \frac{8\pi G}{3}\rho(t) - \frac{Kc^2}{a(t)^2} \tag{2.6}$$

$$\frac{\ddot{a}(t)}{a(t)} = -\frac{4\pi G}{3c^2}[\rho(t)c^2 + 3p(t)] \tag{2.7}$$

式 (2.6) は「フリードマン（Friedmann）方程式」と呼ばれ，$a(t)$ の時間に関する 1 階微分，すなわち宇宙膨張の「速度」についての式である．これに対し，式 (2.7) は「加速度」についての式であり，右辺は重力の強さを示している．$\rho(t)c^2$ と $p(t)$ が正である限り，宇宙は必ず減速（$\ddot{a}(t) < 0$）することがわかる[*5]．これはまさに重力が「万有引力」であることの帰結である．また，式 (2.6) (2.7) より $\ddot{a}(t)$ を消去すると

$$\dot{\rho}(t)c^2 = -3\frac{\dot{a}(t)}{a(t)}[\rho(t)c^2 + p(t)] \tag{2.8}$$

と書くこともできる．後述するように，この式はエネルギー保存則に対応する．

[*4] たとえば，松原隆彦，『現代宇宙論』，東京大学出版会（2010）の第 3 章．
[*5] 圧力が外向きの力を生じるのは，圧力差（あるいは圧力勾配）が存在する場合であり，一様な圧力はむしろ宇宙の減速に寄与することに注意したい．

2.1.2　ニュートン力学による近似的な導出

　実は，式 (2.6) (2.7) (2.8) とまったく同じ形の式は，一般相対論を用いずにニュートン力学だけで導くことができる．これはあくまで近似的な取り扱いだが，大変簡便であることに加えて，式の意味を直観的に理解する上でも役立つという利点があるので，参考までに紹介しておこう．

　まず，質量密度 ρ をもつ一様等方な宇宙の中から，半径 R の球形領域を切り出し，その表面上に置かれた仮想的な質点を考えると，単位質量あたりのエネルギーは，

$$\epsilon = \frac{1}{2}\dot{R}^2 - \frac{4\pi}{3}G\rho R^2 \tag{2.9}$$

で与えられる．ここで，R の時間変化を考慮するために，時間に依存する因子 $a(t)$ と時間に依存しない座標 r に分離すれば，

$$R(t) = a(t)r \tag{2.10}$$

$$\dot{R}(t) = \dot{a}(t)r = \frac{\dot{a}(t)}{a(t)}R(t) \tag{2.11}$$

と表せる．R は静止座標系での長さ，r は共動座標系での長さにそれぞれ対応する．したがって，式 (2.9) は，

$$\left(\frac{\dot{a}}{a}\right)^2 = \frac{8\pi G}{3}\rho + \frac{2\epsilon}{r^2 a^2} \tag{2.12}$$

と書き換えられて，時間によらない定数 $-2\epsilon/(c^2 r^2)$ を K と定義すれば式 (2.6) に一致する．

　次に，上の球形領域に熱力学第 1 法則を適用すると，熱の出入りはないので，

$$\frac{dU}{dt} + p\frac{dV}{dt} = 0 \tag{2.13}$$

と書ける．これに，体積 V と内部エネルギー U に対する表式

$$V = \frac{4\pi}{3}a(t)^3 r^3 \tag{2.14}$$

$$U = \rho(t)c^2 V = \frac{4\pi}{3}a(t)^3 r^3 \rho(t)c^2 \tag{2.15}$$

を代入すれば，

$$\dot{\rho}c^2 + 3\frac{\dot{a}}{a}\left(\rho c^2 + p\right) = 0 \tag{2.16}$$

となって，式 (2.8) と一致する．

　さらに，式 (2.12) を時間微分し，式 (2.16) と合わせて $\dot{\rho}$ を消去すれば，式 (2.7) と同じ式が得られる．

2.1.3　宇宙のエネルギー成分

　さて，一様等方宇宙の進化を記述する式 (2.6) (2.7) (2.8) のうち独立な式は二つだけであるのに対し，三つの未知変数 $a(t)$, $\rho(t)$, $p(t)$ が存在するため，このままでは解けない．そこで次に，$\rho(t)$ と $p(t)$ の関係すなわち状態方程式を，宇宙にどのようなエネルギー成分が存在するかに応じて定める手続きを行う．

　現在観測的に存在が示唆されているエネルギー成分とその状態方程式は，

物質　運動速度が光速に比べて無視できる非相対論的な成分．原子（バリオン[*6]）やダークマターなど．添字 m（物質の英語 matter の頭文字）で表す．

$$p_{\mathrm{m}}(t) \ll \rho_{\mathrm{m}}(t)c^2 \tag{2.17}$$

放射　運動速度が光速に比べて無視できない相対論的な成分．光子や軽いニュートリノなど．添字 r（放射の英語 radiation の頭文字）で表す．

$$p_{\mathrm{r}}(t) = \frac{1}{3}\rho_{\mathrm{r}}(t)c^2 \tag{2.18}$$

ダークエネルギー　実体は不明だが，宇宙膨張を加速させる成分．添字 Λ（もともと，宇宙定数に対して用いられていた文字である）で表す．

$$p_{\Lambda}(t) = w\,\rho_{\Lambda}(t)c^2 \tag{2.19}$$

の主に 3 種類であり，それぞれの寄与を合わせて

$$\rho(t)c^2 = \sum_i \rho_i(t)c^2, \quad p(t) = \sum_i p_i(t), \quad (i = \mathrm{m, r}, \Lambda) \tag{2.20}$$

と表すことができる．ただし，ダークエネルギーの状態方程式は不明であるので，作業仮説として他成分と類似した式 (2.19) の形を採用し，未定パラメータ w を

[*6]　正確には，3 つのクオークから構成される陽子や中性子がバリオン（baryon）で，電子はレプトン（lepton）に分類される．ただし，電子は陽子と一緒に振舞うことが多く，質量もはるかに小さいので，宇宙のエネルギー成分としてはバリオンに含めて扱われる．

観測的に決定しようとするアプローチが現状ではとられている*7.

　式 (2.20) を式 (2.7) に代入すると，ダークマターを含む物質成分と放射成分はいずれも宇宙を「減速」させるだけであり，宇宙膨張を「加速」するためには $w < -1/3$（エネルギーと圧力の符号が逆）を満たすダークエネルギーが必要であることがわかる．ダークマターとダークエネルギーはいずれも実体は不明であるが，宇宙の加速度に対する寄与が正反対であることによって区別される．

　また，本書で扱う時期の宇宙においては，異なる成分間のやりとりはほぼ無視でき，各成分がそれぞれ式 (2.8) に従うと考えられるので，式 (2.3) と合わせて

$$\rho_{\mathrm{m}}(t)\, a(t)^3 = \rho_{\mathrm{m}}(t_0) \tag{2.21}$$

$$\rho_{\mathrm{r}}(t)\, a(t)^4 = \rho_{\mathrm{r}}(t_0) \tag{2.22}$$

$$\rho_{\Lambda}(t)\, a(t)^{3(1+w)} = \rho_{\Lambda}(t_0) \tag{2.23}$$

を得る．いずれも右辺は定数であり，エネルギー保存則を表している．つまり，a が増加して宇宙が膨張すると，ρ_{m} は a^{-3}，ρ_{r} は a^{-4} にそれぞれ比例して減少する．一方，ρ_{Λ} の時間変化は w に強く依存する．たとえば，$w = -1$ のとき $\rho_{\Lambda}(t)$ は時間によらない定数となり，この場合にはダークエネルギーはいわゆる宇宙定数と等価である．また，次小節の式 (2.24) から明らかなように，$w = -1/3$ のダークエネルギーは，宇宙の進化に対して曲率と同じ働きをする．さらに $w < -1$ では，$\rho_{\Lambda}(t)$ の大きさは宇宙の膨張とともにむしろ増加することになる．

2.1.4　宇宙論パラメータと膨張宇宙の振舞い

　式 (2.20)(2.21)(2.22)(2.23) を式 (2.6) へ代入して整理すると，一様等方宇宙の時間発展を記述する方程式が得られる．

$$\left[\frac{H(t)}{H_0}\right]^2 = \frac{\Omega_{\mathrm{r}0}}{a(t)^4} + \frac{\Omega_{\mathrm{m}0}}{a(t)^3} + \frac{\Omega_{\mathrm{K}0}}{a(t)^2} + \frac{\Omega_{\Lambda 0}}{a(t)^{3(1+w)}} \tag{2.24}$$

ここで，主要な宇宙論パラメータを

$$H(t) \equiv \frac{\dot{a}(t)}{a(t)}, \quad \text{ハッブルパラメータ} \tag{2.25}$$

$$\Omega_i(t) \equiv \frac{8\pi G \rho_i(t)}{3H(t)^2} = \frac{\rho_i(t)}{\rho_{\mathrm{cr}}(t)}, \quad i = \mathrm{r}, \mathrm{m}, \Lambda \quad \text{密度パラメータ} \tag{2.26}$$

---

*7　本書では簡単のため，w の時間依存性までは考慮しない．

$$\Omega_{\mathrm{K}}(t) \equiv -\frac{Kc^2}{a(t)^2 H(t)^2}, \quad \text{曲率パラメータ} \tag{2.27}$$

で定義し[*8]，現在での値を $H_0, \Omega_{\mathrm{m}0}$ のように添字 0 で表した．また，

$$\rho_{\mathrm{cr}}(t) = \frac{3H(t)^2}{8\pi G} = \rho_{\mathrm{r}}(t) + \rho_{\mathrm{m}}(t) + \rho_{\Lambda}(t) + \frac{3H_0^2 \Omega_{\mathrm{K}0}}{8\pi G a^2(t)} \tag{2.28}$$

は臨界質量密度（critical mass density）とよばれ，現在の宇宙における値は

$$\rho_{\mathrm{cr}0} = \rho_{\mathrm{cr}}(t_0) = 1.88 \times 10^{-29} h^2 \quad \mathrm{g\ cm}^{-3} \tag{2.29}$$

である．Ω_{K} は K とは逆の符号をもつことに注意したい．これらと式 (2.21) – (2.23) を用いて，式 (2.24) を書き換えると，

$$\Omega_{\mathrm{r}}(t) + \Omega_{\mathrm{m}}(t) + \Omega_{\Lambda}(t) + \Omega_{\mathrm{K}}(t) = 1 \tag{2.30}$$

が任意の時刻において成立することがわかる．

さて，Ω_i と Ω_{K} は無次元だが，$H(t)$ は時間の逆数の次元をもつ．$H(t)$ の現在値がハッブル定数 H_0（式 (1.3)）に対応する．現状では，これらのパラメータの値を第一原理的に導出できる理論は存在しないため，観測的に決定するしかない．それぞれの観測値には不定性があるが，

$$h \simeq 0.7,\ \Omega_{\mathrm{r}0} \simeq 8 \times 10^{-5},\ \Omega_{\mathrm{m}0} \simeq 0.3,\ \Omega_{\mathrm{K}0} \simeq 0,\ \Omega_{\Lambda 0} \simeq 0.7,\ w \simeq -1 \tag{2.31}$$

の組み合わせは，現在までに報告されているほぼすべての観測データと整合する．ここで $\Omega_{\mathrm{r}0}$ は 3 世代のニュートリノによる寄与を含んでいる．本書では，特に断らない限り，これらの値を用いた結果を示す．現在の宇宙の平均物質質量密度は，

$$\rho_{\mathrm{m}0} = \Omega_{\mathrm{m}0}\,\rho_{\mathrm{cr}}(t_0) = 2.8 \times 10^{-30} \left(\frac{\Omega_{\mathrm{m}0}}{0.3}\right) \left(\frac{h}{0.7}\right)^2 \quad \mathrm{g\ cm}^{-3} \tag{2.32}$$

である．

式 (2.24) の全体は数値的にしか解けないが，特定の時期ごとに成り立つ近似解は，最も卓越する項以外を無視することで容易に得られる．

放射優勢期　式 (2.24) の右辺第 1 項が卓越する宇宙初期（$a(t) \ll 1$）

$$a(t) \simeq (2\sqrt{\Omega_{\mathrm{r}0}} H_0 t)^{1/2}, \tag{2.33}$$

[*8]　式 (2.26) をより細分化された成分に適用して，それぞれの質量密度の大きさの指標とすることがある．たとえば，光子成分，バリオン成分，ダークマター成分に対し $\Omega_{\gamma}, \Omega_{\mathrm{b}}, \Omega_{\mathrm{d}}$ とそれぞれ表す．

$$H(t) \simeq \frac{\sqrt{\Omega_{\rm r0}}H_0}{a(t)^2} \simeq \frac{1}{2t}, \tag{2.34}$$

$$\rho(t) \simeq \rho_{\rm r}(t) \simeq \frac{3}{32\pi Gt^2}, \tag{2.35}$$

物質優勢期　放射優勢期後に右辺第 2 項が卓越する時期

$$a(t) \simeq \left(\frac{3}{2}\sqrt{\Omega_{\rm m0}}H_0 t\right)^{2/3}, \tag{2.36}$$

$$H(t) \simeq \frac{\sqrt{\Omega_{\rm m0}}H_0}{a(t)^{3/2}} \simeq \frac{2}{3t}, \tag{2.37}$$

$$\rho(t) \simeq \rho_{\rm m}(t) \simeq \frac{1}{6\pi Gt^2}, \tag{2.38}$$

曲率優勢期　$\Omega_{\rm K0} > 0$（開いた宇宙）の場合に右辺第 3 項が卓越する時期

$$a(t) \simeq \sqrt{\Omega_{\rm K0}}H_0 t, \tag{2.39}$$

$$H(t) \simeq \frac{\sqrt{\Omega_{\rm K0}}H_0}{a(t)} \simeq \frac{1}{t}, \tag{2.40}$$

$$\rho(t) \ll \frac{3H_0^2 \Omega_{\rm K0}}{8\pi Ga(t)^2} \simeq \frac{3}{8\pi Gt^2}, \tag{2.41}$$

ダークエネルギー優勢期　$\Omega_{\Lambda 0} > 0$ の場合に右辺第 4 項が卓越する時期

$$a(t) \propto e^{\sqrt{\Omega_{\Lambda 0}}H_0 t}, \tag{2.42}$$

$$H(t) \simeq \sqrt{\Omega_{\Lambda 0}}H_0, \tag{2.43}$$

$$\rho(t) \simeq \rho_\Lambda(t_0) = \frac{3H_0^2 \Omega_{\Lambda 0}}{8\pi G}. \tag{2.44}$$

いずれも初期時刻を十分過去にとることで $a(t)$ の積分定数は無視している．また，式（2.42）–（2.44）では，簡単のため $w = -1$ を採用した．

　これらより直ちに，放射優勢期と物質優勢期では $\ddot{a} < 0$（減速），曲率優勢期では $\ddot{a} = 0$（等速），ダークエネルギー優勢期では $\ddot{a} > 0$（加速）が示せる．観測から示唆されている式（2.31）を式（2.24）右辺に代入し，$t = t_0$ とおくと第 4 項が卓越するので，現在の宇宙はダークエネルギー優勢期にあると考えられる．また，式（2.31）のもとでは，曲率優勢期は実現せず，式（2.24）右辺の第 2 項と第 4 項が等しくなる

$$a_\Lambda \equiv \left(\frac{\Omega_{\rm m0}}{\Omega_{\Lambda 0}}\right)^{-1/3w} \sim 0.7 \tag{2.45}$$

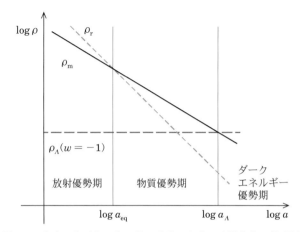

図2.1　宇宙の主要なエネルギー成分の密度の時間変化の模式図.
現在の観測データから示唆されるパラメータ値（式（2.31））が採
用されているため，曲率優勢期は現れない．縦軸と横軸が対数で描
かれているので，式（2.21）–（2.23）の関係式は直線になる.

に物質優勢期が終わり，ダークエネルギー優勢期が始まったと考えられる．これ
は宇宙誕生から約 90 億年後に相当する．式（2.45）の右辺が 1 に近い値をもつ
ことは，宇宙の加速膨張が比較的最近に始まったことを示唆している[*9]．さらに，
過去の宇宙に遡ると，式（2.24）右辺の第 1 項と第 2 項が等しくなる

$$a_{\mathrm{eq}} \equiv \frac{\rho_{\mathrm{r}0}}{\rho_{\mathrm{m}0}} = \frac{\Omega_{\mathrm{r}0}}{\Omega_{\mathrm{m}0}} \sim 3 \times 10^{-4} \qquad (2.46)$$

を境に放射優勢期から物質優勢期に移行したことがわかる．この時期は，$\rho_{\mathrm{m}}(t) =$
$\rho_{\mathrm{r}}(t)$ が成り立つので，「等密度時（equality time）」t_{eq} と呼ばれる．以上のこと
は，現状の観測データから示唆される宇宙では，ごく初期（$a < a_{\mathrm{eq}}$）とごく最
近（$a > a_\Lambda$）を除いては，物質優勢期に対する関係式が良い近似で成立すること
を意味する．このような宇宙の主要なエネルギー成分の振舞いをまとめると，図
2.1 のようになる.

[*9]　現状では観測的根拠は乏しいが，$\Omega_{\mathrm{K}0} < 0$ （閉じた宇宙）あるいは $\Omega_{\Lambda 0} < 0$ の場合には，宇宙が
膨張をやめて収縮に転じる解も式（2.24）には存在する.

2.1.5 膨張宇宙における観測量

膨張宇宙の中を伝播してくる光子は，静止ユークリッド空間中とは大きく異なる性質を示すので，観測に大きな影響を与える．そこで，膨張宇宙における主要な観測量についての定式化を行っておこう．

まず本節を通して共通する設定として，受信者 O の位置を原点，放射源 S の位置を $(r_1, \theta_1, \varphi_1)$ にとり，光が発信された時刻を t_1，受信された時刻を t_0 とする．この場合，空間の等方性より $d\theta = d\varphi = 0$ を満たす光だけが O に届くはずである．また，光はつねに $ds^2 = 0$ を満たして伝播するので，式（2.2）はこの経路にそって

$$\int_{t_1}^{t_0} \frac{c\,dt}{a(t)} = \int_0^{r_1} \frac{dr}{\sqrt{1 - Kr^2}} \equiv \chi(r_1) \quad \text{共動距離} \tag{2.47}$$

のように変数分離される．ここで，S から O の間における光子の吸収・散乱は無視した．χ は，共動座標系において実際に光が伝播した経路の長さに対応するので「共動距離」と呼ばれるが，残念ながら直接には観測しにくい量である．そこで以下では，より観測に直結した距離の定義も合わせて導入する．

（1）赤方偏移

上で述べた設定のもと，光を波としてとらえ，時刻 t_1 には波の「山」が S を出たとしよう．次の波の山が $t_1 + \delta t_1$ に S を出て，$t_0 + \delta t_0$ に O へ届くとすると

$$\int_{t_1 + \delta t_1}^{t_0 + \delta t_0} \frac{c\,dt}{a(t)} = \int_0^{r_1} \frac{dr}{\sqrt{1 - Kr^2}} \tag{2.48}$$

と書ける．式（2.47）（2.48）の右辺が時間によらずに共通であることから，

$$\frac{\delta t_1}{a(t_1)} = \frac{\delta t_0}{a(t_0)} \tag{2.49}$$

が成り立つ．ここで，δt_1, δt_0 の間における $a(t)$ の変化は無視している．発信時と受信時における光の波長と周波数が $\lambda_1 = c/\nu_1 = c\delta t_1$, $\lambda_0 = c/\nu_0 = c\delta t_0$ と表されることを用いると，それらの変化は

$$1 + z_1 \equiv \frac{\lambda_0}{\lambda_1} = \frac{\nu_1}{\nu_0} = \frac{a(t_0)}{a(t_1)} \quad \text{赤方偏移} \tag{2.50}$$

で与えられる。因果律より $t_1 < t_0$ のはずなので，膨張宇宙では $a(t_1) < a(t_0)$ となり波長は必ず増加する。通常，赤方偏移はスペクトルに現れる輝線あるいは吸収線のずれを用いて測定される。なお，z_1, t_1 の添字を省き，式 (2.3) と合わせた

$$a(t) = \frac{1}{1+z} \tag{2.51}$$

によって，z は $a(t)$ ないし t の代わりとしても用いられる。

(2) 光度距離，フラックス

天体までの距離を測定することは一般に難しいが，真の明るさ（光度）がわかっている天体であれば，見かけの明るさ（フラックス）と組み合わせて距離を決めることができる。微小時間 δt_1 に S から周波数 ν_1 をもつ光子が δN 個放射されたとすると，その光度（単位時間あたりの放射エネルギー）は

$$L = h_P \nu_1 \frac{\delta N}{\delta t_1} \tag{2.52}$$

で与えられる。ここで，$h_P = 6.6 \times 10^{-27} \ \mathrm{cm^2\,g\,sec^{-1}}$ はプランク定数である。O では，赤方偏移をしながら等方的に拡散した光子の一部が微小時間 δt_0 に観測されるので，そのフラックス（単位時間・単位面積あたりの入射エネルギー）は次式で表される。

$$F = h_P \nu_0 \frac{\delta N}{\delta t_0} \frac{1}{4\pi r_1^2} \tag{2.53}$$

散乱・吸収がなければ全光子数は保存するので δN は不変である。これらと式 (2.49) (2.50) より

$$d_L(z_1) \equiv \left(\frac{L}{4\pi F}\right)^{1/2} = r_1(1+z_1) \quad \text{光度距離} \tag{2.54}$$

が定義される。ここで，r_1 は式 (2.47) より，

$$r_1 = \frac{c}{H_0} \begin{cases} \dfrac{\sinh(\sqrt{\Omega_{K0}}\ \tilde\chi)}{\sqrt{\Omega_{K0}}} & (\Omega_{K0} > 0) \\ \tilde\chi & (\Omega_{K0} = 0) \\ \dfrac{\sin(\sqrt{-\Omega_{K0}}\ \tilde\chi)}{\sqrt{-\Omega_{K0}}} & (\Omega_{K0} < 0) \end{cases} \tag{2.55}$$

$$\tilde\chi \equiv \frac{H_0}{c}\chi(z_1) = \int_0^{z_1} \frac{dz}{E(z)} \tag{2.56}$$

$$E(z) \equiv \frac{H(z)}{H_0} = \Big[\Omega_{r0}(1+z)^4 + \Omega_{m0}(1+z)^3$$
$$+ \Omega_{K0}(1+z)^2 + \Omega_{\Lambda 0}(1+z)^{3(1+w)} \Big]^{1/2} \quad (2.57)$$

と表される．式 (2.56) (2.57) では，式 (2.51) により式 (2.47) 左辺の積分変数
を t から z へ変換し，式 (2.24) を用いた．

　式 (2.54) – (2.57) は，正確な距離と赤方偏移の両者が測定されれば，宇宙論
パラメータについての情報が得られることを示唆している．また逆に，宇宙論パ
ラメータを仮定すれば，任意の赤方偏移における天体の光度とフラックスを対応
させることができる．

　なお，現実の天体からの放射は周波数依存性をもつので，それを考慮するため
に単位周波数あたりの光度 L_ν やフラックス F_ν が用いられることも多い．これ
らは L, F と

$$L = \int_0^\infty L_\nu(\nu_1)d\nu_1, \quad F = \int_0^\infty F_\nu(\nu_0)d\nu_0 \quad (2.58)$$

の関係にあるので，式 (2.54) ではなく次式に従うことに注意しよう．

$$F_\nu(\nu_0) = \frac{L_\nu(\nu_1)}{4\pi d_L(z_1)^2}\frac{d\nu_1}{d\nu_0} = \frac{(1+z_1)\,L_\nu(\nu_1)}{4\pi d_L(z_1)^2}\bigg|_{\nu_1=\nu_0(1+z_1)} \quad (2.59)$$

赤方偏移の結果，異なる周波数における L_ν と F_ν が対応することになる．

（3）角径距離，共動体積

　真のサイズ D がわかっている天体に対しては，見かけの角度 $\delta\theta$ との比較に
よって距離を決めることもできる．本節の設定のもとでは，

$$D = a(t_1)r_1\delta\theta \quad (2.60)$$

と表せるので，

$$d_A(z_1) \equiv \frac{D}{\delta\theta} = \frac{r_1}{1+z_1} \quad \text{角径距離} \quad (2.61)$$

が定義される．式 (2.54) と比較すると，

$$d_A(z_1) = \frac{d_L(z_1)}{(1+z_1)^2} \quad (2.62)$$

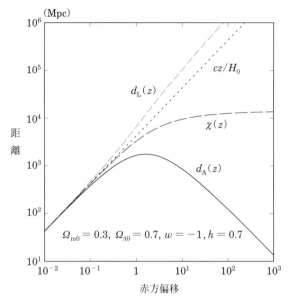

図2.2　距離と赤方偏移の関係．標準的な宇宙論パラメータが仮定されている．

の関係がつねに成り立つので，$z_1 \sim 0$ すなわち我々のごく近傍では角径距離と光度距離はほぼ等しいが，宇宙の遠方にいくと違いが急速に大きくなる．実際，式 (2.54) (2.56) (2.61) を z_1 についてテイラー展開すると，1 次のオーダまででは

$$d_{\mathrm{L}}(z_1) \simeq \chi(z_1) \simeq d_{\mathrm{A}}(z_1) \simeq \frac{cz_1}{H_0}, \quad (z_1 \ll 1) \tag{2.63}$$

が成立する．cz_1 は後退速度に等しいので，式 (2.63) はハッブル–ルメートルの法則（式 (1.2)）に他ならない．つまり，ハッブル–ルメートルの法則は我々のごく近傍においてのみ成り立つにすぎず，遠方宇宙まで考慮する場合には，ハッブル定数以外の宇宙論パラメータに対する依存性に加えて，採用されている距離の定義にも注意しなければならない．図 2.2 は，上で述べたような性質を顕著に示している（z の添字 1 は省いてある）．まず，$z < 0.1$ では定義による距離の違いはほぼ無視できるが，より遠方になると差が大きくなる．特に，角径距離は $z = 1 \sim 2$ にピークをもち，より高赤方偏移では減少する．この減少は，同じサイズの天体が遠方に存在するほど「大きく見える」ことを意味しており，一見奇妙ではあるが，宇宙膨張によって光の経路が広げられることに起因している．一方，

光度距離は z とともに増加を続けるので，遠方の天体は急激に暗くなり，一般には観測が難しくなることがわかる．

また，角径距離を用いると，我々が単位立体角・単位赤方偏移あたりに観測する共動体積を，

$$\frac{dV}{d\Omega dz} = (1+z)^3 d_{\rm A}^2(z) c \left| \frac{dt}{dz} \right| = \frac{c}{H(z)}(1+z)^2 d_{\rm A}^2(z) \tag{2.64}$$

と表すことができる．ここで，$dt/dz = dt/da \times da/dz = -H(z)^{-1}(1+z)^{-1}$ を用いた．$H(z)$ は式 (2.57) で与えられる．

さらに，4.5.2 節で解説する重力レンズ効果では，異なる赤方偏移間における角径距離も用いられる．赤方偏移 z_2 と z_1 の 2 点間（$z_2 > z_1$ とする）の角径距離は，

$$d_{\rm A}(z_2; z_1) = a(t_2) r_{21}$$

$$= \frac{1}{1+z_2} \left[r_2 \sqrt{1 + \Omega_{\rm K0} \frac{H_0^2 r_1^2}{c^2}} - r_1 \sqrt{1 + \Omega_{\rm K0} \frac{H_0^2 r_2^2}{c^2}} \right] \tag{2.65}$$

と表される．ここで，r_2 と r_{21} は式 (2.55) (2.56) で $\tilde{\chi}$ を $(H_0/c)\chi(z_2)$ と $(H_0/c)[\chi(z_2) - \chi(z_1)]$ にそれぞれ置きかえた量である．当然ながら，z_1 を 0 にとれば，式 (2.65) は式 (2.61) に帰着する．

（4）放射の強度

観測される放射の強度（specific intensity）あるいは輝度（brightness）$I(\vec{\Omega}, t_0)$ は，放射の進む方向 $\vec{\Omega}$ に単位面積を単位時間・単位立体角あたり通過する光子のエネルギーのことを指し，フラックス F とは

$$F = \int I(\vec{\Omega}, t_0) \cos\theta_n d\Omega \tag{2.66}$$

の関係にある．ここで θ_n は単位面積の法線方向と $\vec{\Omega}$ のなす角であり，光子が飛来しない方向では $I(\vec{\Omega}, t_0) = 0$ とする．式 (2.54) (2.62) より，天体の光度 L との間には，

$$L = 4\pi d_{\rm L}^2(z_1) F = 4\pi(1+z_1)^4 \int I(\vec{\Omega}, t_0) \cos\theta_n \, d_{\rm A}^2(z_1) d\Omega \tag{2.67}$$

が成り立つ. ここで, $\int \cdots d_{\rm A}^2(z_1)d\Omega$ は放射源の真の面積についての積分であり, z_1 には依存しない. したがって, 与えられた L をもつ放射源に対して

$$I(\vec{\Omega}, t_0)(1+z_1)^4 = \text{時間によらない定数} \equiv I(\vec{\Omega}, t_1) \tag{2.68}$$

と書けることがわかる. $I(\vec{\Omega}, t_1)$ は放射源の表面における強度に対応する. 一般に, 静止したユークリッド空間中では, 光子の吸収・散乱がない限り強度は不変であるが, 膨張宇宙では赤方偏移のため, 観測される強度 $I(\vec{\Omega}, t_0)$ は $(1+z_1)^{-4}$ に比例して急速に減少することになる. これは, 放射成分のエネルギー密度が式 (2.22) に従うことと整合している.

単位周波数あたりの強度に対しては

$$I(\vec{\Omega}, t_0) = \int_0^\infty I_\nu(\nu_0, \vec{\Omega}, t_0)d\nu_0 \tag{2.69}$$

を式 (2.67) に代入し, $\nu_1 = \nu_0(1+z_1)$ で微分することにより,

$$I_\nu\left(\nu_0, \vec{\Omega}, t_0\right)(1+z_1)^3 = \text{定数} \equiv I_\nu(\nu_1, \vec{\Omega}, t_1)|_{\nu_1=\nu_0(1+z_1)} \tag{2.70}$$

が成り立つことがわかる.

(5) 応用例: 宇宙マイクロ波背景放射 (CMB)

上の結果を CMB のスペクトルに適用してみよう. 現在観測される CMB 光子は非常に良い精度でプランク分布

$$I_\nu(\nu_0, t_0) = \frac{2h_{\rm P}\nu_0^3}{c^2}\frac{1}{e^{h_{\rm P}\nu_0/k_{\rm B}T_{\rm CMB}(t_0)} - 1} \tag{2.71}$$

に従う (図 2.3). ここで, 現在の CMB 温度の測定値は

$$T_{\rm CMB}(t_0) = 2.725 \pm 0.001 \text{ K} \tag{2.72}$$

であり[10], 放射が等方的であることを考慮して角度依存性は省いた. これに式 (2.70) を用いると,

$$I_\nu(\nu_1, t_1) = I_\nu(\nu_0, t_0)(1+z_1)^3 = \frac{2h_{\rm P}\nu_1^3}{c^2}\frac{1}{e^{h_{\rm P}\nu_1/k_{\rm B}T_{\rm CMB}(t_1)} - 1} \tag{2.73}$$

---

[10] J.C. Mather *et al.*, Astrophys. J., 512, 511 (1999).

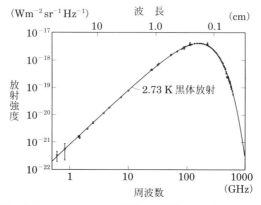

図2.3 CMBのスペクトル. 実線は, 観測データを最も良く再現するプランク分布. Particle Data Group, Phys. Lett., 592B, 1 (2004) より転載.

$$T_{\mathrm{CMB}}(t_1) \equiv T_{\mathrm{CMB}}(t_0)(1 + z_1) = \frac{T_{\mathrm{CMB}}(t_0)}{a(t_1)} \tag{2.74}$$

と表され, 式 (2.74) のもとでつねにプランク分布が保たれることがわかる. 現在の宇宙における CMB 光子はエネルギーが低すぎてもはや熱平衡状態にない[*11]が, かつて熱平衡にあった際に生じたプランク分布の「化石」が, 赤方偏移しつつも形だけはとどめていると考えられるのである. そのエネルギー密度は

$$\rho_{\mathrm{CMB}}(t)c^2 = \frac{4\pi}{c} \int_0^\infty I_\nu(\nu, t) d\nu = \frac{8\pi^5 k_{\mathrm{B}}^4}{15 c^3 h_{\mathrm{P}}^3} T_{\mathrm{CMB}}(t)^4 \propto (1 + z_1)^4 \tag{2.75}$$

により, 急激に時間変化する.

では, どこまで時間を遡れば, 光子は熱平衡になるのだろうか. その境界は, 宇宙に存在する水素原子が電離した状態から中性化した時期にほぼ対応し,「脱結合 (decoupling) 時」あるいは「宇宙の晴れ上がり」と呼ばれる[*12]. これ以前の電離した宇宙では, 光子は自由電子と頻繁に反応することで熱平衡が実現し,

---

[*11] このため, $T_{\mathrm{CMB}}(t)$ は熱力学的な温度ではなく, プランク分布のパラメータにすぎないが, 慣用的に CMB 温度という表現が用いられている.

[*12] 厳密には, 水素原子が中性化した時期は「再結合 (recombination) 時」と呼ばれ, 光子が電子と散乱しなくなる脱結合時よりもわずかに早いが, これらの違いは本書で扱う内容には影響しないので無視する. また, 脱結合という用語は光子以外の粒子に用いられることもあるが, 本書では光子に対してのみ使用する.

プランク分布が生み出されていたと考えられる[*13]．つまり，熱平衡にある宇宙では光子は自由に飛ぶことはできず，光子を用いた観測ももちろんできない．したがって，我々が電磁波で遡れる限界が晴れ上がりの時期であり，CMB はその有力な観測手段であると言える．詳細な計算により，晴れ上がりは温度が $T_{\mathrm{dec}} \simeq 3000\,\mathrm{K}$（添字は decoupling の最初の 3 文字である）となった時点で急激に起こったと考えられる[*14]ので，これを式（2.74）を用いて赤方偏移に換算すると，次のようになる．

$$1 + z_{\mathrm{dec}} = a(t_{\mathrm{dec}})^{-1} = \frac{T_{\mathrm{dec}}}{T_{\mathrm{CMB}}(t_0)} \simeq 1100 \tag{2.76}$$

なお，晴れ上がり以前の宇宙で熱平衡状態にある光子の温度を $T_\gamma(t)$ で表すと，そのエネルギー密度は，式（2.75）で $T_{\mathrm{CMB}}(t)$ を $T_\gamma(t)$ に置き換えた式で表される．これを，式（2.22）（2.75）と合わせると，熱平衡下でも

$$T_\gamma(t) = \frac{T_{\mathrm{CMB}}(t_0)}{a(t)} = T_{\mathrm{CMB}}(t_0)(1 + z) \tag{2.77}$$

が成立し，式（2.74）と同様の赤方偏移依存性が保たれることがわかる．

2.1.6　宇宙の特徴的スケール

式（2.24）を t について解けば宇宙の年齢を正確に求めることができるが，そのおおまかな値は，宇宙膨張により $a(t)$ が変化する時間スケール

$$t_{\mathrm{H}} \equiv \frac{a(t)}{\dot{a}(t)} = H(t)^{-1} = \sqrt{\frac{3}{8\pi G\rho(t)}} \quad \text{ハッブル時間} \tag{2.78}$$

で近似できる．ここで，最後の等号では式（2.6）で曲率 K を無視した式を用いた．つまり，ハッブル時間は宇宙の「力学時間」と見なすこともできる．また，いかなる情報も光速を超えて伝達することはできないので，

$$R_{\mathrm{H}} \equiv ct_{\mathrm{H}} = cH(t)^{-1} \quad \text{ハッブル半径} \tag{2.79}$$

は，静止座標系において互いに因果関係をもち得る宇宙の範囲，あるいは観測可能な宇宙の大きさ（宇宙の地平線）の目安を与える．これらは宇宙の構造形

[*13]　この時期の宇宙では，光子も含めた熱平衡状態が実現していたので，銀河団のガスよりも完全な熱平衡に近いが，光が伝達できる範囲内だけが熱平衡となるため，局所熱平衡状態とみなすのが妥当である．
[*14]　小松英一郎，『宇宙マイクロ波背景放射』（新天文学ライブラリー 6），日本評論社（2019）．

成に関して重要な意味をもつので，いくつかの特徴的な時期に対して，式（1.3）（2.24）を用いて具体的に評価しておこう．

等密度時　$a_{\mathrm{eq}} = \Omega_{\mathrm{r}0}/\Omega_{\mathrm{m}0} \sim 3 \times 10^{-4}$

$$t_{\mathrm{Heq}} \simeq \frac{1}{H_0} \frac{\Omega_{\mathrm{r}0}^{3/2}}{\Omega_{\mathrm{m}0}^2} \simeq 10\,万年 \left(\frac{h}{0.7}\right)^{-1} \left(\frac{\Omega_{\mathrm{r}0}}{8 \times 10^{-5}}\right)^{3/2} \left(\frac{\Omega_{\mathrm{m}0}}{0.3}\right)^{-2} \quad (2.80)$$

$$\frac{R_{\mathrm{Heq}}}{a_{\mathrm{eq}}} \simeq \frac{c}{H_0} \frac{\Omega_{\mathrm{r}0}^{1/2}}{\Omega_{\mathrm{m}0}} \simeq 100 \left(\frac{h}{0.7}\right)^{-1} \left(\frac{\Omega_{\mathrm{r}0}}{8 \times 10^{-5}}\right)^{1/2} \left(\frac{\Omega_{\mathrm{m}0}}{0.3}\right)^{-1} \mathrm{Mpc} \quad (2.81)$$

晴れ上がり時　$a_{\mathrm{dec}} = T_{\mathrm{CMB}}(t_0)/T_{\mathrm{dec}} \sim 10^{-3}$

$$t_{\mathrm{Hdec}} \simeq \frac{1}{H_0} \frac{a_{\mathrm{dec}}^{3/2}}{\Omega_{\mathrm{m}0}^{1/2}} \simeq 80\,万年 \left(\frac{h}{0.7}\right)^{-1} \left(\frac{\Omega_{\mathrm{m}0}}{0.3}\right)^{-1/2} \left(\frac{a_{\mathrm{dec}}}{10^{-3}}\right)^{3/2} \quad (2.82)$$

$$\frac{R_{\mathrm{Hdec}}}{a_{\mathrm{dec}}} \simeq \frac{c}{H_0} \frac{a_{\mathrm{dec}}^{1/2}}{\Omega_{\mathrm{m}0}^{1/2}} \simeq 200 \left(\frac{h}{0.7}\right)^{-1} \left(\frac{\Omega_{\mathrm{m}0}}{0.3}\right)^{-1/2} \left(\frac{a_{\mathrm{dec}}}{10^{-3}}\right)^{1/2} \mathrm{Mpc} \quad (2.83)$$

現在　$a_0 = 1$

$$t_{\mathrm{H}0} = \frac{1}{H_0} \simeq 140\,億年 \left(\frac{h}{0.7}\right)^{-1} \quad (2.84)$$

$$\frac{R_{\mathrm{H}0}}{a_0} = \frac{c}{H_0} \simeq 4.3 \left(\frac{h}{0.7}\right)^{-1} \mathrm{Gpc} \quad (2.85)$$

ここで，式（2.24）右辺のうち，等密度時は第 1 項のみ，晴れ上がり時は第 2 項のみをそれぞれ用いてハッブル時間を評価した．また，ハッブル半径については，式（2.4）を用いて共動座標系における値に換算している．これは次節以降で見るように，宇宙の構造形成の定式化が主に共動座標系で行われることを考慮している．

2.2　密度ゆらぎの線型成長

　完全に一様等方な宇宙では天体は形成されないが，わずかでも密度の非一様性が存在すれば，それが重力の作用によって集積する可能性が生じる．重力はつねに引力として働くため，周辺よりも密度の高い領域には，さらに物質が引き寄せられ，密度のずれが拡大するという性質があるからである．この性質を「重力不安定性」と呼ぶ．もちろん，圧力勾配をはじめとする反発力が卓越すれば，重力

不安定性は阻害されることもあり得る．本節では，一様等方宇宙にわずかな摂動を加えた場合の取扱いによって，どのような条件のもとでどれだけ非一様性が成長し得るのかを解説する．

2.2.1 流体の方程式

現在観測される天体は，すべて式（2.85）のハッブル半径よりもはるかに小さい範囲に分布しており，そのような範囲内で働く重力に対してはニュートン力学が適用できる．さらに，銀河や銀河団の主成分であるバリオンあるいはダークマターを念頭に，非相対論的な完全流体 を考える．これらの従う方程式は，静止座標系では，

$$\left(\frac{\partial \rho}{\partial t}\right)_{\vec{X}} + \nabla_{\vec{X}} \cdot (\rho \vec{v}) = 0 \qquad \text{連続の式} \qquad (2.86)$$

$$\left(\frac{\partial \vec{v}}{\partial t}\right)_{\vec{X}} + (\vec{v} \cdot \nabla_{\vec{X}})\vec{v} = -\frac{\nabla_{\vec{X}} p}{\rho} - \nabla_{\vec{X}}\phi \qquad \text{流体の運動方程式} \qquad (2.87)$$

$$\nabla_{\vec{X}}^2 \phi = 4\pi G(\rho + \rho') \qquad \text{重力場の方程式} \qquad (2.88)$$

で与えられる．後で考える共動座標系と区別するため，微分演算子に添字 $\vec{X}$ をつけてある．また，記述を単純にするため，着目する成分の質量密度，速度，圧力を添字なしでそれぞれ $\rho, \vec{v}, p$ と記し，重力ポテンシャル ϕ に寄与する他成分の全質量密度を ρ' と表す[*15]．これらはいずれも $\vec{X}$ と t の関数である．ただし，ダークマターに対しては，各粒子間の 2 体相互作用が無視できる[*16]限り，無衝突系とみなすことができて，式（2.87）の代わりに，その右辺において

$$p \leftrightarrow \rho \sigma_{1D}^2 \qquad (2.89)$$

と置き換えた式と同形のジーンズ（Jeans）方程式が成立する．ここで，σ_{1D}^2 は 1次元速度分散であり，完全流体に対応して等方的な速度分布が仮定されている．より一般的な場合のジーンズ方程式の表式とその導出は，付録 A.5 に示されている．

さて，非相対論的物質が支配的な場合の一様等方宇宙の解をもとに，各物理量

[*15] 放射成分の重力を考慮する場合には，式（2.7）から示唆されるように $\rho_r + 3p_r/c^2$ をまとめて ρ' に含めれば良い．

[*16] 通常，ダークマターが受ける重力は，大局的な質量分布によるもので，2 体相互作用ははるかに弱いと考えられる．

の平均値として

$$\bar{\rho} = \frac{\bar{\rho}(t_0)}{a(t)^3}, \quad \vec{v} = H(t)\vec{X}, \quad \bar{p} = 0, \quad \bar{\phi} = \frac{2\pi G}{3}[\bar{\rho}(t) + \bar{\rho}'(t)]\vec{X}^2 \tag{2.90}$$

をとると，これらは式 (2.7) のもとで式 (2.86) – (2.88) を満たしている．これは，式 (2.86) – (2.88) が，一様等方宇宙に対するアインシュタイン方程式ときちんと整合していることを意味している．そこで，この平均値からの「ずれ」（摂動）の振舞いを以下の手順で考える．

まず，共動座標系（空間座標 $\vec{x}$）に座標系を変更する．式 (2.4) の両辺を時間微分すると，

$$\vec{v}(\vec{X}, t) = \dot{\vec{X}} = \dot{a}(t)\vec{x} + a(t)\dot{\vec{x}} = H(t)\vec{X} + \vec{v}_1(\vec{x}, t) \tag{2.91}$$

と対応しているので，$\vec{v}_1$ が速度の摂動となる．$\vec{v}_1$ は特異速度とも呼ばれる．同様に，他の物理量の摂動項も

$$\rho = \bar{\rho} + \rho_1, \quad p = \bar{p} + p_1, \quad \phi = \bar{\phi} + \phi_1, \quad \rho' = \bar{\rho}' + \rho_1' \tag{2.92}$$

とおいて，すべて $\vec{x}$ と t の関数として表す．また，微分演算子も

$$\nabla_{\vec{X}} = \frac{1}{a(t)}\nabla_{\vec{x}}, \quad \left(\frac{\partial}{\partial t}\right)_{\vec{X}} = \left(\frac{\partial}{\partial t}\right)_{\vec{x}} - H(t)\vec{x} \cdot \nabla_{\vec{x}} \tag{2.93}$$

と変更される．ただし，記述を簡潔にするため，混乱の恐れがない限り共動座標系を表す添字 $\vec{x}$ は省く．これらを式 (2.86) – (2.88) へ代入し，整理すると

$$\frac{\partial \delta}{\partial t} + \frac{1}{a}\nabla \cdot [(1 + \delta)\vec{v}_1] = 0, \tag{2.94}$$

$$\frac{\partial \vec{v}_1}{\partial t} + H\vec{v}_1 + \frac{1}{a}(\vec{v}_1 \cdot \nabla)\vec{v}_1 = -\frac{c_s^2}{a(1 + \delta)}\nabla\delta - \frac{1}{a}\nabla\phi_1 \tag{2.95}$$

$$\nabla^2 \phi_1 = 4\pi G a^2(\bar{\rho}\delta + \bar{\rho}'\delta') \tag{2.96}$$

を得る．ここで，密度ゆらぎと音速をそれぞれ

$$\delta(\vec{x}, t) \equiv \frac{\rho_1(\vec{x}, t)}{\bar{\rho}(t)}, \quad \delta'(\vec{x}, t) \equiv \frac{\rho_1'(\vec{x}, t)}{\bar{\rho}'(t)} \tag{2.97}$$

$$c_s \equiv \sqrt{\frac{\partial p}{\partial \rho}} = \sqrt{\frac{p_1}{\rho_1}} \tag{2.98}$$

で定義し，各物理量の平均値に対しては式 (2.86) – (2.88) がそのまま成り立つことを用いた．この段階では摂動の大きさは特に指定していないので，式 (2.94) –

（2.96）は共動座標系で一般に成り立つ式である.

　次に，摂動項が十分に小さいとして，それらの1次まで（線型）の近似を施そう．すなわち，摂動の2次以上の項は無視する．その上で，任意のベクトル場が

$$\vec{v}_1(\vec{x},t) = \vec{v}_1^B(\vec{x},t) + \vec{v}_1^E(\vec{x},t) \tag{2.99}$$

のように発散なし（$\nabla \cdot \vec{v}_1^B = 0$）と回転なし（$\nabla \times \vec{v}_1^E = 0$）の二つの項の和で書ける*17ことを用いて $\vec{v}_1$ を分離する．これを式（2.95）に代入し，両辺の回転をとると，線型近似の範囲では

$$\frac{\partial}{\partial t}\nabla \times \vec{v}_1^B + \frac{\dot{a}(t)}{a(t)}\nabla \times \vec{v}_1^B = 0$$
$$\implies \vec{v}_1^B(\vec{x},t) \propto a(t)^{-1} \tag{2.100}$$

となって，仮に宇宙初期に $\vec{v}_1^B$ が存在したとしてもすぐに減衰し，$\vec{v}_1 \simeq \vec{v}_1^E$ となることがわかる．さらに，各物理量のフーリエ（Fourier）変換およびその逆変換（A.1 節）

$$\hat{\delta}(\vec{k},t) = \int \delta(\vec{x},t)e^{-i\vec{k}\cdot\vec{x}}d^3x \tag{2.101}$$

$$\delta(\vec{x},t) = \frac{1}{(2\pi)^3}\int \hat{\delta}(\vec{k},t)e^{i\vec{k}\cdot\vec{x}}d^3k \tag{2.102}$$

等を用いて式（2.94）–（2.96）から $\vec{v}_1$ と ϕ_1 を消去すると密度ゆらぎに対する線型の方程式

$$\frac{\partial^2 \hat{\delta}(\vec{k},t)}{\partial t^2} + 2H(t)\frac{\partial \hat{\delta}(\vec{k},t)}{\partial t} + \left[\frac{c_s^2 k^2}{a(t)^2} - 4\pi G\bar{\rho}(t)\right]\hat{\delta}(\vec{k},t)$$
$$= 4\pi G\bar{\rho}'(t)\hat{\delta}'(\vec{k},t) \tag{2.103}$$

が得られ，その解を用いて

$$\vec{v}_1(\vec{k},t) \simeq \vec{v}_1^E(\vec{k},t) = \frac{ia(t)\vec{k}}{k^2}\frac{\partial \hat{\delta}(\vec{k},t)}{\partial t}, \quad (\vec{k}\times\vec{v}_1^E = 0) \tag{2.104}$$

$$\hat{\phi}_1(\vec{k},t) = -\frac{4\pi Ga(t)^2[\bar{\rho}(t)\hat{\delta}(\vec{k},t) + \bar{\rho}'(t)\hat{\delta}'(\vec{k},t)]}{k^2} \tag{2.105}$$

と表される．ここで，$\vec{k}$ は共動座標系での波数ベクトルで，この系での波長と $2\pi/|\vec{k}|$ の関係にある．線型近似のもとでは，式（2.103）は単一の $\vec{k}$ にのみ依存

---

*17　添え字の B と E は，磁場と電場にそれぞれ由来している.

し，異なる空間スケールのゆらぎが互いに影響せずに独立に振舞う．

式（2.103）には未知関数として $\hat{\delta}(\vec{k}, t)$ だけでなく他成分のゆらぎ $\hat{\delta}'(\vec{k}, t)$ も含まれているため，厳密には複数の成分に対する方程式をすべて連立し，自己整合的に解く必要がある．しかし，他成分の影響は重力を介してのみ現れるので，ダークマターとバリオンのように存在量に大きな差がある場合には，後者から前者への影響は実質的に無視できる．以下ではそのような近似のもとで，ダークマターとバリオンそれぞれのゆらぎの進化を調べる．

2.2.2 ダークマターゆらぎの進化

（1）物質優勢期以降

まず，数学的な取扱いが最も簡単で，応用的にも重要な等密度期以降におけるダークマターゆらぎの時間発展を考えよう．この時期には，ダークマター自身が宇宙の重力を支配するので，式（2.103）の右辺は無視できて

$$\frac{\partial^2 \hat{\delta}_{\mathrm{d}}}{\partial t^2} + 2H(t)\frac{\partial \hat{\delta}_{\mathrm{d}}}{\partial t} - 4\pi G \bar{\rho}_{\mathrm{d}}(t)\hat{\delta}_{\mathrm{d}} = 0 \tag{2.106}$$

と書ける．簡単のため，ダークマターの運動の効果は無視して $c_{\mathrm{s}} = 0$ とおいた．これが無視できない場合については，別途後述する．式（2.106）は，H と $\bar{\rho}_{\mathrm{d}}$ が時間に依存することを除けば，「負のばね係数」をもつばねの方程式と同形であり，成長ないし減衰する解をもつ．

たとえば，物質優勢期では，式（2.37）（2.38）を代入することにより，一般解は

$$\hat{\delta}_d(\vec{k}, t) = A_+(\vec{k})D_+(t) + A_-(\vec{k})D_-(t) \tag{2.107}$$

$$D_+ \propto a \propto t^{2/3}, \quad D_- \propto a^{-3/2} \propto t^{-1} \quad \text{（物質優勢期）} \tag{2.108}$$

と表される．ここで，D_+ は成長モード，D_- は減衰モードと呼ばれ，A_+ と A_- はそれぞれの係数である．

一方，物質優勢期以降まで含めると一般には数値計算が必要であるが，いくつかの特別な場合には解析解が存在する．まず，$w = -1$，任意の曲率に対しては，

$$D_+ \propto E(a)\int_{a_{\mathrm{eq}}}^{a} \frac{da'}{a'^3 E(a')^3}, \quad D_- \propto E(a) \tag{2.109}$$

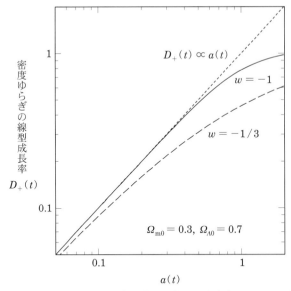

図2.4　密度ゆらぎの線型成長率．標準的な宇宙論パラメータを仮定し，ダークエネルギーの性質に対する依存性を比較してある．$w = -1/3$ は，ダークエネルギーの代わりに負の曲率が存在する場合に等しい．

と表せる[*18]．ここで $E(a) = H/H_0$ は，式 (2.57) で $1 + z = a^{-1}$ とおきかえた関数である．特に曲率優勢期 ($\Omega_{K0} > 0$) では $E(a) \simeq \sqrt{\Omega_{K0} a^{-2}}$ より

$$D_+ \propto 定数, \quad D_- \propto a^{-1} \propto t^{-1} \quad (曲率優勢期) \tag{2.110}$$

であり，ダークエネルギー優勢期 ($\Omega_{\Lambda 0} > 0$) では $E(a) \simeq \sqrt{\Omega_{\Lambda 0}}$ より

$$D_+ \propto D_- \propto 定数 \quad (ダークエネルギー優勢期，ただし w = -1) \tag{2.111}$$

となる．式 (2.36) (2.39) (2.42) と比較すると，宇宙膨張の速さ $\dot{a}$ が大きくなるほど，密度ゆらぎの成長は阻害されて遅くなることがわかる（図 2.4）．これは，式 (2.106) に $H(t) = \dot{a}/a$ が「正の摩擦係数」として寄与するためである．式 (2.31) のもとでは，現在の宇宙はダークエネルギー優勢期にあるとみなせる

[*18]　これを導くには，まず $\hat{\delta}_{\mathrm{d}} = H(t)$ が解であることを示す．その際，式 (2.7) を t で微分して得られる $\ddot{a}$ に対する式が利用できる．次に，定数変化法を用いて $\hat{\delta}_{\mathrm{d}} \equiv C(t)H(t)$ を満たす $C(t) = \int dt/\dot{a}^2 = \int da/\dot{a}^3$ を求めれば，もう一つの解が得られる．

ので，密度ゆらぎの成長は過去に比べてゆるやかになっていると考えられる．なお，式（2.109）の成長解に対する便利な近似式として

$$\frac{D_+(t)}{a(t)} \simeq \frac{5\Omega_{\rm m}(t)}{2}\left[\Omega_{\rm m}(t)^{4/7} - \Omega_\Lambda(t) + \left\{1 + \frac{\Omega_{\rm m}(t)}{2}\right\}\left\{1 + \frac{\Omega_\Lambda(t)}{70}\right\}\right]^{-1} \quad (2.112)$$

が，$w = -1$, $0.03 < \Omega_{\rm m}(t) < 2$, $-5 < \Omega_\Lambda(t) < 5$ で成り立つ[19]．

また，w が定数で平坦な宇宙（$\Omega_{\rm K} = 0$）の場合には，式（2.106）を $y \equiv \hat{\delta}_{\rm d}/a$ に対する式に書き換えた上で，変数を t から $z = -a^{-3w}(1 - \Omega_{m0})/\Omega_{m0}$ に変換し，式（2.7）（2.26）を用いることで

$$z(1 - z)\frac{d^2y}{dz^2} + \left(\frac{6w - 5}{6w} - \frac{9w - 5}{6w}z\right)\frac{dy}{dz} + \frac{w - 1}{6w^2}y = 0 \quad (2.113)$$

が得られる．これはガウスの微分方程式であり，その解は

$$\frac{D_+(t)}{a(t)} = {}_2F_1\left[-\frac{1}{3w}, \frac{w - 1}{2w}, \frac{6w - 5}{6w}, -a(t)^{-3w}\frac{1 - \Omega_{m0}}{\Omega_{m0}}\right], \quad (2.114)$$

と表される[20]．ここで，${}_2F_1$ はガウスの超幾何関数である．

宇宙の構造形成に直接寄与するのは，ゆらぎの成長モードであるので，以下では減衰モードは無視し，

$$D(t) \equiv \frac{D_+(t)}{D_+(t_0)} \qquad \text{線型成長率} \quad (2.115)$$

によってダークマター密度ゆらぎの進化を $\hat{\delta}_{\rm d}(\vec{k}, t) \propto D(t)$ のように表す．$\hat{\delta}_{\rm d}(\vec{k}, t)$ を実空間に逆フーリエ変換して得られる $\delta_{\rm d}(\vec{x}, t)$ の時間依存性も $D(t)$ で与えられる．この性質を用いると，ダークマターに対する式（2.104）の逆フーリエ変換は

$$\begin{aligned}
\vec{v}_1(\vec{x}, t) &= \frac{a(t)}{(2\pi)^3}\int d^3k \frac{\partial \hat{\delta}_{\rm d}(\vec{k}, t)}{\partial t}\frac{i\vec{k}}{k^2}e^{i\vec{k}\cdot\vec{x}} \\
&= \frac{a(t)}{(2\pi)^3}\int d^3x' \frac{\partial \delta_{\rm d}(\vec{x}', t)}{\partial t}\left\{\nabla_{\vec{x}}\int d^3k \frac{e^{i\vec{k}\cdot(\vec{x} - \vec{x}')}}{k^2}\right\} \\
&= -\frac{a(t)}{4\pi}\frac{\dot{D}(t)}{D(t)}\int d^3x' \delta_{\rm d}(\vec{x}', t)\frac{\vec{x} - \vec{x}'}{|\vec{x} - \vec{x}'|^3} \propto a(t)\dot{D}(t) \quad (2.116)
\end{aligned}$$

で与えられる．ここで，

---

[19] S.M. Carroll, W.H. Press, E.L. Turner, Annu. Rev. Astron. Astrophys., 30, 499（1992）.

[20] T. Padmanabhan, Phys. Rep., 380, 235（2003）.

$$\frac{1}{(2\pi)^3} \int d^3k \frac{e^{i\vec{k}\cdot\vec{x}}}{k^2} = \frac{1}{(2\pi)^2} \int_0^\infty dk \int_{-1}^1 d\cos\theta \ e^{ikx\cos\theta} = \frac{1}{4\pi x} \qquad (2.117)$$

を用いた. 同様に, （2.105）の逆フーリエ変換は,

$$\phi_1(\vec{x},t) = -Ga(t)^2 \bar{\rho}_{\mathrm{d}}(t) \int d^3x' \frac{\delta_{\mathrm{d}}(\vec{x}',t)}{|\vec{x}-\vec{x}'|} \ \propto \ \frac{D(t)}{a(t)} \qquad (2.118)$$

である. 式（2.116）（2.118）は, 共動座標系での特異速度と重力ポテンシャルの
ゆらぎが, 周辺領域の密度ゆらぎによって決定されることを示している.

（2）放射優勢期

　等密度時以前においては, 宇宙の重力はダークマターではなく光子が支配する
が, 光子の分布は自身の音速で到達できる範囲では均一化されてしまう. 光子の
音速は, 式（2.18）より,

$$c_{\mathrm{s}} = \sqrt{\frac{\partial p}{\partial \rho}} = \frac{c}{\sqrt{3}} \qquad (2.119)$$

で, ほぼ光速に等しい. それゆえ, 光子分布が均一化される範囲は, 式（2.34）
（2.79）より得られる放射優勢期のハッブル半径

$$\frac{R_{\mathrm{H}}(t)}{a(t)} \simeq \frac{c\,a(t)}{H_0 \Omega_{\mathrm{r0}}^{1/2}} \simeq 100 \left(\frac{a(t)}{a_{\mathrm{eq}}}\right) \left(\frac{h}{0.7}\right)^{-1} \left(\frac{\Omega_{\mathrm{r0}}}{8\times10^{-5}}\right)^{1/2} \left(\frac{\Omega_{\mathrm{m0}}}{0.3}\right)^{-1} \mathrm{Mpc}$$

$$(2.120)$$

程度とみなせる. したがって, これよりも小さなスケールでのダークマターゆら
ぎに対しては, 式（2.103）の右辺の外力はゼロとみなせて, 式（2.106）と見かけ
上は同じ式

$$\frac{\partial^2 \hat{\delta}_{\mathrm{d}}}{\partial t^2} + 2H(t)\frac{\partial \hat{\delta}_{\mathrm{d}}}{\partial t} - 4\pi G \bar{\rho}_{\mathrm{d}}(t)\hat{\delta}_{\mathrm{d}} = 0 \qquad (2.121)$$

が成立する. ただし, H の時間依存性は異なる. 式（2.6）より $H^2 \simeq 8\pi G(\bar{\rho}_{\mathrm{r}} + \bar{\rho}_{\mathrm{d}})/3$ を用い, 微分変数を $\eta \equiv a/a_{\mathrm{eq}} \simeq \bar{\rho}_{\mathrm{d}}/\bar{\rho}_{\mathrm{r}}$ に変換すると,

$$2\eta(1+\eta)\frac{\partial^2 \hat{\delta}_{\mathrm{d}}}{\partial \eta^2} + (2+3\eta)\frac{\partial \hat{\delta}_{\mathrm{d}}}{\partial \eta} - 3\hat{\delta}_{\mathrm{d}} = 0 \qquad (2.122)$$

が得られる. この式の成長解は

$$D_+ \propto 1 + \frac{3}{2}\frac{a(t)}{a_{\mathrm{eq}}} \tag{2.123}$$

であり，$a < a_{\mathrm{eq}}$ では $\hat{\delta}_{\mathrm{d}}$ はほぼ一定で，わずかしか成長できないことを示している．

このようなゆらぎ成長の抑制は，「スタグスパンション（stagspansion）」と呼ばれる．放射優勢期にスタグスパンションが起こる範囲（式（2.120））は明らかに現在観測される銀河や銀河団よりも大きい．つまり，これらの天体のもととなったはずの密度ゆらぎが成長できるのは，等密度時以降である．

（3）無衝突減衰とダークマターの分類

ここまでの取扱いでは，ダークマター自身の運動は無視していたが，仮に有意な速度をもっていた場合には，密度ゆらぎをなまらせてしまう可能性がある．この効果は「無衝突減衰（free-streaming）」と呼ばれる．光子の存在によっていわば間接的に引き起こされるスタグスパンションとは違い，自身の運動に直接起因する無衝突減衰は該当する範囲内のゆらぎを実質的にゼロにしてしまうので，対応するスケールの天体形成をより強く阻害する．

たとえば，質量 m_{d} のダークマター粒子がかつて温度 $T_{\mathrm{d}}(t)$ の熱平衡状態にあったとすると，この粒子が相対論的かどうかの目安は，平均的な運動エネルギー $k_{\mathrm{B}}T_{\mathrm{d}}(t)$ が

$$k_{\mathrm{B}}T_{\mathrm{d}}(t_{\mathrm{nr}}) = \frac{m_{\mathrm{d}}c^2}{3} \tag{2.124}$$

よりも大きいかどうかであると言える．言い換えると，時刻 t_{nr} 以前には粒子はほぼ光速で運動し，密度を均一化させていたことになる．その範囲は，t_{nr} でのハッブル半径 $R_{\mathrm{H}}(t_{\mathrm{nr}})/a(t_{\mathrm{nr}})$ に相当する．ただし，仮に $t_{\mathrm{nr}} > t_{\mathrm{eq}}$ であるとすると，この大きさは上で述べたスタグスパンションのスケールを超えてしまい，観測される銀河や銀河団は形成されなくなる．したがって，必然的に t_{nr} は放射優勢期でなければならない．式（2.77）（2.124）より，

$$a(t_{\mathrm{nr}}) = \frac{3k_{\mathrm{B}}T_{\mathrm{CMB}}(t_0)}{m_{\mathrm{d}}c^2}\frac{T_{\mathrm{d}}(t_{\mathrm{nr}})}{T_\gamma(t_{\mathrm{nr}})} \sim 7 \times 10^{-5}\left(\frac{m_{\mathrm{d}}c^2}{10\ \mathrm{eV}}\right)^{-1}\frac{T_{\mathrm{d}}(t_{\mathrm{nr}})}{T_\gamma(t_{\mathrm{nr}})} \tag{2.125}$$

であり，これと式（2.34）（2.79）より無衝突減衰の起こるスケールは大まかに

$$\frac{R_{\mathrm{H}}(t_{\mathrm{nr}})}{a(t_{\mathrm{nr}})} \simeq \frac{c}{H_0} \frac{a(t_{\mathrm{nr}})}{\Omega_{\mathrm{r0}}^{1/2}}$$

$$\sim 30 \left(\frac{m_{\mathrm{d}}c^2}{10\,\mathrm{eV}}\right)^{-1} \frac{T_{\mathrm{d}}(t_{\mathrm{nr}})}{T_{\gamma}(t_{\mathrm{nr}})} \left(\frac{h}{0.7}\right)^{-1} \left(\frac{\Omega_{\mathrm{r0}}}{8 \times 10^{-5}}\right)^{-1/2} \mathrm{Mpc}$$

$$(2.126)$$

と見積もられる．実際には t_{nr} 以降も粒子は減速しつつ運動を続けるので，より詳細な計算結果はこれよりも 2–3 倍程度大きくなる．また，ニュートリノに対しては，$T_{\mathrm{d}}(t_{\mathrm{nr}})/T_{\gamma}(t_{\mathrm{nr}}) \simeq 0.71$ であることが知られている．いずれにしろ，$m_{\mathrm{d}}c^2 \gg 10\,\mathrm{eV}$ でない限り，銀河，銀河団スケールのゆらぎは消えてしまう．

　ダークマターの正体は不明であるが，宇宙の構造形成の観点から，無衝突減衰の程度によって，次のように分類されている．

冷たいダークマター（CDM: Cold Dark Matter）　無衝突減衰が無視できる物質．質量の重い熱的粒子，あるいは非熱的粒子．候補は，ニュートラリーノ，アクシオンなど．

熱いダークマター（HDM: Hot Dark Matter）　無衝突減衰が銀河スケール以上の物質．候補は，質量をもつニュートリノなど．

暖かいダークマター（WDM: Warm Dark Matter）　上記二者の中間的な性質をもつ物質．候補は，ステライルニュートリノなど．

これらの候補の中で現時点で存在が証明されているのは，質量をもつニュートリノだけで，それ以外はすべて仮想粒子である．ニュートリノの質量には不定性があるが，最も軽い電子ニュートリノ質量に対する制限と，ニュートリノ振動実験から示唆される各世代間の質量差についての制限を合わせると，$10\,\mathrm{eV}$ を有意に超える質量をもつことは困難であり，ダークマターの主成分にはなり得ないと考えられる．一方，少なくとも銀河以上の空間スケールにおける観測事実は，冷たいダークマターによって非常によく説明されることから，現状では冷たいダークマターが有力視されている．したがって本書においても，単にダークマターと述べた場合には，冷たいダークマターを指すことにする．

2.2.3　バリオンゆらぎの進化

（1）バリオンゆらぎの特徴的振舞い

　密度ゆらぎの線型進化に関してバリオンがダークマターと異なる点としては，(i) 他成分による重力がつねに自己重力を卓越する，(ii) 圧力が存在する，(iii) 光子と電磁相互作用をする，が挙げられる．本書で扱う状況下では，(i) はバリオンゆらぎの成長を促進する方向，(ii)(iii) は抑制する方向にそれぞれ働く．本小節後半でも詳しく述べるが，特に (iii) によって，銀河や銀河団の種となるバリオンゆらぎの成長は，宇宙の晴れ上がりまで著しく抑制される．したがって，等密度時以降に成長を開始したダークマターゆらぎとの間には，大きなギャップが生じることになる．

　これらを念頭に，式 (2.103) をバリオンの密度ゆらぎに対して書いた式

$$\frac{\partial^2 \hat{\delta}_{\rm b}}{\partial t^2} + 2H\frac{\partial \hat{\delta}_{\rm b}}{\partial t} + \left[\frac{c_{\rm s}^2 k^2}{a^2} - 4\pi G\bar{\rho}_{\rm b}\right]\hat{\delta}_{\rm b} = 4\pi G\bar{\rho}_{\rm d}\hat{\delta}_{\rm d} \tag{2.127}$$

の解の振舞いを考察しよう．右辺には式 (2.106) の解が入る．上で述べた理由から $\bar{\rho}_{\rm b}\hat{\delta}_{\rm b} \ll \bar{\rho}_{\rm d}\hat{\delta}_{\rm d}$ とみなせて，式 (2.127) の左辺第 4 項は右辺に比べて無視できる．その上で，フーリエ変換の性質から波数 k は実空間での波長（ゆらぎの広がる空間スケール）の逆数に対応することに留意して，次の二つの極限を考える．

　（1）大きな空間スケールのゆらぎ: k が小さい極限では，式 (2.127) の左辺第 4 項に加えて第 3 項も無視できる．これと式 (2.106) の差をとれば

$$\frac{\partial^2(\hat{\delta}_{\rm b} - \hat{\delta}_{\rm d})}{\partial t^2} + 2H\frac{\partial(\hat{\delta}_{\rm b} - \hat{\delta}_{\rm d})}{\partial t} \simeq 0 \tag{2.128}$$

が得られる．この解は $\partial(\hat{\delta}_{\rm b} - \hat{\delta}_{\rm d})/\partial t \propto a^{-2}$ を満たすので，時間とともに $\hat{\delta}_{\rm b} - \hat{\delta}_{\rm d}$ は定数に近づき，

$$\hat{\delta}_{\rm b}(a) \simeq \hat{\delta}_{\rm d}(a) + 定数 \tag{2.129}$$

と書ける．時間とともに $\hat{\delta}_{\rm d}(a)$ が成長すると，式 (2.129) の右辺第 2 項は実質的に無視できるようになり，$\hat{\delta}_{\rm b}(a)/\hat{\delta}_{\rm d}(a)$ は 1 に近づく．これは「バリオンゆらぎの追いつき」と呼ばれている．したがって，バリオンゆらぎの成長が始まった後は，ダークマターゆらぎの大きさと実質的に同じになる．

(2) 小さな空間スケールのゆらぎ: k が大きい極限では，式（2.127）の左辺第
4項と右辺が無視できる.

$$\frac{\partial^2 \hat{\delta}_{\rm b}}{\partial t^2} + 2H \frac{\partial \hat{\delta}_{\rm b}}{\partial t} + \frac{c_{\rm s}^2 k^2}{a^2} \hat{\delta}_{\rm b} \simeq 0 \tag{2.130}$$

これは「正のばね係数」と「正の摩擦係数」（ただし，いずれも時間依存する）を
もつばねの方程式と同形であり，現実的な宇宙に対する解は減衰振動する．した
がって，密度ゆらぎは成長できない．

(2) ジーンズ長

上で述べた二つの極限を分ける境界は，式（2.127）において左辺第3, 4項と右
辺がほぼ等しくなるような波数が目安となり，

$$k_{\rm J} \equiv a \sqrt{\frac{4\pi G(\bar{\rho}_{\rm d} + \bar{\rho}_{\rm b})}{c_{\rm s}^2}} \qquad \text{ジーンズ波数} \tag{2.131}$$

と表される．ここで，小波数側でのゆらぎの振舞いを考慮して $\hat{\delta}_{\rm b} \simeq \hat{\delta}_{\rm d}$ と近似し
た．また，対応する空間スケール（共動座標系）は，

$$x_{\rm J} \equiv \frac{2\pi}{k_{\rm J}} = \frac{1}{a} \sqrt{\frac{\pi c_{\rm s}^2}{G(\bar{\rho}_{\rm d} + \bar{\rho}_{\rm b})}} \qquad \text{ジーンズ長} \tag{2.132}$$

と定義される．いずれも，スケール因子 a への依存性は共動座標系における量で
あることと整合している．式（2.98）のもとで式（2.132）は，係数を省いて

$$\frac{G(\bar{\rho}_{\rm d} + \bar{\rho}_{\rm b})(ax_{\rm J})^3}{(ax_{\rm J})^2} \rho_1 \sim \frac{p_1}{ax_{\rm J}} \tag{2.133}$$

と書き直すことができ，静止座標系で $ax_{\rm J}$ 程度の広がりをもつ領域内における摂
動に対して働く単位体積あたりの重力と圧力勾配がほぼ釣り合うことを意味して
いる．つまり，これよりも大きな（小さな）空間スケールでは，重力（圧力勾配）
が卓越するために，バリオン密度ゆらぎが成長できる（できない）と解釈できる．

式（2.132）を具体的に計算するには音速 $c_{\rm s}$ が必要になる．まず，晴れ上がり以
前には，光子と電子は主にコンプトン散乱，電子と陽子はクーロン散乱によって
強く結びつくため，バリオンと光子は一つの流体として振舞う．両者のエネル
ギー密度比を評価すると，

$$\frac{\rho_\gamma(t)}{\rho_b(t)} = \frac{\Omega_{\gamma 0}}{\Omega_{b0}} \frac{1}{a(t)} \sim 2 \left(\frac{a(t)}{10^{-3}}\right)^{-1} \left(\frac{\Omega_{\gamma 0}}{6 \times 10^{-5}}\right) \left(\frac{\Omega_{b0}}{0.04}\right)^{-1} \tag{2.134}$$

で，$a < a_{\mathrm{dec}} \simeq 10^{-3}$ では光子が卓越する．そこで，この流体の音速を光子の音速（式 (2.119)）で大まかに近似して，式 (2.132) を評価すると，

$$x_{\mathrm{J}} \simeq \frac{c}{H_0} \sqrt{\frac{8\pi^2 a(t)}{9\Omega_{m0}}} \sim 0.7 \left(\frac{a(t)}{10^{-3}}\right)^{1/2} \left(\frac{\Omega_{m0} h^2}{0.15}\right)^{-1/2} \ \mathrm{Gpc} \tag{2.135}$$

を得る．ここで $\bar{\rho}_b + \bar{\rho}_d = \rho_m$ として式 (2.21) (2.26) を用いた．実際には，晴れ上がり直前の音速は式 (2.119) の 1/3 程度になるので，それに応じて $x_{\mathrm{J}}(t)$ は上の値よりもやや小さくなるが，いずれにしろ観測される天体のスケールよりもはるかに大きい．したがって，本小節冒頭で述べたように，銀河や銀河団の種となるバリオンゆらぎの成長は，晴れ上がり時まで著しく抑制されることになる．

次に，晴れ上がり以降には，バリオンの主成分が水素原子であることを考慮して，音速

$$c_{\mathrm{s}} = \sqrt{\gamma_a \frac{k_B T_b}{m_p}} \simeq 0.12 \left(\frac{\gamma_a}{5/3}\right) \left(\frac{T_b}{\mathrm{K}}\right)^{1/2} \ \mathrm{km/s} \tag{2.136}$$

を用いる．ここで，γ_a は断熱指数であり，単原子分子からなる非相対論的な理想気体に対しては 5/3 の値をとる．また，T_b はバリオンの温度であり，電子の質量は無視する．これを式 (2.21) (2.26) (2.72) (2.74) と合わせると，晴れ上がり以降におけるジーンズ長（共動座標系）の大きさが得られる．

$$x_{\mathrm{J}} \simeq \sqrt{\frac{40\pi^2 k_B T_b(t) a(t)}{9 m_p \Omega_{m0} H_0^2}} \sim 30 \left(\frac{\Omega_{m0} h^2}{0.15}\right)^{-1/2} \left(\frac{T_b(t)}{T_{\mathrm{CMB}}(t)}\right)^{1/2} \ \mathrm{kpc} \tag{2.137}$$

式 (2.135) と比較すると，晴れ上がりを境に，ジーンズ長は急激に減少することがわかる．実際の天体との比較には，x_{J} を直径とする球形領域内の総質量

$$M_{\mathrm{J}} \equiv \frac{4\pi}{3} \rho_m \left(\frac{a x_{\mathrm{J}}}{2}\right)^3 \quad \text{ジーンズ質量}$$
$$\sim 4 \times 10^5 M_\odot \left(\frac{\Omega_{m0} h^2}{0.15}\right)^{-1/2} \left(\frac{T_b(t)}{T_{\mathrm{CMB}}(t)}\right)^{3/2} \tag{2.138}$$

を用いるのが便利である．宇宙膨張に逆らって物質が凝縮し，天体が形成されるためには，少なくともこれ以上の質量をもつことが不可欠である．現在までに観

測されている銀河の質量はすべてこの条件を満たしている[21].

(3) ダークマターの必要性

なお，仮にダークマターがまったく存在せず，バリオンが宇宙の質量密度を支配していたとすると，そのゆらぎで成長できるもの $(k \ll k_{\mathrm{J}})$ は，式 (2.106) と同じ方程式に従う．つまり，密度ゆらぎの成長率は式 (2.115) そのものなので，晴れ上がりから現在までに $D(t_0)/D(t_{\mathrm{dec}}) < a_0/a_{\mathrm{dec}} \sim 1000$ 倍しか成長できない．一方，CMB の観測からは，晴れ上がり時におけるバリオンゆらぎの大きさが $\delta_{\mathrm{b}}(t_{\mathrm{dec}}) \sim 10^{-5}$ であったことが示唆されている．これらを合わせると，現在の密度ゆらぎが $\delta_{\mathrm{b}}(t_0) < 10^{-2}$ になってしまい，観測される天体の存在を説明できない．この問題は，光子と電磁相互作用をしないダークマターのゆらぎが晴れ上がり以前から成長していれば，それにバリオンゆらぎが追いつくことで回避される．つまり，宇宙の構造形成の観点からも，ダークマターの存在が要請されるのである．

2.3　密度ゆらぎの分布

前節では密度ゆらぎ $\hat{\delta}(\vec{k}, t)$ の進化（t への依存性）を扱ったので，次にその分布（$\vec{k}$ への依存性）を考えよう．以下では表記を簡潔にするため，固定した時刻における密度ゆらぎに対しては，変数 t を省略する．

2.3.1　ゆらぎのパワースペクトル

フーリエ空間における密度ゆらぎの相関関数の平均値[22]は，式 (A.10) より

$$
\begin{aligned}
\langle \hat{\delta}(\vec{k}) \hat{\delta}(\vec{k}') \rangle &= \int d^3 x' \int d^3 x \, \langle \delta(\vec{x}') \delta(\vec{x}) \rangle \, e^{-i\vec{k} \cdot \vec{x}' - i\vec{k}' \cdot \vec{x}} \\
&= \int d^3 x'' \int d^3 x \, \langle \delta(\vec{x} + \vec{x}'') \delta(\vec{x}) \rangle \, e^{-i(\vec{k} + \vec{k}') \cdot \vec{x}} e^{-i\vec{k} \cdot \vec{x}''}
\end{aligned}
\tag{2.139}
$$

と表せる．ここで，$\vec{x}'' = \vec{x}' - \vec{x}$ とおいた．また，

---

[21]　この条件は，宇宙初期の密度ゆらぎから直接形成される天体（銀河，銀河団など）に対するもので，凝縮した物質がさらに細かく分裂して形成されたと考えられる星や惑星にはそのまま適用はできない．

[22]　理論的にはアンサンブル平均（複数の宇宙についての平均）を意味するが，現実の観測では空間平均（複数の地点についての平均）で代用される．

$$\xi(x'') \equiv \langle \delta(\vec{x} + \vec{x}'')\delta(\vec{x}) \rangle \tag{2.140}$$

は実空間における相関関数であり，一様等方な宇宙では $\vec{x}$ および方角にはよらず $x'' = |\vec{x}''|$ のみに依存する．このフーリエ変換がパワースペクトル（power spectrum）

$$P(k) \equiv \int \xi(x'')e^{-i\vec{k}\cdot\vec{x}''}d^3x'' \tag{2.141}$$

であり，一様等方宇宙では $k = |\vec{k}|$ のみの関数となる．両者の関係は式（A.18）（A.19）のように書くこともできる．これらを式（2.139）と合わせ，$\delta(\vec{x})$ が実数値関数であることを考慮して式（A.16）（A.17）を用いると

$$\langle \hat{\delta}(\vec{k})\hat{\delta}^*(\vec{k}') \rangle = (2\pi)^3 \delta_D(\vec{k} - \vec{k}')P(k) \tag{2.142}$$

が得られる．ここで，δ_D はディラック（Dirac）のデルタ関数（式 A.13）である．つまり，$P(k)$ は $\hat{\delta}(\vec{k})\hat{\delta}^*(\vec{k}) = |\hat{\delta}(\vec{k})|^2$ の平均的な大きさを表している．

　現在標準的な密度ゆらぎ生成の理論では，宇宙のごく初期に存在した量子ゆらぎから，

$$P(k) \propto k^{n_i}, \quad n_i \simeq 1 \tag{2.143}$$

のべき乗則に従う密度ゆらぎが生成されたと考えられている[*23]．一方，2.2.2 節で見たように，放射優勢期には，各時刻におけるハッブル半径よりも小さな空間スケールでの密度ゆらぎは成長することができない．したがって，大きな波数 k では時間とともに式（2.143）からのずれが生じる．この状況は，少なくとも等密度時まで続く．等密度時以降，無衝突減衰が無視できる場合には，ダークマターの線型密度ゆらぎに対して，式（2.115）より

$$P(k,t) \propto |\hat{\delta}(\vec{k},t)|^2 \propto D^2(t) \tag{2.144}$$

が成り立つ．この場合，密度ゆらぎはすべての空間スケールで同じように線型成長をするので，線型密度ゆらぎの分布は時刻によらず同形となる．

　図 2.5 は，等密度時以降における冷たいダークマターと熱いダークマターそれぞれに対する密度ゆらぎのパワースペクトルを示している．いずれも，十分に小

[*23]　S.W. Hawking, Phys. Lett., 115B, 295（1982）; A.A. Starobinsky, Phys. Lett., 117B, 175（1982）; A.H. Guth, S.-Y. Pi, Phys. Rev. Lett., 49, 1110（1982）.

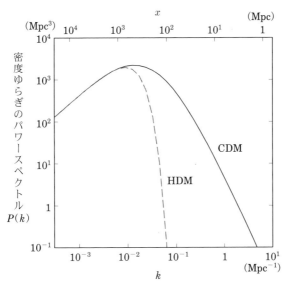

図2.5　冷たいダークマター（CDM）と熱いダークマター（HDM）に対する密度ゆらぎのパワースペクトル．標準的な宇宙論パラメータが仮定されている．縦軸の大きさは時間とともに変化する．

さな波数（＝大きな空間スケール）では式（2.143）に従うが，大きな波数（＝小さな空間スケール）では，ゆらぎが小さくなっている．冷たいダークマターに対しては，スタグスパンションの結果，式（2.81）に対応する波数

$$k_{\mathrm{eq}} = \frac{2\pi a_{\mathrm{eq}}}{R_{\mathrm{Heq}}} \simeq 0.05 \left(\frac{h}{0.7}\right) \left(\frac{\Omega_{\mathrm{r0}}}{8 \times 10^{-5}}\right)^{-1/2} \left(\frac{\Omega_{\mathrm{m0}}}{0.3}\right) \ \mathrm{Mpc}^{-1} \qquad (2.145)$$

を境界にして，

$$P_{\mathrm{CDM}}(k) \propto \begin{cases} k^{n_{\mathrm{i}}}, & k \ll k_{\mathrm{eq}} \\ k^{n_{\mathrm{i}}-4}, & k \gg k_{\mathrm{eq}} \end{cases} \qquad (2.146)$$

の波数依存性が生じることが知られている[24]．熱いダークマターに関しては，さらに無衝突減衰も加わるため，式（2.126）に対応した $k_{\mathrm{nr}} = 2\pi a(t_{\mathrm{nr}})/R_{\mathrm{H}}(t_{\mathrm{nr}})$ よりも大きな波数（厳密には，t_{nr} 以降の運動の効果により，$R_{\mathrm{H}}(t_{\mathrm{nr}})$ の値は式（2.126）よりも小さくなる）の密度ゆらぎが急激に減衰している．

---

[24]　たとえば，J.M. Bardeen *et al.*, Astrophys. J., 304, 15 (1986).

2.3.2 ゆらぎの分散

ここまで考えてきた密度ゆらぎは，各地点ごとの局所的な量であるが，実際の天体は有限の大きさをもつ領域内の物質から形成されるので，そのような領域内で「平均化された密度ゆらぎ」を次に考える．まず，共動座標系における任意の空間地点 $\vec{x}$ のまわりに半径 r をもつ球形領域内で平均化された密度ゆらぎは，

$$\delta_r(\vec{x}) = \int \delta(\vec{x}')W_r(|\vec{x}-\vec{x}'|)d^3x'$$
$$= \frac{1}{(2\pi)^3}\int \hat{\delta}(\vec{k})\hat{W}_r(k)e^{i\vec{k}\cdot\vec{x}}d^3k \tag{2.147}$$

で与えられる．ここで，2 行目への変形では式（A.14）を用いた．また，$W_r(x)$ およびその 3 次元フーリエ変換 $\hat{W}_r(k)$ はそれぞれ実空間，k 空間での窓関数と呼ばれ，今の場合は

$$W_r(x) = \begin{cases} \dfrac{3}{4\pi r^3} & x \leqq r \\ 0 & x > r \end{cases} \tag{2.148}$$
$$\hat{W}_r(k) = \frac{3}{(kr)^3}[\sin(kr)-kr\cos(kr)] \tag{2.149}$$

と表される[*25]．$\hat{W}_r(k)$ は主に $k<1/r$ の波数をもつゆらぎのみを取り出す働きをもち，$k>1/r$ では減衰する．さらに，このような密度ゆらぎの分散は，

$$\sigma^2(r) \equiv \langle|\delta_r(\vec{x})|^2\rangle$$
$$= \frac{1}{(2\pi)^6}\int d^3k\int d^3k'\langle\hat{\delta}(\vec{k})\hat{\delta}^*(\vec{k}')\rangle\hat{W}_r(k)\hat{W}_r^*(k')e^{i(\vec{k}-\vec{k}')\cdot\vec{x}}$$
$$= \frac{1}{(2\pi)^3}\int P(k)|\hat{W}_r(k)|^2d^3k \sim \frac{1}{2\pi^2}\int_0^{1/r}P(k)k^2dk \tag{2.150}$$

と表される．ここで，2 行目では式（2.142）を用いた．すべての空間スケールで式（2.144）が成り立つならば，線型近似の範囲では，

$$\sigma^2(r,t) \propto D^2(t) \tag{2.151}$$

の時間依存性をもつ．$\sigma^2(r)$ の大きさが 1 を越え，密度ゆらぎが非線型となることが，空間スケール r（共動座標系）の領域から質量スケール

[*25] これらは，最もよく用いられる実空間での球形領域に対する表式であるが，他にガウス関数などが用いられることもある．

$$M = \frac{4\pi}{3} \bar{\rho}_{\mathrm{m}}(ar)^3 = \frac{4\pi}{3} \bar{\rho}_{\mathrm{m0}} r^3 \simeq 2 \times 10^{14} M_{\odot} \left(\frac{\Omega_{\mathrm{m0}} h^2}{0.15} \right) \left(\frac{r}{10\,\mathrm{Mpc}} \right)^3 \quad (2.152)$$

の天体が形成されるための必要条件となる. $\bar{\rho}_{\mathrm{m0}}$ は定数なので, r と M は時刻によらず 1 対 1 に対応する. これを用いて, 密度ゆらぎを平均化するスケールの指標や, ゆらぎの分散のパラメータとして, r の代わりに M が用いられることも多い.

現状では, 密度ゆらぎの絶対値を理論的に決めることは困難であり, 観測によって測定するしかない. そこで慣用的に, 現在の宇宙において, $r = 8h^{-1}\mathrm{Mpc}$ のスケールで平均化した

$$\sigma_8 \equiv \sigma(8h^{-1}\mathrm{Mpc}, t_0) \quad (2.153)$$

という量が測定量として用いられており, 最近の観測データからは $\sigma_8 \sim 0.8$ が示唆されている[*26]. 式 (2.152) から明らかなように, $r = 8h^{-1}\,\mathrm{Mpc}$ は銀河団の質量スケールにほぼ対応するので, σ_8 の測定には銀河団の観測も重要な役割を果たしている. なお, ここでの r は, 現在の宇宙の「平均密度」に対して質量 M を内包する半径(式 (2.152))であるので, 実際に観測される銀河団の半径よりも 1 桁程度大きいことに注意してほしい. これは, 銀河団の密度が宇宙平均よりも数百倍大きいことと整合している.

冷たいダークマターに対するゆらぎの分散は, 式 (2.146) (2.150) より

$$\sigma_{\mathrm{CDM}}^2 \propto \begin{cases} r^{-(n_{\mathrm{i}}+3)} \propto M^{-(n_{\mathrm{i}}+3)/3}, & r \gg R_{\mathrm{Heq}}/a_{\mathrm{eq}} \\ r^{-(n_{\mathrm{i}}-1)} \propto M^{-(n_{\mathrm{i}}-1)/3}, & r \ll R_{\mathrm{Heq}}/a_{\mathrm{eq}} \end{cases} \quad (2.154)$$

の空間依存性をもち, 十分に小さい r あるいは M に対してはほぼ一定であるが, 大半のスケールでは r, M の単調減少関数である(図 2.6). つまり, r, M が小さいほど早い時期に σ^2 が 1 を越えることになるので, ダークマター成分に関する限り, 宇宙の構造形成は小スケールから大スケールへと「ボトムアップ」的に進んできたと考えられる. 一方, バリオンについてはジーンズ長(式 (2.135))を超えるスケールのゆらぎのみがダークマターとともに成長でき, それ以下のスケールではゆらぎは成長できない. つまり, 電磁波で輝くことのできる天体とし

[*26] たとえば, Planck Collaboration, Astron. Astrophys., 594, A24 (2016); Planck Collaboration, Astron. Astrophys., in press (2020), arXiv:1807.06209.

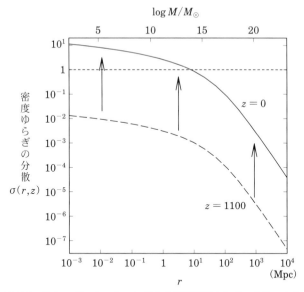

図2.6　冷たいダークマターに対する線型密度ゆらぎの分散の大き
さとその時間進化. $z = 1100$ は宇宙の晴れ上がりに対応する.

ては，式（2.138）をわずかに超える質量をもつ天体（原始銀河）が最初に形成さ
れ，その後順次大きな天体が形成されてきたと考えられる．この描像のもとでは，
宇宙最大の天体である銀河団は，宇宙の歴史の中では最も新しい天体と言える．
図 2.6 は，銀河団に対応するスケール（共動座標系で $r \sim 10$ Mpc）において，密
度ゆらぎの平均的な大きさが現在ちょうど 1 を越えつつあることを示している．

一方，速度の線型ゆらぎに関しても，上と同様の定式化が可能であり，共動座
標系における任意の空間地点 $\vec{x}$ のまわりに半径 r をもつ球形領域内で平均化され
た特異速度は，

$$\vec{v}_r(\vec{x}, t) = \int \vec{v_1}(\vec{x}', t) W_r(|\vec{x} - \vec{x}'|) d^3 x'$$
$$= \frac{1}{(2\pi)^3} \int \vec{v}_1(\vec{k}, t) \hat{W}_r(k) e^{i\vec{k} \cdot \vec{x}} d^3 k \tag{2.155}$$

と表される．これに式（2.104）（2.142）を用いれば，式（2.150）と同様に線型速
度ゆらぎの分散（1 次元成分）が

$$\sigma_v^2(r, t) \equiv \frac{1}{3} \langle |\vec{v}_r(\vec{x}, t)|^2 \rangle$$

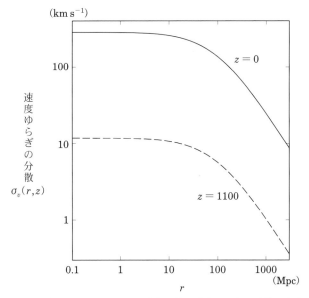

図2.7 冷たいダークマターに対する線型速度ゆらぎの分散の大き
さ. $z = 1100$ は宇宙の晴れ上がりに対応する.

$$= \frac{a^2(t)}{6\pi^2} \int_0^\infty dk \frac{\dot{D}^2(t)}{D^2(t)} P(k,t)|\hat{W}_r(k)|^2 \tag{2.156}$$

で与えられる. ここで係数の 1/3 は, 通常観測されるのが特異速度の視線成分の
みであることを考慮している. 線型速度ゆらぎの分散も大きいスケールで急速に
減少する (図2.7). ただし, 宇宙の晴れ上がり ($z = 1100$) から現在 ($z = 0$) ま
での大きさの変化は, 密度ゆらぎ (図2.6) に比べるとかなり小さい. これは, 速
度ゆらぎの成長に寄与する $\dot{D}$ が時間の減少関数であるためである.

2.4 密度ゆらぎの非線型成長

2.2 節の結果は, 密度ゆらぎの大きさが 1 に近づくと線型近似が破れて成立し
なくなる. このような非線型領域における密度ゆらぎの成長を厳密に記述するこ
とは困難であるため, さまざまな近似法が検討されている. ここでは, そのうち
最も広く用いられている二例を紹介する.

2.4.1　球対称モデル

　非線型成長を最も簡単に記述する方法は，物質の分布に対して球対称性を仮定することである．この場合，球の中心となる地点から半径 R 内に存在する物質の質量を M とすると，運動方程式

$$\frac{d^2 R}{dt^2} = -\frac{GM}{R^2} \tag{2.157}$$

が成り立つ．ここで，R は宇宙膨張とは切り離された静止座標系での長さで，ハッブル半径よりも十分に小さい（つまり，ニュートン力学が適用できる）とする．この方程式の束縛解（有界な解）は，媒介変数 θ を用いて

$$R = \frac{GM}{C}(1 - \cos\theta), \quad t = \frac{GM}{C^{3/2}}(\theta - \sin\theta) \tag{2.158}$$

と表される．ここで，C は初期条件により決まる定数である．これらより，半径 R 内の物質密度は，次式で表される．

$$\rho(<R, t) = \frac{3M}{4\pi R^3} = \frac{1}{6\pi G t^2}\left[\frac{9(\theta - \sin\theta)^2}{2(1 - \cos\theta)^3}\right] \tag{2.159}$$

さらに，物質優勢期における宇宙の臨界質量密度 $\rho_{\mathrm{cr}}(t) \simeq \bar{\rho}_{\mathrm{m}}(t)$ が式 (2.38) で与えられることを用いると，この時期における球対称領域の「密度超過」は，初期条件によらず

$$\Delta(t) \equiv \frac{\rho(<R, t)}{\rho_{\mathrm{cr}}(t)} = \frac{9(\theta - \sin\theta)^2}{2(1 - \cos\theta)^3} \tag{2.160}$$

と表される[*27]．そこで以下では，この時間発展の様子をみてみよう．

　まず，式 (2.158) より t は θ の単調増加関数であり，$\theta \ll 1$ は宇宙初期に対応する．このとき式 (2.158) のマクローリン展開は

$$R \simeq \frac{GM}{C}\left(\frac{\theta^2}{2!} - \frac{\theta^4}{4!} + \cdots\right), \quad t \simeq \frac{GM}{C^{3/2}}\left(\frac{\theta^3}{3!} - \frac{\theta^5}{5!} + \cdots\right) \tag{2.161}$$

であり，この時期には R も θ, t とともに単調増加する．また，式 (2.159) は

$$\rho(<R, t) \simeq \frac{1}{6\pi G t^2}\left[1 + \frac{3C}{20}\left(\frac{6t}{GM}\right)^{2/3} + \cdots\right] \tag{2.162}$$

[*27]　慣用的に，$\bar{\rho}_{\mathrm{m}}(t)$ ではなく，$\rho_{\mathrm{cr}}(t)$ に対する比として定義されることに注意しよう．

と近似される．この右辺は，式 (2.38) と式 (2.108) のもとで，線型密度ゆらぎに対する関係式

$$\delta(t) \equiv \frac{\rho(<R,t)}{\bar{\rho}_{\rm m}(t)} - 1 = \frac{3C}{20}\left(\frac{6t}{GM}\right)^{2/3} \propto D(t) \tag{2.163}$$

を満たしており，球対称領域の初期進化が密度ゆらぎの線型成長ときちんと整合していることがわかる．つまり，物質優勢期において，密度ゆらぎが小さい段階では，$\Delta-1$ と δ は一致する（図 2.8 参照）[*28]．また，式 (2.161) のそれぞれ第 1 項から導かれる

$$\frac{\dot{R}}{R} = \frac{2}{3t} \tag{2.164}$$

が式 (2.37) と同じ形であることも，球形領域が当初は宇宙とともに膨張していたことを示している．

　次に，$\theta=\pi$ に達すると，半径 R は増加から減少に転じ，球形領域は収縮を始める．この時点での物理量を添字 ta（"転回" を意味する英語 "turn-around" の略）で表すと

$$R_{\rm ta} = \frac{2GM}{C} = \left(\frac{3M}{4\pi\rho_{\rm ta}}\right)^{1/3}, \tag{2.165}$$

$$t_{\rm ta} = \frac{\pi GM}{C^{3/2}} = \sqrt{\frac{3\pi}{32G\rho_{\rm ta}}}, \tag{2.166}$$

$$\Delta_{\rm ta} = \frac{9\pi^2}{16} \simeq 5.55 \tag{2.167}$$

$$\delta_{\rm ta} = \frac{3}{20}(6\pi)^{2/3} \simeq 1.06 \tag{2.168}$$

となる．ここで，$\delta_{\rm ta}$ は線型近似の範囲を越えているので，あくまで式 (2.163) を用いた「外挿値」としての意味しかもたない．

　さらに，$\theta=2\pi$ では，R はゼロとなり，密度が発散することを式 (2.158) (2.159) は示している．$\theta=\pi$ から $\theta=2\pi$ に達するのにかかる時間は「自由落下時間（free-fall time）」と呼ばれ，

$$t_{\rm ff} = t(\theta=2\pi) - t_{\rm ta} = \sqrt{\frac{3\pi}{32G\rho_{\rm ta}}}, \quad \text{自由落下時間} \tag{2.169}$$

[*28]　分母の違いに加えて，Δ（式 (2.160)）は密度そのもの，δ（式 (2.163)）は密度差（分母の量からのずれ）に対して定義されるので，両者は少なくとも 1 ずれることになる．

第 2 章 宇宙の構造形成

によって静止時の密度だけの関数として与えられる．ただし，ここで仮定されている球対称性はあくまで最低次の近似であり，実際には密度が発散するまでに必ず崩れて，式（2.158）（2.159）は適用できなくなる．その代わり，粒子間でのエネルギーのやりとり（緩和）が進み，式（2.169）の時間程度で定常的な状態に近づくことが数値計算等によって示されている．そこで，次の近似として，このような系に式（A.91）の

$$2\overline{K}_{\mathrm{vir}} + \overline{U}_{\mathrm{vir}} = 0, \quad \text{ビリアル定理} \tag{2.170}$$

を適用する．ここで，$\overline{K}$ は全運動エネルギーの時間平均，$\overline{U}$ は全ポテンシャルエネルギーの時間平均であり，添字 vir は ビリアル（virial）の略である．これを一様球に対するエネルギー保存則

$$\overline{K}_{\mathrm{vir}} + \overline{U}_{\mathrm{vir}} = U_{\mathrm{ta}} \quad (K_{\mathrm{ta}} = 0), \tag{2.171}$$

および自己重力ポテンシャル $U \propto 1/R$ と合わせると，平衡下での平均半径に対して

$$R_{\mathrm{vir}} = \frac{1}{2}R_{\mathrm{ta}}, \quad \text{ビリアル半径} \tag{2.172}$$

が得られる．このような状態は慣用的に「ビリアル平衡（virial equilibrium）」と呼ばれ，これに達した段階での物理量は

$$t_{\mathrm{vir}} \simeq t(\theta = 2\pi) = 2t_{\mathrm{ta}}, \tag{2.173}$$

$$\Delta_{\mathrm{vir}} = 18\pi^2 \simeq 178, \tag{2.174}$$

$$\delta_{\mathrm{vir}} = \frac{3}{20}(12\pi)^{2/3} \simeq 1.69, \tag{2.175}$$

と表される．式（2.168）と同様に，δ_{vir} も式（2.163）による外挿値にすぎないが，後で 2.6 節などで巧みに活用される．なお，ビリアル定理は厳密には孤立系に対して成り立つが，上述の球型領域の境界は仮想的なもので，実際には外側から物質の流入が続く．したがって，ビリアル平衡の考え方は，あくまで近似的なものであることに注意したい．

　図 2.8 には，上で述べた球対称モデルを実際の宇宙に適用した結果が描かれている．密度ゆらぎが十分に小さい間は，球対称領域はほぼ宇宙とともに膨張するが，やがて自身の重力によって収縮に転じて密度は上昇する．この段階で，Δ −

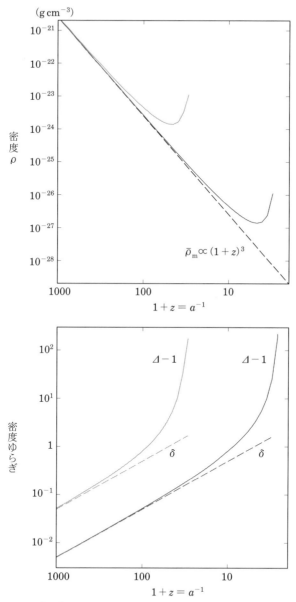

図2.8 球対称モデルにおける密度（上図）と密度ゆらぎ（下図）の進化. 二つの異なる初期条件に対する進化が, それぞれがビリアル平衡に達したと考えられる時点まで描かれている.

1 と δ の差は急速に拡大する．また，初期に大きな密度ゆらぎをもっていた領域ほど，早く収縮に転じ，より高い密度でビリアル平衡に達するが，その時点での宇宙の平均密度との比は，物質優勢期の間は一定となる．これは，式（2.167）（2.168）（2.174）（2.175）がいずれも定数であることを反映している．

　以上は，物質優勢期における表式であるが，曲率やダークエネルギーが存在する場合に対しても拡張することが可能である．これにはやや煩雑な計算が必要となるので，ここでは参考までに応用上重要となる以下の二つの場合についての結果を示しておく[*29]．これらの場合の Δ_{vir} や δ_{vir} は厳密には定数でなくなり，弱い時間依存性をもつようになる．

- $\Omega_{\mathrm{K0}} > 0,\ \Omega_{\Lambda 0} = 0$ のとき

$$\Delta_{\mathrm{vir}} = 4\pi^2 \Omega_m(t_{\mathrm{vir}}) \frac{(\cosh\eta_{\mathrm{vir}} - 1)^3}{(\sinh\eta_{\mathrm{vir}} - \eta_{\mathrm{vir}})^2}, \tag{2.176}$$

$$\delta_{\mathrm{vir}} = \frac{3}{2}\left[\frac{3\sinh\eta_{\mathrm{vir}}(\sinh\eta_{\mathrm{vir}} - \eta_{\mathrm{vir}})}{(\cosh\eta_{\mathrm{vir}} - 1)^2} - 2\right]$$
$$\times \left[1 + \left(\frac{2\pi}{\sinh\eta_{\mathrm{vir}} - \eta_{\mathrm{vir}}}\right)^{2/3}\right], \tag{2.177}$$

- $\Omega_{\mathrm{K0}} = 0,\ \Omega_{\Lambda 0} > 0$ のとき

$$\Delta_{\mathrm{vir}} \simeq 18\pi^2 + 82\xi_{\mathrm{vir}} - 39\xi_{\mathrm{vir}}^2 \tag{2.178}$$

$$\delta_{\mathrm{vir}} \simeq \frac{3}{20}(12\pi)^{2/3}[1 + 0.0123\log_{10}\Omega_{\mathrm{m}}(t_{\mathrm{vir}})] \tag{2.179}$$

ここで，$\eta_{\mathrm{vir}} = \mathrm{arccosh}[2\Omega_{\mathrm{m}}(t_{\mathrm{vir}})^{-1} - 1]$，$\xi_{\mathrm{vir}} = \Omega_{\mathrm{m}}(t_{\mathrm{vir}}) - 1$ である．

2.4.2　数値シミュレーション

　球対称モデルとは対照的に，できる限り正確に非線型成長を記述するには，数値計算を行うのが最も直接的な手段となる．特に宇宙の物質の大半を占めるダークマター分布の時間発展に対しては，与えられた領域内の全物質を N 個の離散的な塊（以下では便宜上，これを「粒子」と呼ぶが，素粒子論的な意味でのダークマター粒子とはまったく別物である）に分割して，それらの間の重力相互作用を解く「N 体計算」と呼ばれる数値シミュレーションが広く行われている．共動

[*29]　T.T. Nakamura, Y. Suto, Prog. Theor. Phys., 97, 49（1997）；T. Kitayama, Y. Suto, Astrophys. J., 469, 480（1996）；G.L. Bryan, M.L. Norman, Astrophys. J., 495, 80（1998）.

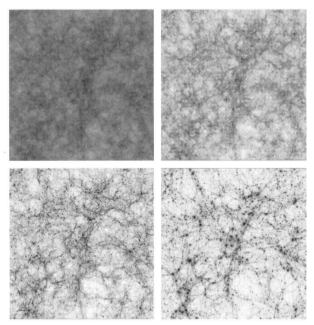

図2.9 宇宙論的 N 体計算によるダークマター分布の時間進化.
左上,右上,左下,右下の順に,それぞれ $z = 20, 5, 2, 0$ に対応す
る(吉田直紀氏,東京大学データレゼボワール提供).

座標系における計算領域の1辺の長さを L とすると,1粒子あたりの質量は

$$\Delta m = \frac{\bar{\rho}_{\mathrm{m}}(t_0)L^3}{N} = 4 \times 10^9 M_\odot \left(\frac{\Omega_{\mathrm{m}0}h^2}{0.15}\right)\left(\frac{L}{\mathrm{Gpc}}\right)^3\left(\frac{N}{10^{10}}\right)^{-1} \tag{2.180}$$

で与えられ,これが N 体計算の分解能に対応する. L は想定する状況によって基本的には任意に選べるが,たとえばニュートン力学が適用できる限界であるハッブル半径(式 2.85)程度にとると,現状での最大粒子数($N \sim 10^{10}$)での Δm は銀河の質量程度になり,銀河団一つを数千〜数万個のダークマター粒子で分解することが可能となる.

図 2.9 は,標準的な宇宙モデルに対する N 体計算の結果の一例を示している.宇宙初期にはほぼ一様に分布していた物質が,時間とともに集積して,徐々に大きな構造が形づくられる様子が顕著に示されている.フィラメント状の構造が交差して物質が集中している領域が「ダークマターハロー(dark matter halo)」と

呼ばれ，このような領域が観測される銀河や銀河団に対応すると考えられる.

　なお，逆 2 乗則である重力は，遠方までの物質分布が寄与する遠距離力であるので，これをいかに効率よく計算するかが N 体計算では大きな課題となる. 単純に全粒子間の相互作用をそのまま足しあげると，当然ながら N^2 のオーダーの演算量が必要になってしまう. そこで，これを高速に計算するための専用計算機や演算量を減らすための近似アルゴリズムなどが開発されている[*30]. たとえば，代表的な近似アルゴリズムの一つである「ツリー法」では，ある地点から見て実質的に同一方向かつ同一距離にあるとみなせる粒子を束ね，それらからの重力を一括して計算することで，$N \log N$ のオーダーに演算量を減らすことができる. これがいかに大きな変化であるかは，たとえば $N = 10^{10}$ に対して $\log 10^{10} \sim 10$ であることからも明らかであろう.

2.5　ビリアル平衡下での物理量

　2.4.1 節で導入したビリアル平衡の考え方は，ダークマターハローの性質に対する近似として非常に有用である. たとえば，赤方偏移 z においてビリアル平衡に達したダークマターハローの平均密度は，

$$\rho_{\mathrm{vir}}(z) = \rho_{\mathrm{cr}}(z)\Delta_{\mathrm{vir}}$$
$$\simeq 1.8 \times 10^{-27} \left(\frac{\Delta_{\mathrm{vir}}}{200}\right) \left(\frac{h}{0.7}\right)^2 E^2(z) \ \ \mathrm{g\,cm^{-3}} \tag{2.181}$$

であり，ダークマターハローの質量にはよらない. ここで，$E(z)$ は式 (2.57) で与えられ，$z = 0$ では $E(z) = 1$ である. したがって，ビリアル半径内の全質量（「ビリアル質量」と呼ばれる）を M_{vir} で表せば，

$$R_{\mathrm{vir}} = \left(\frac{3M_{\mathrm{vir}}}{4\pi\rho_{\mathrm{vir}}(z)}\right)^{1/3}$$
$$\simeq 2.1 \left(\frac{M_{\mathrm{vir}}}{10^{15}M_\odot}\right)^{1/3} \left(\frac{\Delta_{\mathrm{vir}}}{200}\right)^{-1/3} \left(\frac{h}{0.7}\right)^{-2/3} E^{-2/3}(z) \ \ \mathrm{Mpc} \tag{2.182}$$

となり，観測される銀河団のサイズと質量等の関係を近似的に再現する.

　また，このようなダークマターハロー内で運動する粒子の速度が，重心系では

[*30]　これらの技術的な詳細については，富坂幸治，花輪知幸，牧野淳一郎（編），『シミュレーション天文学』（シリーズ現代の天文学 14），日本評論社（2007），などを参照していただきたい.

等方的であると仮定すれば，全運動エネルギーの時間平均は 1 次元速度分散 σ_{vir}^2 を用いて，

$$\bar{K}_{\text{vir}} = \frac{1}{2} M_{\text{vir}} (3\sigma_{\text{vir}}^2) \tag{2.183}$$

と表される．重心系では，粒子の平均速度はゼロであるので，$3\sigma_{\text{vir}}^2$ は 3 次元速度の 2 乗平均値と等しくなる．一方，ダークマターハローのポテンシャルエネルギーの時間平均は，ダークマターハローの密度分布に依存し，

$$\begin{aligned}\bar{U}_{\text{vir}} &= -\int_0^{R_{\text{vir}}} \frac{GM(<r)}{r} 4\pi r^2 \rho(r) dr \\ &= -\frac{3-\alpha}{5-2\alpha} \frac{GM_{\text{vir}}^2}{R_{\text{vir}}}\end{aligned} \tag{2.184}$$

と表される．ここで，式 (2.184) では，ダークマターハローの密度分布が半径のべき関数 $\rho(r) \propto r^{-\alpha}$ $(\alpha < 5/2)$ に従うと仮定し，半径 r 内の質量が

$$M(<r) = \int_0^r \rho(r') 4\pi r'^2 dr' = \frac{4\pi}{3-\alpha} \rho(r) r^3 \tag{2.185}$$

で与えられることを用いた．観測データに対する最低次の近似としては，$\alpha \sim 2$ が用いられることが多い．式 (2.183)(2.184) を式 (2.170) へ代入すれば，

$$\begin{aligned}\sigma_{\text{vir}} &= \sqrt{\frac{3-\alpha}{5-2\alpha} \frac{GM_{\text{vir}}}{3R_{\text{vir}}}} \\ &\simeq 830 \sqrt{\frac{3-\alpha}{5-2\alpha}} \left(\frac{M_{\text{vir}}}{10^{15} M_\odot}\right)^{1/3} \\ &\quad \times \left(\frac{\Delta_{\text{vir}}}{200}\right)^{1/6} \left(\frac{h}{0.7}\right)^{1/3} E^{1/3}(z) \quad \text{km/s}\end{aligned} \tag{2.186}$$

となり，やはり観測される速度分散がおおまかにではあるが説明される．

さらに，ガス粒子にも単位質量あたりの運動エネルギーが等分配されれば，その温度は

$$\frac{3}{2} \frac{k_{\text{B}} T_{\text{vir}}}{m_{\text{gas}}} = \frac{3}{2} \sigma_{\text{vir}}^2 \tag{2.187}$$

を満たすので，

$$T_{\text{vir}} \simeq 8.4 \times 10^7 \left(\frac{3-\alpha}{5-2\alpha}\right) \left(\frac{m_{\text{gas}}}{m_{\text{p}}}\right) \left(\frac{M_{\text{vir}}}{10^{15} M_\odot}\right)^{2/3}$$

$$\times \left(\frac{\Delta_{\mathrm{vir}}}{200}\right)^{1/3} \left(\frac{h}{0.7}\right)^{2/3} E^{2/3}(z) \quad \mathrm{K} \tag{2.188}$$

が得られる．ここで，m_{gas} はガス粒子の平均質量であり，T_{vir} は「ビリアル温度」と呼ばれる．式 (2.188) も，観測される銀河団の温度を近似的に再現している．

2.6 質量関数

　質量関数とは，天体の数をその質量の関数として表したものを指す．密度ゆらぎのパワースペクトルと非線型成長に関する知識を組み合わせると，宇宙の密度ゆらぎから形成されるダークマターハローの数を理論的に記述することができる．これは現状においては，宇宙に存在する天体の絶対数を原理的なレベルから予言できる実質的に唯一の手法である．総質量がジーンズ質量（式 (2.138)）よりもはるかに大きいことと，ガス冷却・星形成の影響が小さい（1.5 節）ことから，特に銀河団はダークマターハローと直接関連づけやすい天体と言える[*31]．以下では，まず最も単純な解析的導出を行った上で，その拡張について述べる．

　ダークマターハローの質量関数を解析的に導く際には，次の仮定が良く用いられる．

　(1) 宇宙初期における密度ゆらぎは，ガウス分布（正規分布）に従う．

　(2) 密度ゆらぎの非線型成長は，球対称モデル (2.4.1 節) で記述され，ビリアル平衡に達した状態がダークマターハローに対応する．

　(3) ダークマターハローの質量は時間とともに単調増加する．

　(4) 密度ゆらぎの空間的な相関は無視できる．

仮定 (1) は，現状の観測精度の範囲内では $z = 1100$ での密度ゆらぎの分布がガウス分布と整合していたことが CMB データから示されていること，および標準的なインフレーションモデルからもガウス分布が自然に予言されることが裏づけとなっている．仮定 (3) は，2.3.2 節で述べたボトムアップ構造形成のもとでは，平均的には正しいと考えられる．一方，仮定 (2)(4) は，解析的な取扱いを可能にするための近似にすぎず，これを用いた結果の妥当性については後で述べる．

　さて，仮定 (1) のもとでは，質量 M を含む領域内で平均化された密度ゆらぎ

[*31]　逆に，質量が小さく，形成過程の不定性が大きい銀河や活動銀河核をダークマターハローと結びつけるのは，はるかに難しい．

が宇宙初期の時刻 t_i に大きさ $\delta_M \sim \delta_M + d\delta_M$ をもつ確率は,

$$P_G[\delta_M(t_i)]d\delta_M = \frac{1}{\sqrt{2\pi\sigma^2(M,t_i)}}\exp\left[-\frac{\delta_M^2(t_i)}{2\sigma^2(M,t_i)}\right]d\delta_M \qquad (2.189)$$

で与えられる.ここで,$\sigma^2(M,t_i)$ は,t_i において式(2.150)(2.152)で定義される分散である.

次に,このような密度ゆらぎが線型成長すると,時刻 t には $\delta_M(t_i)D(t)/D(t_i)$ の大きさを持つことになる.仮定(2)を用いると,この大きさが式(2.175)等で与えられる δ_{vir} を越えていれば,ビリアル平衡に達していると見なすことができる.つまり,時刻 t_i でのゆらぎの大きさが

$$\delta_M(t_i) \geq \delta_{vir}\frac{D(t_i)}{D(t)} \qquad (2.190)$$

を満たしていれば,時刻 t までに質量 M 以上をもつダークマターハローになると考えられる.ここで,M ちょうどではなくそれ以上となるのは,仮定(3)より,早い時刻に質量 M を獲得したダークマターハローは,周囲の物質を集積してさらに質量を増加させている可能性があるからである.もちろん,ビリアル平衡に達するまでにゆらぎは非線型となっているが,しきい値として用いている δ_{vir} 自体も線型理論による外挿値なので,線型成長率だけを用いた上のような考えかたが成り立つことに注意してほしい.球対称モデルでは非線型ゆらぎ Δ と線型ゆらぎ δ が1対1に対応するという性質を巧みに利用している.式(2.190)を満たす領域の存在確率は,

$$F(M,t) = \int_{\delta_{vir}D(t_i)/D(t)}^{\infty} P_G[\delta_M(t_i)]d\delta_M = \frac{1}{2}\mathrm{erfc}\left[\frac{\delta_{vir}D(t_i)}{\sqrt{2}\sigma(M,t_i)D(t)}\right] \qquad (2.191)$$

のように

$$\mathrm{erfc}(x) \equiv \frac{2}{\sqrt{\pi}}\int_x^{\infty}e^{-u^2}du \quad 相補誤差関数 \qquad (2.192)$$

を用いて表される.$\sigma(M,t_i) \propto D(t_i)$ であるので,式(2.191)右辺は t_i に依存しない.したがって,t_i は単に式(2.189)(2.190)を評価する時刻としての意味しかもたず,δ と σ を線型成長率に比例して時間変化させる限り,任意($t_i > t$ でも良い)に選ぶことができる.そこで,便宜上 $t_i = t_0$ にとれば,

$$F(M,t) = \frac{1}{2}\text{erfc}\left[\frac{\delta_{\text{c}}(t)}{\sqrt{2}\sigma(M)}\right] \tag{2.193}$$

$$\delta_{\text{c}}(t) \equiv \frac{\delta_{\text{vir}}}{D(t)} \quad \text{線型密度ゆらぎの臨界値} \tag{2.194}$$

$$\sigma(M) \equiv \sigma(M,t_0) = \frac{\sigma(M,t_{\text{i}})}{D(t_{\text{i}})} \quad \text{線型密度ゆらぎの標準偏差} \tag{2.195}$$

と書くことができる．ここで，式 (2.115) より $D(t_0) = 1$ を用いた．

実は式 (2.190) は，仮定 (1) – (3) のもとで「宇宙の任意の地点から，時刻 t までに質量 M 以上をもつダークマターハローが形成される」十分条件ではあるが必要条件ではない．質量 M では式 (2.190) を満たさない地点でも，より大きな $\tilde{M}$ では

$$\delta_{\tilde{M}}(t_{\text{i}}) = \delta_{\text{vir}}\frac{D(t_{\text{i}})}{D(t)}, \quad (\tilde{M} \geqq M) \tag{2.196}$$

となる可能性を数え落としているからである．密度ゆらぎの定義より $\tilde{M} \to \infty$ では $\delta_{\tilde{M}}(t_{\text{i}}) \to 0$ であるので，式 (2.190) が満たされれば，式 (2.196) を満たす $\tilde{M}$ は必ず存在するが，逆は成り立たない．必要十分条件としては，式 (2.196) を用いなければならない．これに対応する確率を得るには

$P(A)$：式 (2.190) が満たされる（事象 A）確率，すなわち式 (2.193)．

$P(B)$：式 (2.196) を満たす $\tilde{M}$ が存在する（事象 B）確率．

$P(B|A)$：事象 A が起きた上で事象 B が起きる条件つき確率

に対して

$$P(B) = \frac{P(B|A)\,P(A)}{P(A|B)} \quad \text{ベイズの定理} \tag{2.197}$$

を適用すればよい．上で述べたように，A は B の十分条件なので $P(B|A) = 1$ が成立する．一方，$P(A|B)$ は質量スケールの変化に伴ってどのように密度ゆらぎが増減するかに依存するが，仮定 (4) のもとでは $P(A|B) = 1/2$ となる．これは，B を前提とした場合に $\delta_M(t_{\text{i}})$ が $\delta_{\tilde{M}}(t_{\text{i}})$ よりも大きくなるか小さくなるかは完全にランダムとなり，A が起こる確率と起こらない確率がつねに等しくなるからである．したがって，必要十分条件に対応した確率は $P(B) = 2P(A)$ となる．

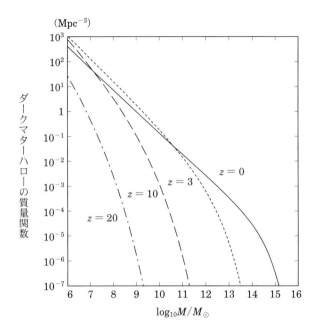

図2.10 標準的な宇宙モデルにおけるダークマターハローの質量関数.

　以上より, 時刻 t に質量 $M \sim M + dM$ をもつダークマターハローの共動座標系における数密度が, 次式で与えられる.

$$\frac{dn(M,t)}{dM} dM = \frac{\bar{\rho}_{m0}}{M} \left| 2\frac{\partial F(M,t)}{\partial M} \right| dM$$
$$= \sqrt{\frac{2}{\pi}} \frac{\bar{\rho}_{m0}}{M} \frac{\delta_c(t)}{\sigma^2(M)} \left| \frac{d\sigma(M)}{dM} \right| \exp\left[-\frac{\delta_c^2(t)}{2\sigma^2(M)} \right] dM \qquad (2.198)$$

この式は提唱者の名前をとって「プレス–シェヒター (Press–Schechter) 質量関数」と呼ばれる[*32]. ここで, 共動座標系での平均物質質量密度 $\bar{\rho}_{m0}$ は時間によらず一定であり, 式 (2.32) で与えられる. また, 仮定 (3) を満たすような $\sigma(M)$ および $F(M,t)$ は M の減少関数となるので絶対値記号が付加してある. なお, 式 (2.198) は

$$\int_0^\infty M \frac{dn(M,t)}{dM} dM = \bar{\rho}_{m0} \qquad (2.199)$$

を満たす．標準的な宇宙モデルにおける質量関数を具体的に描く（図 2.10，65
ページ）と，$z = 20$ 頃に小型銀河スケールのダークマターハローが現れ，$z = 0$
付近に銀河団スケールに達することが自然に説明されることがわかる．

　式（2.198）は汎用性の高い解析表式であるが，すでに述べたように，簡単化の
ための近似がいくつか用いられているので，定量的な妥当性を別途検証する必要
がある．そのための一つの手段は，仮定（2）–（4）に依存しない宇宙論的 N 体
計算から得られる質量関数と比較することである．両者は全体としてよく一致す
るが，式（2.198）の方が大質量天体の数を系統的に過小評価することが知られて
いる．そこで，観測データと詳細な比較を行う際には，N 体計算の結果を正確に
再現するように補正された関数形が用いられることが多い．

2.7　ダークマターハローの密度分布

　ダークマターハローの内部構造を原理的なレベルから予測することは困難な作
業であり，現状ではモデルや数値計算に頼らざるを得ない．

　まず，非常に単純化された場合として，球対称，定常，等方的な自己重力系を
考えよう．このような系に対するジーンズ方程式は，式（A.130）より

$$\frac{1}{\rho}\frac{\partial(\rho\sigma_{1D}^2)}{\partial r} = -\frac{GM(<r)}{r^2} \tag{2.200}$$

$$M(<r) = 4\pi\int_0^r \rho(r')r'^2 dr' \tag{2.201}$$

と書ける．さらに，速度分散 σ_{1D}^2 が場所によらず一定であるとすると，式（2.200）
を満たす解として，

$$\rho(r) = \frac{\sigma_{1D}^2}{2\pi Gr^2} \quad \text{特異等温球（singular isothermal sphere）} \tag{2.202}$$

が得られる．この分布は，中心が特異点となって密度が発散する（ただし，中心
付近の質量は有限である）上に，$M(<\infty)$ も発散することに注意がいる．しか
し，限られた半径の範囲内では，観測される銀河や銀河団の質量密度分布をおお
まかに再現すること，および数学的に扱いやすいことから，最低次の近似として
よく用いられている．

　一方，冷たいダークマターが支配的な宇宙における大規模 N 体計算からは，一
定の定常状態に達したダークマターハロー内の質量密度の平均的な動径分布が，

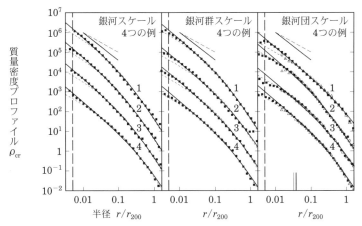

図2.11 N 体計算から予言されるダークマター密度の動径分布.
3 つの図は,それぞれ銀河(左),銀河群(中),銀河団(右)に
対応する規模のダークマターハロー 4 個ずつ(計 12 個)の分布
を示している.点はシミュレーションの結果,破線と実線は,式
(2.203)においてそれぞれ $\alpha = 1$ と $\alpha = 1.5$ を仮定したフィット
結果である.各ダークマターハローの分布は,見やすさのために,
縦軸方向に 10 倍ずつずらして描いてある.横軸の r_{200} は,ビリ
アル半径にほぼ相当する(正確な定義は,4.6 節参照).Y.P. Jing,
Y. Suto, Astrophys. J. Lett., 529, L69(2000)より転載.

$$\rho(r) = \frac{\rho_{\mathrm{s}}}{(r/r_{\mathrm{s}})^{\alpha}(1 + r/r_{\mathrm{s}})^{3-\alpha}}, \quad \alpha = 1 \sim 1.5 \tag{2.203}$$

によって普遍的に表されることが提唱されている.ここで,r_{s} は動径分布のス
ケールを決める半径であり,$r \ll r_{\mathrm{s}}$ では $\rho(r) \propto r^{-\alpha}$,$r \gg r_{\mathrm{s}}$ では $\rho(r) \propto r^{-3}$ と
なる(図 2.11).べき指数 α の値については,シミュレーションの空間分解能など
の制約による不定性が残されているが,N 体計算からは中心に向かって急峻に上
昇する密度分布が一貫して支持されている.特に $\alpha = 1$ の場合は,提唱者(J.F.
Navarro, C.S. Frenk, S.D.M. White)の頭文字をとって,「NFW プロファイル」と
呼ばれている[*33].式(2.203)において ρ_{s} は密度の絶対値を決めるパラメータで
あり,半径 r 内の質量と

$$M(<r) = 4\pi r_{\mathrm{s}}^3 \rho_{\mathrm{s}} m \left(\frac{r}{r_{\mathrm{s}}} \right) \tag{2.204}$$

[*33] J.F. Navarro, C.S. Frenk, S.D.M. White, Astrophys. J., 490, 493(1997).

$$m(x) \equiv \int_0^x \frac{u^{2-\alpha}}{(1+u)^{3-\alpha}} du$$

$$= \begin{cases} \ln(1+x) - \dfrac{x}{1+x} & (\alpha = 1) \\ 2\ln(\sqrt{x} + \sqrt{1+x}) - 2\sqrt{\dfrac{x}{1+x}} & (\alpha = 1.5) \end{cases} \tag{2.205}$$

で結びついている. あるいは, 式 (2.182) のビリアル半径と r_{s} の比 $c_{\mathrm{vir}} \equiv R_{\mathrm{vir}}/r_{\mathrm{s}}$ を用いれば

$$\rho_{\mathrm{s}} = \frac{\Delta_{\mathrm{vir}} c_{\mathrm{vir}}^3}{3\, m(c_{\mathrm{vir}})} \rho_{\mathrm{cr}}(z) \tag{2.206}$$

と表すこともできる. c_{vir} が大きいほど, 密度の中心集中の度合いが高いことを意味する. c_{vir} の値は, ダークマターハローの質量が大きいほど, 赤方偏移が大きいほど減少する傾向があり, 近傍の大型銀河団に対しては $c_{\mathrm{vir}} = 4 \sim 8$ 程度が予想されている.

このようなダークマター密度分布の妥当性に関しては, 観測データとの詳細な比較による検証が試みられてきた. 4 章で詳しく述べるように, 銀河団に関しては概ね式 (2.203) と整合する観測データが得られている. 一方, より小さな矮小銀河などに関しては, 式 (2.203) のような急峻な分布ではなく, 中心部で平坦なコアをもつ質量分布が観測から示唆されており, 論争が続いている. ただし, 銀河の観測データの解釈には, N 体計算には含まれていないガスや星に関するさまざまな物理過程の重要性が増すため, それらが矛盾の原因である可能性も排除できない.

第**3**章

銀河団ガスの放射過程

銀河団のバリオン成分の大半は，ほぼ完全に電離した局所熱平衡状態にあると考えられるが，同時に非熱的ガスも存在することが知られている．本章では，これらによる主要な放射過程について解説するとともに，各過程の観測からどのような物理情報が引き出されるかについて述べる．

3.1 粒子の組成とエネルギー分布

ガスの放射過程は，どのような粒子がどのような速度（エネルギー）をもつかに強く依存する．また，各イオンの存在量を知るためにも粒子のエネルギー分布は不可欠となる．以下ではまず，粒子の組成について 3.1.1 節で述べた後，熱的・非熱的粒子それぞれの分布関数について 3.1.2, 3.1.3 節で解説し，局所熱平衡および電離平衡が成り立つための条件について 3.1.4, 3.1.5 節で考察する．

3.1.1 粒子の組成

宇宙に存在するさまざまなプラズマ（電離ガス）と同様に，銀河団中に存在する原子の大半は水素とヘリウムであり，その組成比は宇宙初期の元素合成時の値がほぼ保持されていると考えられる．まず，ヘリウムの存在量を全核子に対する質量比で表すと

$$Y \simeq 0.25 \tag{3.1}$$

程度である．また，ヘリウムよりも大きな原子数をもつ重元素も銀河団ガス中には存在することが X 線で観測されている．これらは，恒星内部や超新星爆発などにおいて生成・放出された重元素が蓄積したものであると考えられている．異なる重元素間の相対的な比率に関しては不定性が大きいので，太陽組成と同じであると仮定されることが多い[*1]．この仮定のもと，最も精度良く観測されている鉄の輝線から，重元素の全核子に対する質量比を推定すると，

$$Z \simeq 0.2 - 0.5 Z_\odot \tag{3.2}$$

程度の値が得られる．ここで，$Z_\odot = 0.016$ は原始太陽系における重元素の質量比である．これらより，主成分である水素の全核子に対する質量比は，

$$X = 1 - Y - Z \simeq 0.74 \tag{3.3}$$

となる．本書では，特に断らない限り，ヘリウムの質量比は式（3.1）の値に固定し，異なる重元素間の相対的な比率は太陽組成と同じであると仮定した上で，Z は式（3.2）程度の任意性をもつパラメータとみなす．

　上で述べた質量比を数に換算すると，まず，ヘリウム原子核と水素原子核の比率は，

$$\frac{n_{\rm He}}{n_{\rm H}} = \frac{Y}{4X} \simeq 0.084 \tag{3.4}$$

となる．ここで，陽子質量と中性子質量の違い，および電子質量の寄与は無視した．また，重元素の中で最も数が多い酸素と，最も観測されやすい鉄の数はそれぞれ

$$\frac{n_{\rm O}}{n_{\rm H}} \simeq 1.8 \times 10^{-4} \left(\frac{Z}{0.3 Z_\odot} \right) \tag{3.5}$$

$$\frac{n_{\rm Fe}}{n_{\rm H}} \simeq 9.8 \times 10^{-6} \left(\frac{Z}{0.3 Z_\odot} \right) \tag{3.6}$$

程度である．したがって，電子数における重元素の寄与はほぼ無視できて，

$$\frac{n_{\rm e}}{n_{\rm H}} \simeq 1 + \frac{Y}{2X} \simeq 1.17 \tag{3.7}$$

[*1]　一口に太陽組成といっても，測定方法や補正に用いるモデルの違いなどのため，文献によって値がばらついている場合がある．本書では，特に断らない限り，K. Lodders, H. Palme, H.-P. Gail, Landolt Börnstein, 4B, 712 (2009)，による原始太陽系に対する値を用いる．

これらより，完全電離の際の平均分子量，すなわち，ガス粒子一つあたりの平均質量と陽子質量 m_p の比は，

$$\mu \simeq \frac{n_\mathrm{H} + 4n_\mathrm{He}}{n_\mathrm{e} + n_\mathrm{H} + n_\mathrm{He}} = \frac{4(X+Y)}{8X+3Y} \simeq 0.60 \tag{3.8}$$

となる．

3.1.2 熱的粒子の分布

熱平衡にある粒子の速度分布は，温度 T のみで決まるマックスウェル（Maxwell）分布に従う．

$$P_\mathrm{M}(T, \vec{v})d\vec{v} = \left(\frac{m}{2\pi k_\mathrm{B}T}\right)^{3/2} \exp\left(-\frac{mv^2}{2k_\mathrm{B}T}\right)d\vec{v} \tag{3.9}$$

速度の等方性を考慮すると，速度の平均値と二乗平均値はそれぞれ

$$\langle\vec{v}\rangle = \int_{-\infty}^{\infty}\int_{-\infty}^{\infty}\int_{-\infty}^{\infty}\vec{v}P_\mathrm{M}(T, \vec{v})dv_x dv_y dv_z = 0 \tag{3.10}$$

$$\langle v^2\rangle = \int_0^{\infty} v^2 P_\mathrm{M}(T, \vec{v})4\pi v^2 dv = \frac{3k_\mathrm{B}T}{m} \tag{3.11}$$

であるので，1次元速度分散 σ_1D^2 の大きさは

$$\sigma_\mathrm{1D} = \sqrt{\frac{\langle v^2\rangle - \langle\vec{v}\rangle^2}{3}} = \sqrt{\frac{k_\mathrm{B}T}{m}}$$
$$= 9.1 \times 10^2 \left(\frac{m}{m_\mathrm{p}}\right)^{-1/2} \left(\frac{T}{10^8\,\mathrm{K}}\right)^{1/2} \quad \mathrm{km/s} \tag{3.12}$$

となる．したがって，銀河団の熱的粒子のうち，陽子とそれよりも重いイオンは非相対論的（$v \ll c$）とみなせるが，電子の速度は陽子の $\sqrt{m_\mathrm{p}/m_\mathrm{e}} = 43$ 倍になるため，温度が 10^8 K を大きく越えると相対論的な影響を受けはじめる．ここで，$m_\mathrm{e} = 9.11 \times 10^{-28}$ g は電子質量である．逆に鉄イオンの速度は陽子の $\sqrt{m_\mathrm{p}/m_\mathrm{Fe}} = 0.13$ 倍なので，銀河の運動速度よりも遅い．

また，粒子一つあたりの平均運動エネルギーは，

$$\frac{1}{2}m\langle v^2\rangle = \frac{3k_\mathrm{B}T}{2} \tag{3.13}$$

で質量にはよらない．したがって，非相対論的近似が成り立つ条件は $k_\mathrm{B}T \ll mc^2$ と書くこともできる．

3.1.3　非熱的粒子

一方，電波ハローやレリックなどによって存在が示唆されている非熱的粒子に対しては，べき関数（power-law）型のエネルギー分布が観測データをよく説明する．

$$P_p(\gamma)d\gamma \;=\; P_0\gamma^{-p}d\gamma, \quad \gamma_{\min} < \gamma < \gamma_{\max} \tag{3.14}$$

べき指数 p は 3〜5 程度の値をもち，γ は粒子のエネルギーおよび速度の指標となるローレンツ（Lorentz）因子である．

$$\gamma = \frac{1}{\sqrt{1-\vec{\beta}^2}}, \qquad \vec{\beta} = \frac{\vec{v}}{c} \tag{3.15}$$

$$E = \gamma mc^2 = 5.1\left(\frac{m}{m_e}\right)\left(\frac{\gamma}{10^4}\right)\text{GeV} \tag{3.16}$$

陽子（$m_p \simeq 1800m_e$）に対しては，$\gamma = 10^4$ は約 10 TeV に対応する．また，$\gamma \gg 1$ では次の近似が成り立つ．

$$\beta = \sqrt{1-\frac{1}{\gamma^2}} \simeq 1-\frac{1}{2\gamma^2} \quad (\gamma \gg 1) \tag{3.17}$$

3.1.4　局所熱平衡の条件

熱平衡が実現するには，粒子間でエネルギーのやりとりが頻繁に起こることが必要である．1.5.4 節で述べたように，銀河団では光子とガスの相互作用は頻度が低いため，完全な熱平衡状態は実現しない．しかし，電離したガス粒子が互いのクーロン力によって頻繁に散乱すれば，局所熱平衡状態が達成されるので，以下ではその条件を求めてみよう．

（1）クーロン散乱による平均自由行程

二つの荷電粒子（それぞれ添字 1,2 で表す）の重心系において，クーロン力による散乱角 θ は，古典力学のラザフォード（Rutherford）の式によって衝突係数 b の関数として与えられる[*2]．

[*2]　この式をはじめとして，本章ではガウス単位系特有の表式が多く登場するが，いずれも MKSA 単位系における表式に一定の置換（たとえば，式 (3.18) であれば $e \to e\sqrt{4\pi\epsilon_0}$）を施すことで容易に得られる．詳細は A.6 節および表 A.2 参照．

$$\tan\frac{\theta}{2} = \frac{Z_1 Z_2 \, e^2}{m_{\rm r} \vec{v}^2 b} \equiv \frac{\lambda_v}{2b} \tag{3.18}$$

ここで，$m_{\rm r}$ は換算質量 $m_1 m_2 / (m_1 + m_2)$，$\vec{v}$ は無限遠での相対速度 $\vec{v}_1 - \vec{v}_2$，$e = 4.80 \times 10^{-10}\,{\rm esu}$ は電気素量，$Z_1 e$ と $Z_2 e$ は粒子 1 と 2 の電荷をそれぞれ表す．また，λ_v は運動エネルギー $m_{\rm r} v^2 / 2$ がポテンシャルエネルギー $Z_1 Z_2 e^2 / r$ に等しくなる距離，すなわち粒子同士が接近できる最短の間隔に対応する．$b < \lambda_v$ では $\theta > 1$ となって散乱が顕著になる．二つの粒子が温度 T の熱平衡にある場合は，

$$\langle \vec{v}^2 \rangle = \langle (\vec{v}_1 - \vec{v}_2)^2 \rangle = \langle \vec{v}_1^2 \rangle + \langle \vec{v}_2^2 \rangle = \frac{3k_{\rm B}T}{m_1} + \frac{3k_{\rm B}T}{m_2} = \frac{3k_{\rm B}T}{m_{\rm r}} \tag{3.19}$$

であることから（$\vec{v}_1$ と $\vec{v}_2$ の向きはランダムなので，$\langle \vec{v}_1 \cdot \vec{v}_2 \rangle = 0$ となる），λ_v の平均値は

$$\lambda_v = \frac{2Z_1 Z_2 e^2}{3k_{\rm B}T} = 1.1 \times 10^{-11}\,{\rm cm}\, Z_1 Z_2 \left(\frac{T}{10^8\,{\rm K}}\right)^{-1} \tag{3.20}$$

と書ける．実は，式（3.18）を b について解いて単純に散乱断面積

$$\sigma = \int_0^\infty 2\pi b\, db \tag{3.21}$$

を計算しても，$b \to \infty$ すなわち $\theta \to 0$ での小角度散乱の寄与によって発散してしまう．しかし現実には，遮蔽効果によって，デバイ（Debye）長

$$\lambda_{\rm D} = \sqrt{\frac{k_{\rm B}T}{4\pi e^2 n_e}} = 2.2 \times 10^6\,{\rm cm} \left(\frac{T}{10^8\,{\rm K}}\right)^{1/2} \left(\frac{n_e}{10^{-3}\,{\rm cm}^{-3}}\right)^{-1/2} \tag{3.22}$$

程度より大きな b に対しては散乱は起きない[3]．また，散乱による入射方向の運動量変化の大きさは $1 - \cos\theta$ に比例する[4]ので，θ が小さいほど 1 回の散乱による平衡化への寄与も小さくなる．これらを考慮した運動量移行の断面積は，次のようになる．

$$\sigma_{\rm C} = \int_0^{\lambda_{\rm D}} 2\pi (1 - \cos\theta) b\, db$$

---

[3] ここでは，ほぼ完全電離したプラズマを想定し，遮蔽への寄与が最も大きい電子（あるいはそれとほぼ同数の陽子）を用いて評価している．厳密にはイオンによる寄与も加わるが，すぐ後で明らかになるように，デバイ長はクーロン対数の中に現れるだけなので，散乱断面積への影響は小さい．

[4] 入射方向に垂直な方向の運動量変化は，多数の粒子について足し上げると打ち消しあうので無視する．

$$= 2\pi \left(\frac{\lambda_v}{2}\right)^2 \int_{\lambda_v/\lambda_D}^{\pi} (1-\cos\theta)\cot(\theta/2)\frac{d\theta}{2\sin^2(\theta/2)}$$

$$= \pi\lambda_v^2 \ln\left(\frac{2\lambda_D}{\lambda_v}\right)$$

$$\simeq 1.6\times10^{-20}\,\mathrm{cm}^2\,Z_1^2 Z_2^2 \left(\frac{T}{10^8\mathrm{K}}\right)^{-2}\left(\frac{\ln\Lambda}{40}\right) \tag{3.23}$$

途中の計算では $\lambda_v \ll \lambda_D$ の近似を用いた．$\ln\Lambda \equiv \ln(2\lambda_D/\lambda_v)$ はクーロン対数と呼ばれる．式（3.23）は古典的な断面積 $\pi\lambda_v^2$ に小角度散乱の影響がクーロン対数により付加されていると解釈できる．これより，粒子 2 の集団中における粒子 1 の平均自由行程が求められる．

$$\lambda_{12} = \frac{1}{n_2\sigma_\mathrm{C}} = \frac{9k_\mathrm{B}^2 T^2}{4\pi n_2 Z_1^2 Z_2^2 e^4 \ln\Lambda}$$

$$\simeq 21\,\mathrm{kpc}\,Z_1^{-2} Z_2^{-2} \left(\frac{n_2}{10^{-3}\mathrm{cm}^{-3}}\right)^{-1}\left(\frac{T}{10^8\mathrm{K}}\right)^2\left(\frac{\ln\Lambda}{40}\right)^{-1} \tag{3.24}$$

同一の温度・密度では，電子–電子の平均自由行程 λ_ee，陽子–陽子の平均自由行程 λ_pp，電子–陽子の平均自由行程 λ_ep はすべて等しい．

（2）緩和時間

平均自由行程がわかると，平衡に達するのに必要な緩和時間を見積もることができる．まず，同種粒子（$m_1 = m_2$, $Z_1 = Z_2$）の 2 体散乱では，効率よく運動エネルギーが交換されるため，2 体緩和時間は次式で見積られる．

$$t_{11} = \frac{\lambda_{11}}{\sqrt{\langle v^2\rangle}} = \frac{3^{3/2}(k_\mathrm{B}T)^{3/2}m_1^{1/2}}{2^{5/2}\pi n_1 Z_1^4 e^4 \ln\Lambda}$$

$$\simeq 2.1\times10^5 \sqrt{\frac{m_1}{m_\mathrm{e}}}Z_1^{-4}\left(\frac{n_1}{10^{-3}\mathrm{cm}^{-3}}\right)^{-1}\left(\frac{T}{10^8\mathrm{K}}\right)^{3/2}\left(\frac{\ln\Lambda}{40}\right)^{-1}\,\mathrm{yr} \tag{3.25}$$

速度の 2 乗平均値に対して式（3.19）および $m_\mathrm{r} = m_1/2$ を用いた結果，質量への依存性が生じている．このため，平均自由行程が等しくても，陽子–陽子の 2 体緩和時間 t_pp は，電子–電子の 2 体緩和時間 t_ee の $\sqrt{m_\mathrm{p}/m_\mathrm{e}} \simeq 43$ 倍になる．

一方，異種粒子間では，運動エネルギーを交換するのに必要な散乱回数が $(m_1 + m_2)/m_\mathrm{r}$ 倍程度に増えるため，

$$t_{12} = \sqrt{\frac{\pi}{24}}\frac{m_1 + m_2}{m_\mathrm{r}}\frac{\lambda_{12}}{\sqrt{\langle v^2\rangle}} = \frac{3(k_\mathrm{B}T)^{3/2}}{8(2\pi)^{1/2}n_2 Z_1^2 Z_2^2 e^4 \ln\Lambda}\frac{m_1 + m_2}{m_\mathrm{r}^{1/2}}$$

$$\simeq 2.0 \times 10^8 \sqrt{\frac{m_{\mathrm{r}}}{m_{\mathrm{e}}}} \left(\frac{(m_1 + m_2)/m_{\mathrm{r}}}{1840} \right) Z_1^{-2} Z_2^{-2}$$

$$\times \left(\frac{n_2}{10^{-3}\mathrm{cm}^{-3}} \right)^{-1} \left(\frac{T}{10^8 \mathrm{K}} \right)^{3/2} \left(\frac{\ln \Lambda}{40} \right)^{-1} \mathrm{yr} \qquad (3.26)$$

となる．ここで，一行目の $\sqrt{\pi/24}$ という係数は，より厳密な計算結果[*5]と一致するように導入した．また，二行目では電子と陽子の散乱に対する値を参照値として用いた．式 (3.26) は，電子–陽子の 2 体緩和時間 t_{ep} が，電子–電子の 2 体緩和時間 t_{ee} の 1000 倍程度になることを示している．なお，二つの粒子がそれぞれ異なる温度 T_1, T_2 をもつ状態から緩和する場合には，式 (3.19) が $\langle \vec{v}^2 \rangle = 3k_{\mathrm{B}}(T_1/m_1 + T_2/m_2)$ と書けることをふまえて，$\bar{T} \equiv m_{\mathrm{r}}(T_1/m_1 + T_2/m_2) = m_{\mathrm{r}}\langle v^2 \rangle/(3k_{\mathrm{B}})$ で定義される平均温度 $\bar{T}$ によって式 (3.24) (3.26) の T を置き換えると，より正確な見積りが得られる．

　以上より，クーロン散乱による 2 体緩和時間は，銀河団の力学的な進化の時間に比べてかなり短いので，局所熱平衡が良い近似であると言える．しかし，衝突などによって加熱が起こった直後などには非熱的なガスが存在していても何ら不思議はない．また，電子–陽子の緩和に最も時間がかかる点も注意をしておきたい．X 線などで直接測定される温度は基本的に電子に対するものであり，陽子や重イオンがこれとは異なる温度をもつ可能性がある．以下では，単一の T を用いた場合にはすべての熱的粒子が同一温度を持つものとし，特定の成分を区別する必要がある場合には別途指定する．

　さらにプラズマ中では，粒子間の 2 体衝突以外にも，マクロな電磁場と粒子の間にさまざまな相互作用が存在することに注意が必要である．たとえば，ごく弱い磁場であっても，荷電粒子の可動範囲は，ラーモア（Larmor）半径

$$\lambda_{\mathrm{B}} = \frac{mcv_\perp}{qB}$$

$$\simeq 10^{10} \left(\frac{q}{e} \right)^{-1} \left(\frac{m}{m_{\mathrm{p}}} \right)^{1/2} \left(\frac{T}{10^8 \ \mathrm{K}} \right)^{1/2} \left(\frac{B}{\mu \mathrm{G}} \right)^{-1} \ \mathrm{cm} \qquad (3.27)$$

程度[*6]に抑制されることになる．ここで，$v_\perp$ は磁場に垂直な速度成分であり，簡単のため，式 (3.11) と $v_\perp^2 = 2\langle v^2 \rangle/3$ の関係にあると仮定した．実際に宇宙に存

[*5]　L.S. Spitzer, Jr., "Physics of Fully Iniozed Gases", 2nd edition, Wiley（1962）.

[*6]　これは古典的な表式であり，相対論的効果を考慮すると式 (3.127) となる．

在する希薄プラズマでは，クーロン散乱の平均自由行程よりも小さい範囲で衝撃波が生じたりガスが加熱されたりする現象も知られているが，詳細な機構はまだよくわかっていない．したがって現状では，式（3.24）（3.25）（3.26）は，それぞれ平均自由行程と緩和時間の上限を与えているとみなすのが妥当である．

3.1.5　衝突電離平衡とその条件

銀河団ガスのような $T > 10^7$ K の希薄プラズマの電離過程では，電子衝突による電離およびその逆反応である再結合

$$\mathrm{X}^j + \mathrm{e}^- \rightleftharpoons \mathrm{X}^{j+1} + 2\mathrm{e}^- \tag{3.28}$$

が支配的となる．ここで，X^j は元素 X の j 階電離したイオンを表す．したがって，イオン X^j の数密度 $n_{\mathrm{X},j}$ の時間変化は連立微分方程式

$$\frac{dn_{\mathrm{X},j}}{dt} = \beta_{\mathrm{X},j-1} n_e n_{\mathrm{X},j-1} - (\beta_{\mathrm{X},j} + \alpha_{\mathrm{X},j}) n_e n_{\mathrm{X},j} + \alpha_{\mathrm{X},j+1} n_e n_{\mathrm{X},j+1} \tag{3.29}$$

に従う．ここで，$\beta_{\mathrm{X},j}$ は衝突電離率，$\alpha_{\mathrm{X},j}$ は再結合率で，いずれも入射電子の速度に依存するが，熱平衡のもとでは電子温度 T_e のみの関数となる．元素 X の数密度 $n_{\mathrm{X}} = \sum_j n_{\mathrm{X},j}$ は，超新星爆発等による新たな重元素の供給が無視できる期間では一定とみなせる．また，電子はイオンよりもはるかに多いので，n_e も一定とみなせる．そこで，上式の両辺を $n_e n_{\mathrm{X}}$ で割ると，電離度 $y_{\mathrm{X},j} = n_{\mathrm{X},j}/n_{\mathrm{X}}$ に対する方程式に書き換えることができる．

$$\frac{dy_{\mathrm{X},j}}{d(n_e t)} = \beta_{\mathrm{X},j-1} y_{\mathrm{X},j-1} - (\beta_{\mathrm{X},j} + \alpha_{\mathrm{X},j}) y_{\mathrm{X},j} + \alpha_{\mathrm{X},j+1} y_{\mathrm{X},j+1} \tag{3.30}$$

よって，熱平衡下では，$y_{\mathrm{X},j}$ は T_e と $n_e t$ のみの関数になることがわかる．

さらに，$n_e t \to \infty$ の極限では式（3.30）の左辺はゼロとみなせて，衝突電離平衡が実現する．一般には $n_e t > 10^{12}\,\mathrm{cm}^{-3}$s，すなわち

$$t > 3.2 \times 10^7 \left(\frac{n_e}{10^{-3}\,\mathrm{cm}^{-3}}\right)^{-1} \mathrm{yr} \tag{3.31}$$

であれば平衡が良い近似となる．銀河団内部では，衝突直後などの特殊な状況を除けばこの条件はほぼ満たされるが，電子密度が現在の宇宙平均の 10 倍（$2 \times 10^{-6}\,\mathrm{cm}^{-3}$）程度以下の低密度領域は，式（3.31）右辺が宇宙年齢を超えてしまう

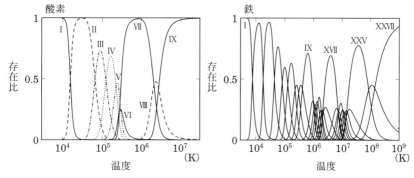

図3.1 衝突電離平衡にある酸素（左）と鉄（右）の電離度と温度の関係. J. Kaastra *et al.*, Space Sci. Rev., 134, 155（2008）より転載.

ので非平衡となる.

衝突電離平衡のもとでは, $y_{X,j} = n_{X,j}/n_X$ は温度のみの関数となる. 図3.1は, 衝突電離平衡下での酸素と鉄の電離度を示している. 慣用的に, 元素 X のイオンを, 電離階数よりも一つ大きいローマ数字を用いて, X I（中性）, X II（1階電離）, X III（2階電離）などと表す. たとえば, 完全電離した O^{8+} は O IX, Fe^{26+} は Fe XXVII である. 高温になるほど, 高階電離したイオンの割合が増加することがわかる. また, n_X/n_e は太陽組成を仮定すれば重元素量 Z に比例して一意に決まるので,

$$n_{X,j} = y_{X,j}\, n_X = F_{X,j}(T_e)\, Z\, n_e \tag{3.32}$$

の形に書くことができる. 熱平衡・衝突電離平衡のもとでは, $F_{X,j}(T_e)$ は温度の関数としてイオンごとに決まる.

3.2 制動放射

制動とはブレーキをかけることを意味し, その名の通り荷電粒子の速度変化によって生じる放射を「制動放射（bremsstrahlung）」と呼ぶ. 銀河団ガスでは, X線領域における熱的制動放射が最も主要な放射過程となるが, 非熱的粒子からの制動放射も将来的に観測される可能性がある. そこで以下では, 主に前者に適用される非相対論的な定式化を 3.2.1–3.2.3 節で行った上で, 後者にも備えた相対論的な定式化を 3.2.4 節で紹介する.

3.2.1　双極子放射

　非相対論的な荷電粒子が単位時間に放射するエネルギーは，古典電磁気学の
ラーモアの式で与えられる．

$$\frac{dW}{dt} = \frac{2q^2\vec{a}^2(t)}{3c^3} \tag{3.33}$$

ここで，q は粒子の電荷である．加速度 $\vec{a}(t) = d\vec{v}(t)/dt$ によって放射が生じるこ
とが一目瞭然だろう．

　この放射のスペクトルすなわち周波数分布を求めるには，$\vec{a}(t)$ のフーリエ変換

$$\vec{\tilde{a}}(\omega) = \int_{-\infty}^{\infty} \vec{a}(t)e^{-i\omega t}dt \tag{3.34}$$

$$\vec{a}(t) = \frac{1}{2\pi}\int_{-\infty}^{\infty} \vec{\tilde{a}}(\omega)e^{i\omega t}d\omega \tag{3.35}$$

を用いる．式（3.33）を t で積分し，式（A.9）を用いると，

$$W = \frac{2q^2}{3c^3}\int_{-\infty}^{\infty} \vec{a}^2(t)dt = \frac{2q^2}{3\pi c^3}\int_{0}^{\infty} |\vec{\tilde{a}}(\omega)|^2 d\omega \tag{3.36}$$

となるので，両辺を ω で微分すれば，単位角周波数あたりの放射エネルギーが

$$\frac{dW}{d\omega} = \frac{2q^2}{3\pi c^3}|\vec{\tilde{a}}(\omega)|^2 \tag{3.37}$$

と表される．あとは，具体的な散乱過程を考慮して $\vec{a}(t)$ を求め，式（3.34）の積
分を実行し，式（3.37）に代入すれば放射スペクトルが得られる．

　ここで式（3.33）は，電気双極子 $\vec{d} = q\vec{r}$ を用いて $dW/dt = 2\ddot{d}^2/3c^3$ と書ける
ことに着目しよう．このような双極子放射の特徴として，電子同士や同種イオン
同士の散乱では，運動量保存則により放射が生じない．

$$\vec{\ddot{d}} = \sum_{粒子\ j} q_j\vec{\ddot{r}}_j = \sum_{粒子\ j}\left(\frac{q_j}{m_j}\right)m_j\vec{\dot{v}}_j = \frac{q}{m}\left(\frac{d}{dt}\sum_{粒子\ j} m\vec{v}_j\right) = 0 \tag{3.38}$$

したがって，異なる q/m をもつ粒子間の散乱が重要となる．

3.2.2　クーロン散乱による放射

　そこで以下では，電子とイオン（電荷 $Z_i e$）のクーロン力による 2 体散乱を考
える．この散乱の軌道は古典力学で厳密に解けるので，それを用いて式（3.34）

を計算することもできる[*7]が，煩雑な上，結局は量子論的効果を別途考慮する必要があるので，ここではより直観的な導出を行う．まず式（3.18）は，$Z_1 = -1$，$Z_2 = Z_i$，$m_r \simeq m_e$ とすれば今の状況に適用できる．簡単のため，散乱角 θ が十分に小さい場合（小角度散乱）を考えると，速度の変化は

$$\Delta v \simeq v|\theta| \simeq \frac{2Z_i e^2}{m_e v b} \tag{3.39}$$

で与えられる．ここで，b は衝突係数である．電子が受ける加速度の大半はイオンに最接近する（この時刻を $t = 0$ にとる）前後の $\Delta t = b/v$ 程度の時間に生じるので，式（3.34）は

$$\hat{a}(\omega) \simeq \int_{-\Delta t/2}^{\Delta t/2} \frac{\Delta v}{\Delta t} e^{-i\omega t} dt \simeq \begin{cases} \Delta v & (\omega \Delta t \ll 1) \\ 0 & (\omega \Delta t \gg 1) \end{cases} \tag{3.40}$$

と近似できる．結果は Δt にあらわには依存しない．式（3.39）（3.40）を式（3.37）へ代入して次式を得る．

$$\frac{dW(b)}{d\omega} = \begin{cases} \dfrac{8Z_i^2 e^6}{3\pi c^3 m_e^2} \dfrac{1}{v^2 b^2} & (\omega \ll v/b) \\ 0 & (\omega \gg v/b) \end{cases} \tag{3.41}$$

つまり，高周波の放射ほど，小さな衝突係数での散乱による寄与が大きい．

上の結果を，一定の速度 v，数密度 n_e で入射する電子と，数密度 n_i のイオンの散乱に拡張すると，式（3.41）に電子のフラックス $n_e v$ と断面積要素 $2\pi b db$ などをかけて積分すれば，単位体積・単位時間・単位角周波数あたりに放射されるエネルギー $W_{\rm brem}$ は，低周波極限で次のように得られる．

$$\begin{aligned}\frac{dW_{\rm brem}(v, \omega, Z_i)}{dV dt d\omega} &= n_i \times n_e v \times \int_{b_{\min}}^{b_{\max}} \frac{dW(b)}{d\omega} 2\pi b db \\ &= \frac{16 Z_i^2 e^6}{3 c^3 m_e^2 v} n_e n_i \ln\left(\frac{b_{\max}}{b_{\min}}\right)\end{aligned} \tag{3.42}$$

ここで，積分の上限は低周波極限での表式を用いたことから $b_{\max} \sim v/\omega$ が目安となる．一方，積分の下限は古典的な小角度散乱の近似が成り立つための条件

[*7] たとえば，T. Padmanabham, "Theoretical Astrophysics, Volume I", Cambridge University Press（2000），6.9 節.

から

$$b_{\min} \simeq \max \left(\frac{2Z_i e^2}{m_e v^2}, \frac{\hbar}{m_e v} \right) \tag{3.43}$$

が要請される．ここで，$\hbar \equiv \frac{h_P}{2\pi}$ である．式 (3.43) 右辺の二つの項は，それぞれ $\Delta v \sim v$，$(m_e v)b \sim \hbar$（不確定性原理）を満たす距離を表す．式 (3.42) がゼロでない値をもつ範囲は，$b_{\min} < b_{\max}$ より

$$\omega < \min \left(\frac{m_e v^3}{2Z_i e^2}, \frac{m_e v^2}{\hbar} \right) \tag{3.44}$$

であるので，放射エネルギー $\hbar\omega$ はつねに入射電子の運動エネルギー $m_e v^2/2$ よりも小さくなる（係数はここでは無視している）．式 (3.43) 右辺において，右側の量が卓越する（すなわち，小角度散乱でも量子論的効果が顕著になり得る）のは，

$$v > \frac{2Z_i e^2}{\hbar} \simeq 4400 \ Z_i \ \mathrm{km/s}, \quad b_{\min} < 2.6 \times 10^{-9} Z_i^{-1} \ \mathrm{cm}, \tag{3.45}$$

の場合であり，熱的な電子に対しては $T > 4.2 \times 10^5 Z_i^2$ K に相当する．

　式 (3.42) は，散乱軌道の古典的厳密解を用いた結果にほぼ一致しているが，現実のプラズマに適用するには諸々の量子論的効果も合わせて考慮する必要があるので，その不定性をすべてゴーント（Gaunt）因子とよばれる補正係数 g_{ff} に押し込めて

$$\frac{dW_{\mathrm{brem}}(v, \omega, Z_i)}{dV\,dt\,d\omega} = \frac{16\pi Z_i^2 e^6}{3\sqrt{3}c^3 m_e^2 v} n_e n_i g_{\mathrm{ff}}(v, \omega) \tag{3.46}$$

と表すのが一般的である．式 (3.42) より，$\sqrt{3}/\pi \ln(b_{\max}/b_{\min}) \to g_{\mathrm{ff}}$ と対応している．

3.2.3　熱的制動放射

　前小節の結果をマックスウェル分布（式 (3.9)）を用いて足しあげると，熱的制動放射のエネルギー放出率が得られる．

$$\frac{dW_{\mathrm{brem}}(T_e, \nu, Z_i)}{dV\,dt\,d\nu} = \int_{\sqrt{2h_P\nu/m_e}}^{\infty} \frac{dW_{\mathrm{brem}}(v, \omega, Z_i)}{dV\,dt\,d\omega} \frac{d\omega}{d\nu} P_{\mathrm{M}}(T_e, \vec{v}) 4\pi v^2 dv$$

$$= \frac{2^5 \pi Z_i^2 e^6}{3 m_e c^3} \sqrt{\frac{2\pi}{3 k_B m_e}} n_e n_i T_e^{-1/2} e^{-h_P \nu / k_B T_e} \bar{g}_{ff}(T_e, \nu) \quad (3.47)$$

ここで，変数を周波数 $\nu = \omega/2\pi$ に変更し，積分の下限はこの周波数の放射を生じるのに必要な運動エネルギー $m_e v^2/2 > h_P \nu$ に対応させた．$\bar{g}_{ff}(T_e, \nu)$ は，$g_{ff}(v, \nu)$ を電子の速度について平均した量

$$\bar{g}_{ff}(T_e, \nu) = \frac{\int_{\sqrt{2h_P\nu/m_e}}^{\infty} g_{ff}(v, \nu) v^{-1} P_M(T_e, \vec{v}) 4\pi v^2 dv}{\int_{\sqrt{2h_P\nu/m_e}}^{\infty} v^{-1} P_M(T_e, \vec{v}) 4\pi v^2 dv} \quad (3.48)$$

である．式 (3.47) で与えられる熱的制動放射のスペクトルは，$h_P \nu > k_B T_e$ では急激に減衰する．この特徴は，スペクトルの形から電子温度 T_e を求めるのに広く用いられる．

　式 (3.47) を周波数積分すると，電荷 Z_i をもつイオンと電子の散乱による全放射率が求まる．

$$\frac{dW_{brem}(T_e, Z_i)}{dV dt} = \frac{2^5 \pi e^6}{3 h_P m_e c^2} \left(\frac{2\pi k_B T_e}{3 m_e c^2}\right)^{1/2} Z_i^2 n_e n_i \bar{g}_B(T_e)$$
$$= 1.43 \times 10^{-29} \bar{g}_B(T_e) Z_i^2 \left(\frac{T_e}{10^8 K}\right)^{1/2}$$
$$\times \left(\frac{n_e}{10^{-3} cm^{-3}}\right) \left(\frac{n_i}{10^{-3} cm^{-3}}\right) \text{erg s}^{-1} \text{cm}^{-3} \quad (3.49)$$

ここで $\bar{g}_B(T_e)$ は，$\bar{g}_{ff}(T_e, \nu)$ をさらに周波数について平均した量

$$\bar{g}_B(T_e) = \frac{\int_0^\infty \bar{g}_{ff}(T_e, \nu) e^{-h_P\nu/k_B T_e} d\nu}{\int_0^\infty e^{-h_P\nu/k_B T_e} d\nu} \quad (3.50)$$

で $1.1 \sim 1.5$ 程度の値をとる．

　最後に，式 (3.49) をイオンの種類について足し上げれば，現実的な希薄ガスに対する全放射率が得られる．銀河団ガスでは，電子–水素イオンと電子–ヘリウムイオンの散乱による制動放射が卓越し，これらのイオンはほぼ完全電離した状態にあるので，それぞれの数密度は電子密度にそのまま比例する．したがって，単位時間・単位体積あたりの全放射率は，

$$\frac{dW_{brem}(T_e)}{dV dt} = \Lambda_{brem}(T_e) n_e^2 \quad (3.51)$$

の形に書くことができる．ここで，$\Lambda_{\mathrm{brem}}(T_{\mathrm{e}})$ は熱的制動放射に対する「冷却関数」[*8]と呼ばれ，$\Lambda_{\mathrm{brem}}(T_{\mathrm{e}}) \propto T_{\mathrm{e}}^{1/2}$ の温度依存性をもつ．式（3.51）を体積積分すれば，光度が得られる．式（3.4）（3.7）および $\bar{g}_{\mathrm{B}}(T_{\mathrm{e}}) \simeq 1.2$ を式（3.49）に代入すると，

$$\Lambda_{\mathrm{brem}}(T_{\mathrm{e}}) \simeq 2.0 \times 10^{-23} \left(\frac{T_{\mathrm{e}}}{10^8 \mathrm{K}}\right)^{1/2} \mathrm{erg \ s^{-1} \ cm^3} \qquad (3.52)$$

が得られる．

3.2.4　相対論的定式化

　制動放射の定式化を相対論的な場合に拡張するには，加速粒子の静止系での放射率を求め，それを実験室系（ここでは重心系にとる）にローレンツ変換するのが簡便である．以下では，3.2.2 節と同様に，無限遠での相対速さ v，衝突係数 b で散乱する電子と電荷 Z_{i} のイオンを考える．簡単のため，小角度散乱を念頭に，電子のイオンに対する速度はほぼ一定とみなして，その方向に x 軸をとり，電子が x-y 平面上に存在するように y, z 軸をとる．また，電子が最もイオンに接近した時刻を $t = t' = 0$ とする．電子の静止系における物理量にはすべて ′ をつけて表す（図 3.2）．

　まず，実験室系においてイオンは静止しているとみなせるので，その位置を原

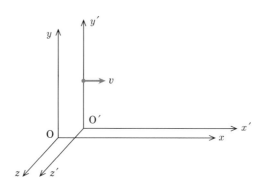

図3.2　電子の静止系と実験室系．前者には ′ をつけて表す．

[*8]　文献により，$dW/(dV dt)$ を n_{H}^2 で割った量，あるいは $dW/(dV dt)$ そのものを冷却関数と定義する場合もある．

点にとれば，電子の位置 $\vec{r} = (vt, b, 0)$ における電場と磁場は，

$$\vec{E} = \frac{Z_{\mathrm{i}}e\vec{r}}{|\vec{r}|^3} = \frac{Z_{\mathrm{i}}e}{[b^2 + (vt)^2]^{3/2}} \begin{pmatrix} vt \\ b \\ 0 \end{pmatrix}, \quad \vec{B} = 0 \tag{3.53}$$

と表される．電子静止系への変換は，$\vec{\beta} = (v/c, 0, 0)$ に平行な成分，垂直な成分それぞれに対して，

$$E'_{/\!/} = E_{/\!/}, \quad E'_{\perp} = \gamma(E_{\perp} + \vec{\beta} \times \vec{B}) \tag{3.54}$$

$$B'_{/\!/} = B_{/\!/}, \quad B'_{\perp} = \gamma(B_{\perp} - \vec{\beta} \times \vec{E}) \tag{3.55}$$

である（導出は A.3 節）．ガウス単位系では，電場と磁場が同じ次元をもつことに注意してほしい（A.6 節参照）．これに，電子の 4 次元座標に対するローレンツ変換（式（A.26））

$$\begin{bmatrix} ct' \\ x' \\ y' \\ z' \end{bmatrix} = \begin{bmatrix} \gamma & -\beta\gamma & 0 & 0 \\ -\beta\gamma & \gamma & 0 & 0 \\ 0 & 0 & 1 & 0 \\ 0 & 0 & 0 & 1 \end{bmatrix} \begin{bmatrix} ct \\ vt \\ b \\ 0 \end{bmatrix} = \begin{bmatrix} ct/\gamma \\ 0 \\ b \\ 0 \end{bmatrix} \tag{3.56}$$

を用いれば，電子静止系では

$$\vec{E'} = \frac{Z_{\mathrm{i}}e\gamma}{[b^2 + (\gamma vt')^2]^{3/2}} \begin{pmatrix} vt' \\ b \\ 0 \end{pmatrix}, \quad \vec{B'} = \frac{Z_{\mathrm{i}}e\gamma}{[b^2 + (\gamma vt')^2]^{3/2}} \begin{pmatrix} 0 \\ 0 \\ -\beta b \end{pmatrix} \tag{3.57}$$

と表される．

次に，電子静止系（$\vec{v'} = 0$）では，古典的な運動方程式

$$\vec{a'}(t') = \frac{e}{m_{\mathrm{e}}}\vec{E'} = \frac{Z_{\mathrm{i}}e^2\gamma}{m_{\mathrm{e}}[b^2 + (\gamma vt')^2]^{3/2}} \begin{pmatrix} vt' \\ b \\ 0 \end{pmatrix} \tag{3.58}$$

およびラーモアの式（3.33）が使える．加速度のフーリエ変換は，

$$\hat{a}'_x(\omega') = \frac{Z_{\mathrm{i}}e^2}{m_{\mathrm{e}}} \int_{-\infty}^{\infty} \frac{\gamma v t'}{[b^2 + (\gamma v t')^2]^{3/2}} e^{-i\omega' t'} dt'$$

$$= \frac{Z_{\mathrm{i}}e^2}{m_{\mathrm{e}}} \frac{-2i\omega'}{\gamma^2 v^2} K_0\left(\frac{\omega' b}{\gamma v}\right) \tag{3.59}$$

$$\hat{a}'_y(\omega') = \frac{Z_{\mathrm{i}}e^2}{m_{\mathrm{e}}} \int_{-\infty}^{\infty} \frac{\gamma b}{[b^2 + (\gamma v t')^2]^{3/2}} e^{-i\omega' t'} dt'$$

$$= \frac{Z_{\mathrm{i}}e^2}{m_{\mathrm{e}}} \frac{2\omega'}{\gamma v^2} K_1\left(\frac{\omega' b}{\gamma v}\right) \tag{3.60}$$

である．ここで，

$$K_\nu(\eta) = \int_0^\infty e^{-\eta \cosh y} \cosh \nu y \, dy \quad \text{変形ベッセル（Bessel）関数} \tag{3.61}$$

および

$$\int_{-\infty}^{\infty} \frac{x}{(1+x^2)^{3/2}} e^{-ixy} dx = -2iy K_0(|y|) \tag{3.62}$$

$$\int_{-\infty}^{\infty} \frac{1}{(1+x^2)^{3/2}} e^{-ixy} dx = 2|y| K_1(|y|) \tag{3.63}$$

を用いた．したがって，放射スペクトルは式（3.37）より，

$$\frac{dW'(b)}{d\omega'} = \frac{2e^2}{3\pi c^3}[|\hat{a}'_x(\omega')|^2 + |\hat{a}'_y(\omega')|^2]$$

$$= \frac{8}{3\pi} \frac{Z_{\mathrm{i}}^2 e^6}{m_{\mathrm{e}}^2 c^3} \frac{\omega'^2}{\gamma^2 v^4} \left[\frac{1}{\gamma^2} K_0^2\left(\frac{\omega' b}{\gamma v}\right) + K_1^2\left(\frac{\omega' b}{\gamma v}\right)\right] \tag{3.64}$$

と表される．一般に $K_0(x) < K_1(x)$ であるので，式（3.64）右辺の括弧内では，第2項，すなわち速度に垂直方向の加速度による寄与が卓越し，その傾向は γ が大きくなるほど顕著になる．この漸近形は，

$$\omega' \ll \frac{\gamma v}{b} \qquad \frac{dW'(b)}{d\omega'} \simeq \frac{8}{3\pi} \frac{Z_{\mathrm{i}}^2 e^6}{m_{\mathrm{e}}^2 c^3} \frac{1}{v^2 b^2} \tag{3.65}$$

$$\omega' \gg \frac{\gamma v}{b} \qquad \frac{dW'(b)}{d\omega'} \simeq \frac{4}{3} \frac{Z_{\mathrm{i}}^2 e^6}{m_{\mathrm{e}}^2 c^3} \frac{\omega'}{\gamma v^3 b} \left(1 + \frac{1}{\gamma^2}\right) \exp\left(-\frac{2\omega' b}{\gamma v}\right) \tag{3.66}$$

であり，低周波の極限では非相対論的な式（3.41）に一致する．ここで，

$$x \ll 1 \qquad K_\nu(x) \simeq \begin{cases} -\ln x + 0.1159 & \nu = 0 \\ \dfrac{\Gamma(\nu)}{2}\left(\dfrac{2}{x}\right)^\nu & \nu \neq 0 \end{cases} \tag{3.67}$$

$$x \gg 1 \qquad K_0(x) \simeq \sqrt{\frac{\pi}{2x}} e^{-x}, \quad K_1(x) \simeq \left(1 + \frac{1}{2x}\right) K_0(x) \tag{3.68}$$

を用いた. $\Gamma(x)$ はガンマ関数である.

　以上の結果を実験室系に戻すと, 光子のエネルギーと周波数はまったく同じように ローレンツ変換されるので, $dW'/d\omega' = dW/d\omega$ が成り立つ. 本来は, 重心系における ω には相対論的ドップラー効果 (3.4.3 節に詳述) により方向依存性が生じるが, 電子静止系における放射は点対称に発せられるため, 平均的な周波数は $\omega = \gamma\omega'$ を満たす (式 (3.145) で $\mu' = \cos\theta' = 0$ とし, dW を ω におきかえればよい). したがって,

$$\frac{dW(b)}{d\omega} = \frac{8}{3\pi} \frac{Z_{\mathrm{i}}^2 e^6}{c^3 m_{\mathrm{e}}^2} \frac{\omega^2}{\gamma^4 v^4} \left[\frac{1}{\gamma^2} K_0^2 \left(\frac{\omega b}{\gamma^2 v} \right) + K_1^2 \left(\frac{\omega b}{\gamma^2 v} \right) \right] \tag{3.69}$$

と書くことができる. 式 (3.42) と同様に,

$$\begin{aligned}
\frac{dW_{\mathrm{brem}}}{dV dt d\omega} &= n_{\mathrm{i}} \times n_{\mathrm{e}} v \times \int_{b_{\min}}^{\infty} \frac{dW(b)}{d\omega} 2\pi b db \\
&= \frac{16 Z_{\mathrm{i}}^2 e^6}{3 m_{\mathrm{e}}^2 c^4 \beta} n_{\mathrm{e}} n_{\mathrm{i}} \left[x K_0(x) K_1(x) - \frac{\beta^2 x^2}{2} \left\{ K_1^2(x) - K_0^2(x) \right\} \right]
\end{aligned} \tag{3.70}$$

$$x \equiv \frac{\omega b_{\min}}{\gamma^2 v} \tag{3.71}$$

が得られる. ここで, 任意の関数 $f(x) = dg(x)/dx$ に対して $\int_{x_1}^{x_2} f(x) dx = g(x_2) - g(x_1)$ であること, および

$$\frac{dK_0(x)}{dx} = -K_1(x), \quad \frac{d\{x K_1(x)\}}{dx} = -x K_0(x) \tag{3.72}$$

を用いた. 式 (3.70) の漸近形は, 式 (3.67) (3.68) より,

$$\omega \ll \frac{\gamma^2 v}{b_{\min}} \qquad \frac{dW_{\mathrm{brem}}}{dV dt d\omega} \simeq \frac{16 Z_{\mathrm{i}}^2 e^6}{3 m_{\mathrm{e}}^2 c^4 \beta} n_{\mathrm{e}} n_{\mathrm{i}} \left[\ln\left(\frac{1.123 \gamma^2 v}{\omega b_{\min}} \right) - \frac{\beta^2}{2} \right] \tag{3.73}$$

$$\omega \gg \frac{\gamma^2 v}{b_{\min}} \qquad \frac{dW_{\mathrm{brem}}}{dV dt d\omega} \simeq \frac{8\pi Z_{\mathrm{i}}^2 e^6}{3 m_{\mathrm{e}}^2 c^4 \beta} n_{\mathrm{e}} n_{\mathrm{i}} \left(1 - \frac{\beta^2}{2} \right) \exp\left(-\frac{2\omega b_{\min}}{\gamma^2 v} \right) \tag{3.74}$$

と表される. 低周波でのスペクトルはほぼ平坦であり, 式 (3.73) は非相対論的極限 ($\beta \to 0$, $\gamma \to 1$) で式 (3.42) に確かに帰着する. 一方, 高周波でのスペクトルは指数関数的に減少し, 放射される光子が持ち得る最大エネルギーは

$$\hbar\omega_{\mathrm{max}} \sim \hbar\frac{\gamma^2 v}{2b_{\mathrm{min}}} \tag{3.75}$$

程度となる．非相対論的な場合と同様に，高エネルギーの放射ほど衝突係数の小さな散乱によって生成されることがわかるだろう．小角度散乱の近似が成り立つためには，上の最大エネルギーが入射電子の運動エネルギー $(\gamma-1)m_e c^2$ を超えないことが必要であるので

$$b_{\mathrm{min}} > \frac{\hbar}{m_e c}\frac{\beta\gamma^2}{2(\gamma-1)} \simeq 3.9 \times 10^{-11}\frac{\beta\gamma^2}{2(\gamma-1)} \quad \mathrm{cm} \tag{3.76}$$

が要請される．ここで，$\hbar/m_e c$ は電子のコンプトン波長である．上で述べた取扱いは，式（3.76）よりも小さな衝突係数に対応する高周波放射に対しては精度が悪くなり，量子論的な取扱いが別途必要となる．なお，非相対論的極限では $\gamma \simeq 1 + \beta^2/2$ なので，式（3.76）右辺は $\hbar/m_e v$ に帰着し，式（3.43）と整合する．

3.3 輝線放射

3.3.1 輝線のエネルギーと強さ

　銀河団の熱的ガスは，鉄や酸素などの重元素イオンによる輝線も放射する．図3.3 は，ペルセウス座銀河団中心部で実際に観測された X 線スペクトルを示しており，主に熱的制動放射による連続成分に加えてさまざまな重元素イオンによる輝線が顕著である．観測されている輝線は，電子のほとんどを電離によってはぎとられた高階イオンによるものである．これらの輝線の放射エネルギー（周波数）は，各イオンに固有のエネルギー準位によって決まる．

　電子を一つだけもつ水素型イオンでは，主量子数 n に対応するエネルギー準位は

$$E_n = -13.6\,\mathrm{eV}\,\frac{(原子番号)^2}{n^2} \tag{3.77}$$

であるので，たとえば，次に示す代表的な重元素の $n = 2 \to 1$ （Lyα） と $n = 3 \to 1$ （Lyβ） の遷移

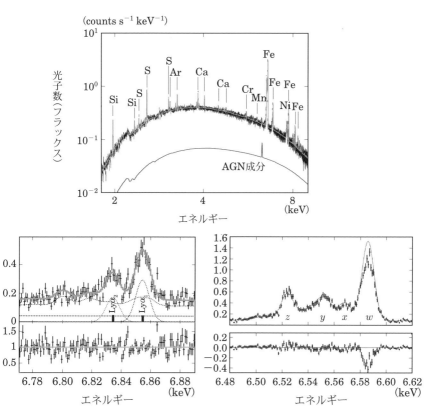

図3.3　ひとみ衛星が取得したペルセウス座銀河団中心部の X 線スペクトル．上：全体像．左下：Fe XXVI Lyα 輝線を拡大したもの．右下：Fe XXV Heα 輝線を拡大したもの．いずれも，実線は観測データ（誤差棒）へのモデルフィット．参考として，中心銀河内に存在する AGN による放射スペクトル（上図），データとモデルのずれ（左下および右下の図のそれぞれ下部）も示す．Fe XXV Heα の共鳴線 w は，散乱の効果（3.3.4 節）により，モデルに比べてデータが低い強度を示している．横軸は観測されたエネルギーであり，天体の赤方偏移等によって放射エネルギーとはずれがある．なお，連続成分は検出器の応答関数の影響を受けているため，制動放射の関数形とは見かけが異なる．Hitomi collaboration, Nature 551, 478（2017）；Hitomi collaboration, Publ. Astron. Soc. Japan, 70, 9（2018）；Hitomi collaboration, Publ. Astron. Soc. Japan, 70, 10（2018）より転載．

	O VIII	Ne X	Mg XII	Si XIV	S XVI	Fe XXVI
原子番号	8	10	12	14	16	26
$E_2 - E_1$ [keV]	0.65	1.0	1.5	2.0	2.6	6.9
$E_3 - E_1$ [keV]	0.77	1.2	1.7	2.4	3.1	8.2

$$(3.78)$$

による輝線は $\sim$ keV のエネルギー差に起因するため，X 線領域で放射される．た
だし，実際のエネルギー準位は，主量子数 n だけでなく，軌道角運動量量子数 l
（$0 \leqq l \leqq n-1$）やスピン角運動量量子数 s（電子に対しては $s = \pm 1/2$）などに応
じて，さらに細かく分岐する．上述した Lyα は，$nl = 2$p から 1s への遷移[*9]だ
が，スピン軌道相互作用によって，全角運動量量子数 j（$|l-s| \leqq j \leqq l+s$）が
$3/2, 1/2$ の二準位 2p$_{3/2}$, 2p$_{1/2}$ に 2p が分裂するため，エネルギーがわずかに異
なる二重線 Lyα_1, Lyα_2 が放射される（図 3.3 下（左））．同様に，Lyβ も，3p$_{3/2}$,
3p$_{1/2}$ から 1s への遷移によって，二重線 Lyβ_1, Lyβ_2 が放射される．

　複数の電子をもつイオンでは，合成された軌道角運動量量子数 L，スピン角運
動量量子数 S，全角運動量量子数 J の組み合せを $^{2S+1}L_J$ のように表す[*10]．たと
えば，電子を二つもつヘリウム型イオンの主なエネルギー準位と遷移は図 3.4 の
ようになっていて，基底状態 1s^2（二電子ともに $nl = 1$s）に近い準位から順に，

- 1s2s ^{3}S$_1$ → 1s^2 ^{1}S$_0$：Heα z 禁制線
- 1s2p ^{3}P$_1$ → 1s^2 ^{1}S$_0$：Heα y 異重項間遷移線
- 1s2p ^{3}P$_2$ → 1s^2 ^{1}S$_0$：Heα x 異重項間遷移線
- 1s2p ^{1}P$_1$ → 1s^2 ^{1}S$_0$：Heα w 共鳴線
- 1s3p ^{3}P$_1$ → 1s^2 ^{1}S$_0$：Heβ y 異重項間遷移線
- 1s3p ^{1}P$_1$ → 1s^2 ^{1}S$_0$：Heβ w 共鳴線

などの輝線が放出される（図 3.4）．$J = 0$ の準位間では輝線は放射されないが，2
光子連続放射による遷移は可能である．表 3.1（90–91 ページ）に，主な輝線の遷
移エネルギーなどを示す．

　元素 X が j 階電離されたイオン X^j の $u \to l$ という準位間の遷移によって，単
位時間・単位体積あたり放射されるエネルギーは，

[*9] $l = 0, 1, 2, 3, 4 \cdots$ に対して s, p, d, f, g, $\cdots$ の符号が使われる．

[*10] $L = 0, 1, 2, 3, 4 \cdots$ に対して S, P, D, F, G, $\cdots$ の符号が使われる．

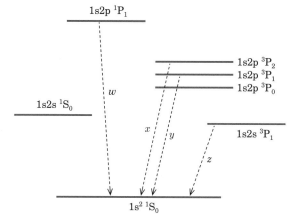

図3.4 ヘリウム型イオンの主なエネルギー準位と輝線放射の模式
図. 1s2p までの準位を描いている.

$$\frac{dW_{\text{line}}}{dV dt} = E_{\text{line}} \Gamma_{\text{line}} n_{\text{X},j,u} \tag{3.79}$$

で表される. ここで, Γ_{line} はこの遷移が単位時間あたりに自発的に起こる頻度を表す自然放出率（アインシュタインの A 係数とも呼ばれる）, E_{line} は遷移エネルギー, $n_{\text{X},j,u}$ は上準位 u を占めるイオン X^j の数密度である[*11]. Γ_{line} は遷移ごとに固有で温度等にはよらない. $n_{\text{X},j,u}$ は準位間の詳細つりあいにより決まるが, 銀河団ガスでは電子との衝突が励起の主要過程となることが多く, そのような場合には $n_{\text{X},j,u} \propto n_e n_{\text{X},j}$ と表せる. これを式 (3.32) と合わせると, 式 (3.79) は

$$\frac{dW_{\text{line}}}{dV dt} = F_{\text{line}}(T_e) \, Z \, n_e^2 = \Lambda_{\text{line}}(T_e, Z) \, n_e^2 \tag{3.80}$$

の形に書くことができる. 熱平衡・衝突電離平衡のもとでは, $F_{\text{line}}(T_e)$ は温度の関数として遷移ごとに決まる. $\Lambda_{\text{line}}(T_e, Z)$ はこの遷移に対する冷却関数である.

したがって, もし熱的制動放射スペクトルなどから温度と密度がわかっていれば, 輝線強度から各元素の量が測定できる. あるいは, 同一元素の異なる遷移の輝線強度を比較することで, 温度を測定することも可能である. 仮に, 連続成分が示す温度と輝線強度比が示す温度の間にずれがあった場合は, 熱平衡・衝突電離平衡の破れ, 複数の温度をもつガスの混在, などが示唆される.

[*11] 銀河団中の光子のエネルギー密度は同じ温度をもつ黒体放射の密度よりもはるかに小さいので, 放射場の影響により引き起こされる誘導放出はほぼ無視でき, 自然放出が卓越する.

表3.1 銀河団ガスの主な重元素輝線. E_{line} は上準位 u と下準位 l のエネルギー差, Γ_{line} は自然放出率, f_{line} は振動子強度 (3.3.2 節) をそれぞれ表す (Atomic Data for Astrophysicists, version 3.0.9). 元素名に続く括弧内の数字は, $Z = 0.3 Z_{\odot}$ の場合の各元素の数密度 n_{X} と水素の数密度 n_{H} の比を示す.

イオンおよび遷移名	E_{line} [keV]	u	l	Γ_{line} [s^{-1}]	f_{line}
酸素 (1.8×10^{-4})					
O VII Heα z	0.5610	1s2s ^{3}S$_1$	1s^2 ^{1}S$_0$	9.12×10^2	2.00×10^{-10}
O VII Heα y	0.5686	1s2p ^{3}P$_1$	1s^2 ^{1}S$_0$	3.83×10^8	8.19×10^{-5}
O VII Heα w	0.5739	1s2p ^{1}P$_1$	1s^2 ^{1}S$_0$	3.43×10^{12}	7.20×10^{-1}
O VIII Lyα_2	0.6535	2p$_{1/2}$	1s	2.57×10^{12}	1.39×10^{-1}
O VIII Lyα_1	0.6537	2p$_{3/2}$	1s	2.57×10^{12}	2.77×10^{-1}
O VII Heβ w	0.6656	1s3p ^{1}P$_1$	1s^2 ^{1}S$_0$	1.01×10^{12}	1.58×10^{-1}
O VIII Lyβ_2	0.7746	3p$_{1/2}$	1s	6.84×10^{11}	2.63×10^{-2}
O VIII Lyβ_1	0.7746	3p$_{3/2}$	1s	6.86×10^{11}	5.27×10^{-2}
ネオン (3.8×10^{-5})					
Ne IX Heα w	0.9220	1s2p ^{1}P$_1$	1s^2 ^{1}S$_0$	9.12×10^{12}	7.42×10^{-1}
Ne X Lyα_1	1.022	2p$_{3/2}$	1s	6.27×10^{12}	2.77×10^{-1}
マグネシウム (1.2×10^{-5})					
Mg XI Heα w	1.352	1s2p ^{1}P$_1$	1s^2 ^{1}S$_0$	2.00×10^{13}	7.56×10^{-1}
Mg XII Lyα_1	1.473	2p$_{3/2}$	1s	1.30×10^{13}	2.77×10^{-1}
珪素 (1.2×10^{-5})					
Si XIII Heα w	1.865	1s2p ^{1}P$_1$	1s^2 ^{1}S$_0$	3.84×10^{13}	7.63×10^{-1}
Si XIV Lyα_1	2.006	2p$_{3/2}$	1s	2.41×10^{13}	2.76×10^{-1}
硫黄 (4.9×10^{-6})					
S XV Heα w	2.461	1s2p ^{1}P$_1$	1s^2 ^{1}S$_0$	6.70×10^{13}	7.65×10^{-1}
S XVI Lyα_1	2.623	2p$_{3/2}$	1s	4.12×10^{13}	2.76×10^{-1}
アルゴン (1.1×10^{-6})					
Ar XVII Heα w	3.140	1s2p ^{1}P$_1$	1s^2 ^{1}S$_0$	1.09×10^{14}	7.65×10^{-1}
Ar XVIII Lyα_1	3.323	2p$_{3/2}$	1s	6.60×10^{13}	2.75×10^{-1}
カルシウム (7.0×10^{-7})					
Ca XIX Heα w	3.902	1s2p ^{1}P$_1$	1s^2 ^{1}S$_0$	1.67×10^{14}	7.58×10^{-1}
Ca XX Lyα_1	4.108	2p$_{3/2}$	1s	1.01×10^{14}	2.75×10^{-1}

クロム (1.5×10^{-7})					
Cr XXIII Heα w	5.682	1s2p ^{1}P$_1$	1s^2 ^{1}S$_0$	3.43×10^{14}	7.35×10^{-1}
Cr XXIV Lyα_1	5.932	2p$_{3/2}$	1s	2.09×10^{14}	2.74×10^{-1}
マンガン (1.1×10^{-7})					
Mn XXIV Heα w	6.180	1s2p ^{1}P$_1$	1s^2 ^{1}S$_0$	4.02×10^{14}	7.28×10^{-1}
Mn XXV Lyα_1	6.442	2p$_{3/2}$	1s	2.46×10^{14}	2.73×10^{-1}
鉄 (9.8×10^{-6})					
Fe XXV Heα z	6.637	1s2s ^{3}S$_1$	1s^2 ^{1}S$_0$	1.93×10^{8}	3.03×10^{-7}
Fe XXV Heα y	6.668	1s2s ^{3}P$_1$	1s^2 ^{1}S$_0$	3.72×10^{13}	5.79×10^{-2}
Fe XXV Heα x	6.682	1s2s ^{3}P$_2$	1s^2 ^{1}S$_0$	6.58×10^{9}	1.70×10^{-5}
Fe XXV Heα w	6.700	1s2p ^{1}P$_1$	1s^2 ^{1}S$_0$	4.67×10^{14}	7.19×10^{-1}
Fe XXVI Lyα_2	6.952	2p$_{1/2}$	1s	2.86×10^{14}	1.36×10^{-1}
Fe XXVI Lyα_1	6.973	2p$_{3/2}$	1s	2.88×10^{14}	2.73×10^{-1}
Fe XXV Heβ y	7.872	1s3p ^{3}P$_1$	1s^2 ^{1}S$_0$	1.06×10^{13}	1.18×10^{-2}
Fe XXV Heβ w	7.882	1s3p ^{1}P$_1$	1s^2 ^{1}S$_0$	1.23×10^{14}	1.37×10^{-1}
Fe XXVI Lyβ_2	8.246	3p$_{1/2}$	1s	7.53×10^{13}	2.55×10^{-2}
Fe XXVI Lyβ_1	8.253	3p$_{3/2}$	1s	7.73×10^{13}	5.23×10^{-2}
ニッケル (5.7×10^{-7})					
Ni XXVII Heα w	7.806	1s2p ^{1}P$_1$	1s^2 ^{1}S$_0$	6.17×10^{14}	7.00×10^{-1}
Ni XXVIII Lyα_1	8.102	2p$_{3/2}$	1s	3.88×10^{14}	2.72×10^{-1}

3.3.2 古典的調和振動子モデル

輝線の放射・吸収の正確な取り扱いには量子電磁力学が必要だが，定性的な振舞いは，古典的描像によって単純化してとらえることが可能である．また，量子論的な計算結果は，しばしば古典的描像に対する補正として表される．そこで本節では，この描像に着目しよう．

まず，イオン中の電子を角周波数 ω_0 の調和振動子とみなし，これが単位時間あたりの損失割合 γ_0（あるいは寿命 γ_0^{-1}）で徐々にエネルギーを散逸した結果，$E_\mathrm{line} = \hbar\omega_0$ の輝線が放射されると考える．ここで，散逸が多数の振動周期にわ

たって徐々に起こるための条件は，

$$\gamma_0 \ll \omega_0 \qquad (3.81)$$

である．この描像を近似的に記述する最も簡単な運動方程式および初期条件は，古典的な電子の位置座標 $x(t)$ を用いて

$$\ddot{x} + \gamma_0 \dot{x} + \omega_0^2 x = 0, \quad x(0) = x_0, \quad \dot{x}(0) = 0 \qquad (3.82)$$

と表せ，式（3.81）のもとでの解は，

$$x(t) = x_0 e^{-\frac{\gamma_0 t}{2}} \cos \omega_0 t \qquad (3.83)$$

となる．式（3.82）は，ばねが静止状態から振動し始め，抗力によって徐々に減衰する状況を記述している．式（3.83）のフーリエ変換は，

$$
\begin{aligned}
\hat{x}(\omega) &= \int_0^\infty x(t) e^{-i\omega t} dt \\
&= \frac{x_0}{2} \left[\frac{\frac{\gamma_0}{2} - i(\omega - \omega_0)}{\left(\frac{\gamma_0}{2}\right)^2 + (\omega - \omega_0)^2} + \frac{\frac{\gamma_0}{2} - i(\omega + \omega_0)}{\left(\frac{\gamma_0}{2}\right)^2 + (\omega + \omega_0)^2} \right]
\end{aligned} \qquad (3.84)
$$

であるが，$\omega \simeq \omega_0$ のみに着目すると，右辺括弧内の第 1 項が卓越し，

$$|\hat{x}(\omega)|^2 \simeq \frac{x_0^2}{4} \frac{1}{\left(\frac{\gamma_0}{2}\right)^2 + (\omega - \omega_0)^2} \qquad (3.85)$$

が得られる．式（3.37）（A.2）より，単位角周波数あたりに放射されるエネルギーは，

$$\frac{dW_{\text{line}}}{d\omega} \propto |\hat{\ddot{x}}(\omega)|^2 = \omega^4 |\hat{x}(\omega)|^2 \simeq \omega_0^4 |\hat{x}(\omega)|^2 \propto \frac{1}{(\omega - \omega_0)^2 + \left(\frac{\gamma_0}{2}\right)^2} \qquad (3.86)$$

と表される．したがって，輝線の放射スペクトルは，ローレンツ関数で近似される．式（3.86）は，$\omega = \omega_0$ で最大値をとり，$\omega = \omega_0 \pm \gamma_0/2$ で最大値の半分に減少する．すなわち，γ_0 が「半値全幅（Full Width at Half Maximum: FWHM）」に相当する．これを「自然幅（natural width）」と呼ぶ．

次に，外部から角周波数 ω の電磁波が入射した場合の電子の応答を，振幅 E_0 の電場による強制振動としてとらえると，運動方程式は式（3.82）に非同次項を

加えて

$$\ddot{x} + \gamma_0 \dot{x} + \omega_0^2 x = \frac{eE_0}{m_e} \cos \omega t \tag{3.87}$$

と表せる．この同次解（式（3.83））は時間とともに減衰するので，非同次項による特解

$$x(t) = \frac{eE_0}{m_e} \frac{1}{[(\omega^2 - \omega_0^2)^2 + \gamma_0^2 \omega^2]^{1/2}} \cos(\omega t + \phi) \tag{3.88}$$

$$\phi = \arctan\left(\frac{\gamma_0 \omega}{\omega^2 - \omega_0^2}\right) \tag{3.89}$$

が定常解となる．この強制振動によって単位時間あたりに双極子放射されるエネルギーの平均値は，式（3.33）および $\langle \cos^2 t \rangle = 1/2$ より，

$$\left\langle \frac{dW}{dt} \right\rangle = \frac{2e^2}{3c^3} \langle \ddot{x}^2(t) \rangle = \frac{e^4 E_0^2}{3m_e^2 c^3} \frac{\omega^4}{(\omega^2 - \omega_0^2)^2 + \gamma_0^2 \omega^2} \tag{3.90}$$

一方，外部の電場が単位時間・単位面積あたりにもちこむエネルギーの平均値は，ポインティングベクトルより，

$$\langle S \rangle = \frac{c}{8\pi} E_0^2 \tag{3.91}$$

であるので，これらの比が散乱（あるいは吸収）断面積

$$\sigma(\omega) = \frac{\left\langle \dfrac{dW}{dt} \right\rangle}{\langle S \rangle} = \sigma_{\mathrm{T}} \frac{\omega^4}{(\omega^2 - \omega_0^2)^2 + \gamma_0^2 \omega^2} \tag{3.92}$$

に対応する．ここで，

$$\sigma_{\mathrm{T}} = \frac{8\pi}{3} r_0^2 = \frac{8\pi}{3} \left(\frac{e^2}{m_e c^2}\right)^2 = 6.65 \times 10^{-25} \quad \mathrm{cm}^2 \tag{3.93}$$

はトムソン断面積，

$$r_0 = \frac{e^2}{m_e c^2} = 2.82 \times 10^{-13} \quad \mathrm{cm}^2 \tag{3.94}$$

は電子の古典半径である．式（3.92）は，$\omega \ll \omega_0$ では $\sigma(\omega) \to \sigma_{\mathrm{T}}(\omega/\omega_0)^4$ でレイリー（Rayleigh）散乱に帰着し，$\omega \gg \omega_0$ では $\sigma(\omega) \to \sigma_{\mathrm{T}}$ で自由電子による散乱に近づくことがわかる．$\omega \simeq \omega_0$ では，$\omega^2 - \omega_0^2 = (\omega + \omega_0)(\omega - \omega_0) \simeq 2\omega_0(\omega - \omega_0)$ のように，$(\omega - \omega_0)$ 以外の ω はすべて ω_0 でおきかえることにより，

$$\sigma(\omega) \simeq \frac{\pi\sigma_{\mathrm{T}}\omega_0^2}{2\gamma_0} \frac{\gamma_0/2\pi}{(\omega-\omega_0)^2 + (\gamma_0/2)^2} \tag{3.95}$$

のようにローレンツ関数で表される.

　ここまでの議論では，一般性を高めるために，γ_0 と ω_0 は式 (3.81) の条件を除き互いに独立であるとしてきたが，振動に伴う双極子放射が散逸を担う場合には，両者は互いに結びつく．式 (3.33) より，放射によって時間 $t_1 < t < t_2$ に失われるエネルギーは,

$$-\int_{t_1}^{t_2} \frac{2e^2}{3c^3}(\vec{\dot{x}}\cdot\vec{\dot{x}})dt = -\frac{2e^2}{3c^3}\vec{\ddot{x}}\cdot\vec{\dot{x}}\bigg|_{t_1}^{t_2} + \frac{2e^2}{3c^3}\int_{x(t_1)}^{x(t_2)}\vec{\dddot{x}}\cdot d\vec{x} \tag{3.96}$$

であるが，周期運動では右辺第 1 項はゼロになる．よって，右辺第 2 項が双極子放射による反跳力 $\vec{F}_{\mathrm{rad}}$ がした仕事に対応するので,

$$\vec{F}_{\mathrm{rad}} = \frac{2e^2}{3c^3}\vec{\dddot{x}} \tag{3.97}$$

と書ける．式 (3.97) はアブラハム–ローレンツ（Abraham–Lorentz）力と呼ばれ，加速する荷電粒子が自身の放射から受ける反作用の時間平均を表している．この反作用が調和振動に比べて十分に小さく，摂動として扱えるための条件は,

$$\frac{2e^2}{3c^3}|\dddot{x}| \simeq \frac{2e^2}{3c^3}\omega_0^3|x| \ll m_{\mathrm{e}}\omega_0^2|x|$$
$$\omega_0 \ll \frac{3m_{\mathrm{e}}c^3}{2e^2} = 1.6 \times 10^{23}\ \mathrm{rad/s} \tag{3.98}$$

である．このとき,

$$\dddot{x} \simeq -\omega_0^2\dot{x} \tag{3.99}$$

と近似できるので，式 (3.97) (3.99) は

$$\gamma_0 \simeq \frac{2e^2}{3m_{\mathrm{e}}c^3}\omega_0^2 \tag{3.100}$$

のもとで式 (3.82) (3.87) の左辺第 2 項に帰着する．また，式 (3.81) の条件は式 (3.98) と等価になる．式 (3.93) (3.100) を式 (3.95) に代入すると,

$$\sigma(\omega) \simeq \frac{2\pi^2 e^2}{m_{\mathrm{e}}c} \frac{\gamma_0/2\pi}{(\omega-\omega_0)^2 + (\gamma_0/2)^2}$$
$$= \pi r_0^2 \left(\frac{2\pi c}{r_0}\right) \phi_{\mathrm{L}}(\omega;\omega_0,\gamma_0) \tag{3.101}$$

と表せる. ここで, πr_0^2 は電子の古典的断面積, $2\pi c/r_0$ は r_0 を角周波数の次元に換算した因子, $\phi_{\mathrm{L}}(\omega;\omega_0,\gamma_0)$ は ω を変数として平均値 ω_0, 半値全幅 γ_0 をもつローレンツ関数で, $\int_{-\infty}^{\infty} d\omega\,\phi_{\mathrm{L}}(\omega;\cdots)=1$ となるように規格化されている. 周波数 $\nu=\omega/2\pi$ を変数とした場合は,

$$\sigma(\nu) = \pi r_0^2 \left(\frac{c}{r_0} \right) \phi_{\mathrm{L}}(\nu;\omega_0/2\pi,\gamma_0/2\pi) \tag{3.102}$$

エネルギー $E=\hbar\omega$ を変数とした場合は,

$$\sigma(E) = \pi r_0^2 \left(\frac{2\pi\hbar c}{r_0} \right) \phi_{\mathrm{L}}(E;\hbar\omega_0,\hbar\gamma_0) \tag{3.103}$$

となり, 変数変換によってローレンツ関数の前にかかる因子が変化するが, 全体として面積の次元が保たれる (σ を積分した量の次元は面積とは異なる). いずれも, $\int_{-\infty}^{\infty} d\nu\,\phi_{\mathrm{L}}(\nu;\cdots)=1$, $\int_{-\infty}^{\infty} dE\,\phi_{\mathrm{L}}(E;\cdots)=1$ と規格化されている.

　量子論的な計算からは, 式 (3.101) – (3.103) に類似した結果が得られるが, 遷移ごとに

$$\sigma \to \sigma f_{\mathrm{line}} \tag{3.104}$$

の補正が散乱断面積に加わる. この補正因子 f_{line} を「振動子強度 (oscillator strength)」と呼ぶ. また, 放射される輝線の形状はローレンツ関数で近似されるが, 自然幅を与える遷移率 (電子の寿命の逆数) が

$$\gamma_0 \to \Gamma_{\mathrm{line}} \tag{3.105}$$

におきかわり, エネルギーを変数としたスペクトルの場合には

$$\phi_{\mathrm{L}}(E;E_{\mathrm{line}},\hbar\Gamma_{\mathrm{line}}) = \frac{1}{\pi} \frac{\hbar\Gamma_{\mathrm{line}}/2}{(E-E_{\mathrm{line}})^2 + (\hbar\Gamma_{\mathrm{line}}/2)^2} \tag{3.106}$$

となる. 代表的な遷移に対する f_{line} および Γ_{line} の値も表3.1に示してある.

3.3.3　輝線のずれと広がり

　輝線は, 電子準位間のエネルギー差と厳密に同じエネルギーにおいてのみ観測されるわけではなく, 前節の過程も含めたさまざまな要因によって, ずれや広がりが生じる. 以下では特に断らない限り, 遷移エネルギー E_{line} や自然放出率

Γ_{line} などに対しては，最も代表的な Fe XXV Heα w 輝線に対する値を参照値として用いる．

まず，輝線のずれ（shift）を生み出す主要因は，放射源と観測者の相対速度に伴うドップラー効果であり，その大きさは，

$$\Delta E_{\text{shift}} = \frac{v_{/\!/}}{c} E_{\text{line}} \simeq 2.2\,\text{eV}\, \left(\frac{v_{/\!/}}{100\,\text{km/s}}\right) \left(\frac{E_{\text{line}}}{6.7\,\text{keV}}\right) \tag{3.107}$$

で与えられる．ここで，$v_{/\!/}$ は視線方向の相対速度であり，互いに近づく場合に正の値をとるとした．通常，$v_{/\!/}$ には宇宙膨張に伴う後退速度は含めないことが多い．

一方，輝線の広がりをもたらす要因にはさまざまな種類がある．まず第一は，3.3.2 節で述べた自然幅である．自然幅による広がりは，ローレンツ関数（式（3.106））で近似され，半値全幅が

$$\Delta E_{\text{nat}} = \hbar \Gamma_{\text{line}} \simeq 0.31\,\text{eV}\, \left(\frac{\Gamma_{\text{line}}}{4.67 \times 10^{14}\,\text{s}^{-1}}\right) \tag{3.108}$$

で与えられる．自然幅は，表 3.1 に示したいずれの輝線においても，以下に述べる他の要因による幅よりもかなり小さい．

第二は，イオンの熱運動（thermal motion）による広がりで，平均値 E_{line}，分散 σ_{E}^2 をもつガウス（Gauss）関数

$$\phi_{\text{G}}(E; E_{\text{line}}, \sigma_{\text{E}}) = \frac{1}{\sqrt{2\pi\sigma_{\text{E}}^2}} \exp\left[-\frac{(E - E_{\text{line}})^2}{2\sigma_{\text{E}}^2}\right] \tag{3.109}$$

で近似される．ここで，$\int_{-\infty}^{\infty} dE\, \phi_{\text{G}}(E; \cdots) = 1$ と規格化されている．また，σ_{E} は，

$$\text{半値全幅} = \sqrt{8\ln 2}\,\sigma_{\text{E}} \simeq 2.35\sigma_{\text{E}} \tag{3.110}$$

で与えられる半値全幅および視線方向の速度分散（式（3.12））と

$$\frac{\sigma_{\text{1D}}}{c} = \frac{\sigma_{\text{E}}}{E_{\text{line}}} \tag{3.111}$$

でそれぞれ関連している．したがって，熱運動による広がりの半値全幅は，

$$\Delta E_{\text{th}} = \sqrt{8\ln 2}\frac{\sigma_{\text{1D}}}{c}E_{\text{line}}$$

$$\simeq 6.4 \, \mathrm{eV} \left(\frac{T_\mathrm{i}}{10^8 \, \mathrm{K}}\right)^{1/2} \left(\frac{m_\mathrm{i}}{56 m_\mathrm{p}}\right)^{-1/2} \left(\frac{E_\mathrm{line}}{6.7 \, \mathrm{keV}}\right) \tag{3.112}$$

と書ける. 熱運動による幅は, イオンの温度 T_i だけでなく質量 m_i にも依存することに注意してほしい.

第三は, もしガスがランダムな乱流運動 (turbulent motion) をしており, その視線速度の分散が σ_turb^2 であれば, 半値全幅として

$$\Delta E_\mathrm{turb} = \sqrt{8 \ln 2} \frac{\sigma_\mathrm{turb}}{c} E_\mathrm{line} \simeq 5.3 \, \mathrm{eV} \left(\frac{\sigma_\mathrm{turb}}{100 \, \mathrm{km/s}}\right) \left(\frac{E_\mathrm{line}}{6.7 \, \mathrm{keV}}\right) \tag{3.113}$$

が生じる. ここで, 乱流運動による広がりもガウス関数に従うと仮定した. ガス全体としての運動であるため, 式 (3.113) はイオンの質量には依存しない.

さらに, 検出器のスペクトル分解能も有限であり, 仮に上で述べた広がりがすべてゼロであったとしても観測される輝線は広がりをもつことになる. 近年の X 線分光器では,

$$\Delta E_\mathrm{inst} = 5 \, \mathrm{eV} \tag{3.114}$$

程度の半値全幅が実現されている.

以上のような要因による広がりが合成された結果が, 観測される輝線の幅に対応する. ガウス関数に従う広がりに対しては,

$$(\Delta E)^2 = (\Delta E_\mathrm{th})^2 + (\Delta E_\mathrm{turb})^2 + (\Delta E_\mathrm{inst})^2 + \cdots \tag{3.115}$$

が成り立つ. 図 3.3 に示したスペクトルに見られる輝線は, 検出器および熱運動によるよりも広い幅をもつことから, この領域に存在するガスが $\sigma_\mathrm{turb} \simeq 100 \, \mathrm{km/s}$ 程度の大きさの速度分散でランダム運動していることが示唆されている.

3.3.4　散乱の効果

1.5.4 節で述べたように, トムソン散乱に対する光子の平均自由行程は銀河団のサイズよりも十分に大きい. このような場合, 銀河団はトムソン散乱に対して「光学的に薄い」という. 一方で, 以下に示すように, 一部の重元素輝線中の光子の平均自由行程は銀河団のサイズよりも小さくなり得る. この場合, 銀河団は「光学的に厚い」ため, 吸収と再放出 (散乱) の効果が重要となる.

吸収を起こすイオンの静止系では, エネルギー E_line をもつ光子がある方向か

ら入射すれば，一定の確率で電子が下準位 l から上準位 u に励起され，一部の光子が吸収される．励起された電子は，自然放出率 Γ_{line} で下準位 l に再び落ちるが，その際には全方向にエネルギー E_{line} の光子を再放出し得る．この結果，もともとの入射方向の光子数が減少し，それ以外の方向の光子数が増加することになる．Γ_{line} が十分に大きく（すなわち，上準位 u に電子がとどまる時間が十分に短く），かつ他の準位への遷移が無視できれば，吸収・再放出される全光子数は保存されるので，上で述べた過程は実質的に散乱とみなすことができる．

ただし，3.3.3 節で述べたように，イオンは速度分布をもつので，観測者の静止系では，E_{line} だけではなく，さまざまなエネルギーの光子が散乱されることになる．これを考慮した散乱断面積は，3.3.2 節の結果より，次式のように表される．

$$\sigma_{\text{line}}(E) = \pi r_0^2 f_{\text{line}} \left(\frac{2\pi \hbar c}{r_0} \right) \psi(E) \tag{3.116}$$

ここで，$\psi(E)$ は散乱が起こるエネルギーの確率分布関数（$\int_{-\infty}^{\infty} \psi(E) dE = 1$ を満たす）であり，3.3.3 節での考察により，主にイオンの運動によって決まる．

散乱を起こすイオンの観測者に対する速度が，平均値 $\overline{v}_{\text{sc}}$, 視線方向の分散 $(\sigma_{\text{v,sc}})^2$ のガウス分布に従う場合は，対応する $\overline{E}_{\text{sc}} \equiv E_{\text{line}}\overline{v}_{\text{sc}}/c$, $\sigma_{\text{E,sc}} \equiv E_{\text{line}}\sigma_{\text{v,sc}}/c$ を用いて

$$\psi(E) = \frac{1}{\sqrt{2\pi}\sigma_{\text{E,sc}}} \exp\left[-\frac{(E - \overline{E}_{\text{sc}})^2}{2(\sigma_{\text{E,sc}})^2} \right] \tag{3.117}$$

であるので，$E = \overline{E}_{\text{sc}}$ で散乱断面積は最大値

$$\sigma_{\text{line}}(\overline{E}_{\text{sc}}) = \sqrt{2\pi^3} \frac{e^2 \hbar}{m_e c} \frac{f_{\text{line}}}{\sigma_{\text{E,sc}}}$$

$$\simeq 1.1 \times 10^{-17} \left(\frac{f_{\text{line}}}{0.72} \right) \left(\frac{\sigma_{\text{E,sc}}}{3\,\text{eV}} \right)^{-1} \text{cm}^2 \tag{3.118}$$

をとる．これより，光子の平均自由行程の最小値は，

$$\lambda_{\text{line}} = \frac{1}{\sigma_{\text{line}}(\overline{E}_{\text{sc}})n_{\text{X},j,l}} \simeq 1.0 \left(\frac{f_{\text{line}}}{0.72} \right)^{-1} \left(\frac{n_{\text{X},j,l}}{3 \times 10^{-8}\,\text{cm}^{-3}} \right)^{-1} \left(\frac{\sigma_{\text{E,sc}}}{3\,\text{eV}} \right) \quad \text{Mpc} \tag{3.119}$$

となる．ここで，$n_{\text{X},j,l}$ は，この遷移の下準位 l を占めるイオン X^j の数密度で

ある．また，式（3.112）（3.113）で用いられた各参照値と同じ輝線，運動に対しては，

$$\sigma_{\mathrm{E,sc}} = \frac{\sqrt{\Delta E_{\mathrm{therm}}^2 + \Delta E_{\mathrm{turb}}^2}}{\sqrt{8\ln 2}} \simeq 3.5 \quad \mathrm{eV} \tag{3.120}$$

である．

　式（3.119）は，f_{line}, $n_{\mathrm{X},j,l}$, $\sigma_{\mathrm{E,sc}}$ の値に応じて，光子の平均自由行程が銀河団の大きさよりも小さくなり，ガスが輝線に対して光学的に厚くなり得ることを意味している．f_{line} は，ヘリウム型イオンの 1s2p → 1s^2 共鳴線（Heα w）で最も大きな値をとる（表 3.1）．$n_{\mathrm{X},j,l}$ は，多数の準位間の詳細つりあいにより決まるが，表 3.1 に示した遷移の下準位 l はいずれも基底状態であるため，イオン X^j の数密度 $n_{\mathrm{X},j}$ で大まかに近似でき，元素 X の総数密度 $n_{\mathrm{X}} = \sum_j n_{\mathrm{X},j}$ が上限となる．銀河団中心部における水素密度が $n_{\mathrm{H}} \sim 10^{-2}$ cm^{-3} 程度であることを考慮すると，表 3.1 より，O, Ne, Mg, Si, Fe の Heα w 輝線は光学的に厚くなる可能性があり，このうち Fe についてはすでにその様子が観測されている（図 3.3 下（右））[12]．共鳴線による散乱であることから，「共鳴散乱（resonance scattering）」と呼ばれている．ガスの運動が激しく，$\sigma_{\mathrm{E,sc}}$ が大きいほど平均自由行程は長くなるので，共鳴散乱の度合いはガス運動に関する情報源にもなる．

3.4　シンクロトロン放射

　磁場中における荷電粒子は，速度と垂直方向の力を受けて，磁力線のまわりにらせん運動を行うので，加速度に伴う放射が生じる．粒子の速度が非相対論的な場合には「サイクロトロン（cyclotron）放射」，相対論的な場合には「シンクロトロン（synchrotron）放射」と呼ばれる．前者はほぼ等方に近い放射であるのに対し，後者では放射の非等方性が本質的であり，定性的に大きく異なる振舞いを示す．シンクロトロン放射は銀河団を含むさまざまな天体で検出されており，磁場および非熱的な高エネルギー粒子に対する貴重な情報源となっている．将来的にも，大型電波観測装置の開発によって，さらに高精度の観測が実現することが期待される．

---

[12]　Hitomi collaboration, Publ. Astron. Soc. Japan, 70, 10（2018）.

　ただし，シンクロトロン放射スペクトルの導出はやや煩雑であるため，既存の教科書では何らかの省略がされていて，個別の論文などを参照しなければならないことが多い[*13]．そこで以下では，3.4.1 節から 3.4.4 節でシンクロトロン放射の全体像について俯瞰した後，3.4.5 節以降においてスペクトルの導出を省略なしに示す．

3.4.1　磁場中での粒子の運動

　電荷 q, 静止質量 m の荷電粒子が電磁場中で従う式は，相対論的運動方程式の一般形（A.3 節参照）

$$\gamma \frac{d(mu^\mu)}{dt} = f^\mu \quad (\mu = 0, 1, 2, 3) \tag{3.121}$$

$$u^\mu = \gamma[c, \ \vec{v}] \qquad 4 \text{元速度} \tag{3.122}$$

$$f^\mu = \gamma \left[\frac{1}{c} \vec{v} \cdot \vec{F}, \ \vec{F} \right] \qquad 4 \text{元力} \tag{3.123}$$

に古典的なローレンツ力の表式

$$\vec{F} = q \left(\vec{E} + \frac{\vec{v}}{c} \times \vec{B} \right) \tag{3.124}$$

を代入することで，

$$\frac{d}{dt}(\gamma mc^2) = q(\vec{v} \cdot \vec{E}) \tag{3.125}$$

$$\frac{d}{dt}(\gamma m\vec{v}) = q \left(\vec{E} + \frac{\vec{v}}{c} \times \vec{B} \right) \tag{3.126}$$

と表される[*14]．これらの式はすべて観測者[*15]の静止系（以下，実験室系と呼ぶ）における物理量で書かれており，t も実験室系での時間である．以下では簡単のため，電場 $\vec{E}$ が無視でき，磁場 $\vec{B}$ が一様な場合を考える．このような場合，式 (3.125) より $\gamma = $ 一定 で粒子のエネルギー γmc^2 は保存される．また，式 (3.126)

[*13]　たとえば，G.B. Rybicki, A.P. Lightman, "Radiative Processes in Astrophysics", Wiley (1979)；M.S. Longair, "High Energy Astrophysics", 3rd edition, Cambridge University Press (2011).

[*14]　本書では，2 次元および 3 次元の空間ベクトルは $\vec{F}$ のように矢印をつけて表し，4 元ベクトルは f^μ のようにギリシャ文字の添字をつけて表す．また，4 元ベクトルの成分を表示する [ ] 内は，時間成分（$\mu = 0$），空間成分（$\mu = 1, 2, 3$）の順に並ぶようにとる．

[*15]　粒子から見て，式 (3.127) よりは遠方だが，宇宙膨張などの一般相対論的効果が無視できる程度には近くにいるとする．

より加速度 $\vec{a} = d\vec{v}/dt$ は速度 $\vec{v}$ と $\vec{B}$ のいずれにも垂直である．速度を $\vec{B}$ に平行な成分と垂直な成分に $\vec{v} = \vec{v}_{//} + \vec{v}_\perp$ と分解すると，$\vec{v}_{//}$ は一定であり，$\vec{v}_\perp$ は半径と角周波数がそれぞれ

$$r_{\mathrm{B}}(\gamma) = \frac{\gamma m c v_\perp}{qB} = \frac{mcv\sin\alpha}{qB}\gamma \qquad \text{ラーモア半径（相対論的）}$$

$$\simeq 1.7 \times 10^{13} \, \sin\alpha \left(\frac{m}{m_{\mathrm{e}}}\right)\left(\frac{q}{e}\right)^{-1}\left(\frac{B}{\mu\mathrm{G}}\right)^{-1}\left(\frac{\beta\gamma}{10^4}\right) \quad \mathrm{cm} \tag{3.127}$$

$$\omega_{\mathrm{B}}(\gamma) = \frac{v_\perp}{r_{\mathrm{B}}} = \frac{qB}{mc}\frac{1}{\gamma}$$

$$\simeq 1.8 \times 10^{-3} \left(\frac{m}{m_{\mathrm{e}}}\right)^{-1}\left(\frac{q}{e}\right)\left(\frac{B}{\mu\mathrm{G}}\right)\left(\frac{\gamma}{10^4}\right)^{-1} \quad \mathrm{rad\ s}^{-1} \tag{3.128}$$

の回転運動をすることがわかる．α は $\vec{B}$ と $\vec{v}$ のなす角でピッチ角とよばれ，$v_\perp = v\sin\alpha$ である．ω_{B} は古典的なサイクロトロン周波数 qB/mc と比べて，相対論的な時間の遅れの効果で γ^{-1} 倍に"低く"なったと解釈できる．ただし，相対論的な運動では，別の理由によって ω_{B} よりもはるかに高い周波数の放射が実現されることを 3.4.3 節と 3.4.4 節で述べる．それに先だって，まずはこの回転運動によって放射されるエネルギーを 3.4.2 節で導出しよう．なお，電子と陽子のラーモア半径 r_{B} を比較すると，同一の γ に対しては後者がはるかに大きいが，同一の全エネルギー γmc^2 に対しては両者はほぼ等しいことがわかる．

3.4.2 一つの粒子による放射エネルギー

荷電粒子の静止系（以下，粒子系と呼ぶ）において単位時間あたり放射される全エネルギーに対しては，非相対論的なラーモアの式 (3.33) がそのまま成り立つ

$$\frac{dW'}{dt'} = \frac{2q^2\vec{a}'^2}{3c^3} \tag{3.129}$$

ので，これを実験室系に変換すれば良い．ここで，$'$（ダッシュ）は粒子系での物理量を意味し，$\vec{a}' = d\vec{v}'/dt'$ である．

ラーモアの式に従う双極子放射は，粒子系では点対称な強度分布をもつので，光子の全運動量はゼロである．光子のエネルギーと運動量は 4 元ベクトルをなすので，実験室系での全エネルギーへの逆ローレンツ変換は，

$$dW = \gamma dW' \tag{3.130}$$

と表される. また, t' は粒子の固有時間に相当し,

$$dt = \gamma dt' \tag{3.131}$$

であるので,

$$\frac{dW}{dt} = \frac{dW'}{dt'} \tag{3.132}$$

が成り立つ.

次に, 実験室系における 4 元加速度は, 式 (3.122) より

$$b^\mu = \gamma \frac{du^\mu}{dt} = \left[\gamma^4 \vec{\beta} \cdot \vec{a}, \ \gamma^2 \vec{a} + \gamma^4 (\vec{\beta} \cdot \vec{a}) \vec{\beta} \right] \tag{3.133}$$

と表される. ここで, $\vec{\beta} = \vec{v}/c$ である. 粒子系では $\vec{\beta}' = 0$, $\gamma' = 1$ であるので,

$$b'^\mu = \left[0, \ \vec{a}' \right] \tag{3.134}$$

となる. 4 元ベクトル b^μ に対して

$$-(b^0)^2 + (b^1)^2 + (b^2)^2 + (b^3)^2 \tag{3.135}$$

はローレンツ変換で不変な量（式 (A.30)）であることから, 実験室系と粒子系の間には

$$\vec{a}'^2 = \gamma^4 \left\{ \vec{a}^2 + \gamma^2 (\vec{\beta} \cdot \vec{a})^2 \right\} \tag{3.136}$$

が成り立つ. これを式 (3.129) へ代入し, 式 (3.132) を用いると,

$$\frac{dW}{dt} = \frac{2q^2 \gamma^4}{3c^3} \left\{ \vec{a}^2 + \gamma^2 (\vec{\beta} \cdot \vec{a})^2 \right\} \tag{3.137}$$

が得られる. これは, ラーモアの式を任意の慣性系に拡張した式である.

さて, 一様磁場中での荷電粒子の運動では, 式 (3.125) (3.126) より, $\vec{\beta} \cdot \vec{a} = 0$, $\gamma = $ 一定, $|\vec{a}| = q\beta B \sin\alpha / (\gamma m)$ であるので,

$$\frac{dW_{\mathrm{sync}}(\gamma)}{dt} = \frac{2q^4 B^2 \sin^2\alpha}{3m^2 c^3} \beta^2 \gamma^2 \tag{3.138}$$

が得られる. 特に粒子の速度分布が等方的な場合にはピッチ角 α についての平均

$$\langle \sin^2\alpha \rangle_{\text{立体角}} = \frac{1}{4\pi} \int_0^{2\pi} d\varphi \int_{-1}^{1} d(\cos\alpha) \ \sin^2\alpha = \frac{2}{3} \tag{3.139}$$

より次式を得る.

$$\left\langle \frac{dW_{\rm sync}(\gamma)}{dt} \right\rangle_{\text{立体角}} = \frac{4q^4 B^2}{9m^2 c^3} \beta^2 \gamma^2$$

$$\simeq 1.06 \times 10^{-19} \left(\frac{q}{e}\right)^4 \left(\frac{m}{m_{\rm e}}\right)^{-2}$$

$$\times \left(\frac{B}{\mu{\rm G}}\right)^2 \left(\frac{\beta\gamma}{10^4}\right)^2 \ \ {\rm erg \ s}^{-1} \tag{3.140}$$

質量への依存性から，陽子によるシンクロトロン放射は，電子に比べてはるかに小さいことがわかる．式（3.138）（3.140）は，非相対論的なサイクロトロン放射にも合わせて適用できる結果である．

電子に対しては，トムソン散乱の全断面積（式（3.93））と磁場のエネルギー密度

$$U_{\rm B} = \frac{B^2}{8\pi} = 3.98 \times 10^{-14} \left(\frac{B}{\mu{\rm G}}\right)^2 \ \ {\rm erg \ cm}^{-3} \tag{3.141}$$

を用いて，

$$\left\langle \frac{dW_{\rm sync}(\gamma)}{dt} \right\rangle_{\text{立体角}} = \frac{4}{3} c\sigma_{\rm T} U_{\rm B} \beta^2 \gamma^2 \tag{3.142}$$

と書くことができる．これは，3.5 節で解説する光子と CMB 光子の間の逆コンプトン散乱のエネルギー放射率（式（3.244））と $U_{\rm B} \leftrightarrow U_{\rm CMB}$ の対応関係のもとで一致しており，シンクロトロン放射を，荷電粒子と磁場の間の散乱とみなすことができることを意味している．

3.4.3 相対論的ビーミング

次に，放射の方向依存性を考慮し，粒子系において微小時間 dt' にエネルギー dW' をもつ光子が立体角 $d\Omega' = \sin\theta' d\theta' d\varphi' = d\mu' d\varphi'$ に放射されたとしよう．ここで，荷電粒子の運動方向に x 軸をとり，放射方向が x 軸となす角を θ'，x 軸の周りの角度を φ' とする．また，$\mu' \equiv \cos\theta'$ である．この光子の 4 元運動量は，

$$p'^\mu = \frac{dW'}{c}[1, \ \cos\theta', \ \sin\theta' \cos\varphi', \ \sin\theta' \sin\varphi'] \tag{3.143}$$

と表されるので，実験室系への逆ローレンツ変換（式（A.28））

$$
\frac{dW}{c}
\begin{bmatrix}
1 \\
\cos\theta \\
\sin\theta\cos\varphi \\
\sin\theta\sin\varphi
\end{bmatrix}
=
\frac{dW'}{c}
\begin{bmatrix}
\gamma & \beta\gamma & 0 & 0 \\
\beta\gamma & \gamma & 0 & 0 \\
0 & 0 & 1 & 0 \\
0 & 0 & 0 & 1
\end{bmatrix}
\begin{bmatrix}
1 \\
\cos\theta' \\
\sin\theta'\cos\varphi' \\
\sin\theta'\sin\varphi'
\end{bmatrix}
\tag{3.144}
$$

によって，相対論的ドップラー効果の関係式

$$
dW = \gamma(1 + \beta\mu')dW' \tag{3.145}
$$

$$
\mu = \frac{\mu' + \beta}{1 + \beta\mu'}, \quad \sin\theta = \frac{\sin\theta'}{\gamma(1 + \beta\mu')} \tag{3.146}
$$

$$
\varphi = \varphi' \tag{3.147}
$$

が導かれる．式 (3.146) (3.147) を微分すれば，

$$
d\Omega = \gamma^2(1 - \beta\mu)^2 d\Omega' = \frac{1}{\gamma^2(1 + \beta\mu')^2} d\Omega' \tag{3.148}
$$

を得る．ここで，

$$
\int_{-1}^{1} d\mu' \int_{0}^{2\pi} d\varphi' \frac{1}{\gamma^2(1 \pm \beta\mu')^2} = 4\pi \tag{3.149}
$$

が満たされている．したがって，

$$
\frac{dW}{d\Omega} = \frac{1}{\gamma^3(1 - \beta\mu)^3}\frac{dW'}{d\Omega'} = \gamma^3(1 + \beta\mu')^3\frac{dW'}{d\Omega'}
$$
$$
\simeq \left(\frac{2\gamma}{1 + \gamma^2\theta^2}\right)^3 \frac{dW'}{d\Omega'} \quad (\gamma \gg 1) \tag{3.150}
$$

が成り立つ．ここで，2 行目では式 (3.17) を用いた．$\gamma \gg 1$ では，$dW'/d\Omega'$ の詳細（つまり，放射過程が何であるか）によらず，$\theta > \gamma^{-1}$ への放射はゼロに近づくことがわかる．この結果，$\theta < \gamma^{-1}$ すなわち速度（x 軸）の方向に放射が鋭く集中するので，「相対論的ビーミング（relativistic beaming）」と呼ばれる（図 3.5）．

　また，実験室系において，光子が放射された時刻 t と観測される時刻 t_{obs} の間には，光子が伝播するのにかかる時間だけ遅延効果[*16]が生じる．

[*16]　観測時刻を単に t と表し，放射時刻（遅延時間と呼ばれる）に添字をつけて区別する教科書も多いが，運動方程式 (3.125) (3.126) などとの整合性を重視し，本書では放射時刻を t で表す．

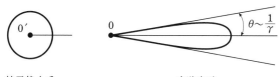

粒子静止系　　　　　　　　　実験室系

図3.5　相対論的ビーミング. 粒子静止系（左）における放射が仮に等方的であったとしても，実験室系（右）では粒子の運動方向に集中する.

$$t_{\text{obs}} = t + \frac{|\vec{R}(t)|}{c} \tag{3.151}$$

ここで，$\vec{R}$ は荷電粒子を起点とした観測者の位置ベクトルである. $d|\vec{R}|/dt = -v\cos\theta$ であるので，

$$dt_{\text{obs}} = (1 - \beta\mu)dt \tag{3.152}$$

が成り立つ. これは，古典的なドップラー効果に他ならない. β, μ はつねに放射時の値であることに注意してほしい. さらに，粒子の固有時間 dt' と dt の関係は式（3.131）で与えられるので，

$$dt_{\text{obs}} = \gamma(1 - \beta\mu)dt' = \frac{1}{\gamma(1 + \beta\mu')}dt' \tag{3.153}$$

である. 以上より，粒子系で単位時間・単位立体角あたり放射されるエネルギーと，実験室系で単位時間・単位立体角あたりに "受信される" エネルギーの間には，

$$\frac{dW}{d\Omega dt_{\text{obs}}} = \frac{1}{\gamma^4(1-\beta\mu)^4}\frac{dW'}{d\Omega' dt'} = \gamma^4(1 + \beta\mu')^4 \frac{dW'}{d\Omega' dt'}$$
$$\simeq \left(\frac{2\gamma}{1 + \gamma^2\theta^2}\right)^4 \frac{dW'}{d\Omega' dt'} \quad (\gamma \gg 1) \tag{3.154}$$

の関係が成り立つ.

3.4.4　特徴的周波数

　相対論的ビーミングの結果，図 3.6 のように観測者は粒子の速度 $\vec{v}$ が自分の方を向いている間のみパルス状の放射を受信することになる. この時間は，次の二つの効果を合わせることで求められる. まず，式（3.126）より，放射が発信される時点での微小時間 Δt における粒子の速度変化は

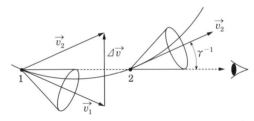

図3.6　荷電粒子の軌道と放射方向. 放射が粒子の運動方向に集中
した結果, 点 1 から点 2 の間に発した放射のみが観測者に届く
（『天体物理学の基礎 II』（シリーズ現代の天文学 12), 図 3.14).

$$\frac{|\Delta\vec{v}|}{\Delta t} = \frac{qvB\sin\alpha}{\gamma mc} = v\,\omega_{\mathrm{B}}(\gamma)\,\sin\alpha \tag{3.155}$$

であるので, 角度変化 $|\Delta\vec{v}|/|\vec{v}|$ がビームの広がり $\sim 2/\gamma$ に一致する時間は $\Delta t \sim$ $2/(\gamma\omega_{\mathrm{B}}\sin\alpha)$ である. 次に, 式 (3.152) によってこれを観測者の受信時間に換算すると, $\mu \sim 1, \gamma \gg 1$ では $\Delta t_{\mathrm{obs}} \sim \Delta t/2\gamma^2 \sim 1/(\gamma^3\omega_{\mathrm{B}}\sin\alpha)$ となる. この逆数に係数をかけたものがシンクロトロン放射の特徴的周波数

$$\omega_{\mathrm{c}}(\gamma) = 2\pi\nu_{\mathrm{c}}(\gamma) = \frac{3}{2}\gamma^3\omega_{\mathrm{B}}(\gamma)\sin\alpha = \frac{3qB\sin\alpha}{2mc}\gamma^2$$
$$\simeq 2.64 \times 10^9\,\sin\alpha\left(\frac{q}{e}\right)\left(\frac{m}{m_{\mathrm{e}}}\right)^{-1}\left(\frac{B}{\mu\mathrm{G}}\right)\left(\frac{\gamma}{10^4}\right)^2\quad\mathrm{rad\ s^{-1}} \tag{3.156}$$

となる. 2 行目は, 銀河団中で示唆されている $\mu\mathrm{G}$ 程度の磁場中に, $\gamma \sim 10^4$ の電子が存在すれば, 電波（$\sim$GHz）領域でシンクロトロン放射が発せられることを意味している. もともと ω_{B} に含まれていた時間の遅れの効果 ($\propto \gamma^{-1}$) とビーミングの効果 ($\propto \gamma^3$) の結果として, γ^2 に比例した高周波の放射が実現されると理解してよい.

3.4.5　一つの粒子による放射スペクトル

　シンクロトロン放射のスペクトルを求めるには, やや煩雑な手続きが必要となる. 以下では, 方向依存性を考慮した荷電粒子による放射率の一般式[17]

$$\frac{dW}{d\Omega dt} = \frac{q^2}{4\pi c}\frac{|\vec{n}\times\{(\vec{n}-\vec{\beta})\times\dot{\vec{\beta}}\}|^2}{(1-\vec{n}\cdot\vec{\beta})^5} \tag{3.157}$$

---

[17]　たとえば, J.D. ジャクソン, 『電磁気学』第 3 版, 吉岡書店 (2002), 第 14 章；砂川重信,『理論電磁気学』第 3 版, 紀伊國屋書店 (1999), 第 9 章.

から導出を行う. ここで, $\vec{n} = \vec{R}/|\vec{R}|$ は荷電粒子から観測者への単位ベクトルであり, 右辺の諸量はすべて放射時刻 t での値である. なお, この式は $\beta \ll 1$ の場合に非相対論的な表式

$$\frac{dW}{d\Omega dt} = \frac{q^2}{4\pi c}|\vec{n} \times (\vec{n} \times \vec{\beta})|^2 = \frac{q^2}{4\pi c}\vec{\beta}^2 \sin^2 \Theta \tag{3.158}$$

に帰着し, さらに立体角について積分すれば, ラーモアの式 (3.33) に一致する. ここで, Θ は $\vec{n}$ と $\vec{\beta}$ のなす角である. 式 (3.157)(3.151)(3.152) より, 観測者が単位時間・単位立体角あたり受信するエネルギーは,

$$\frac{dW}{d\Omega dt_{\text{obs}}} = \frac{q^2}{4\pi c}\frac{|\vec{n} \times \{(\vec{n}-\vec{\beta}) \times \vec{\beta}\}|^2}{(1-\vec{n}\cdot\vec{\beta})^6}\bigg|_{t=t_{\text{obs}}-\frac{|\vec{R}(t)|}{c}} \tag{3.159}$$

$$\equiv |P(\Omega, t_{\text{obs}})|^2$$

と表せる. 式 (3.33) から式 (3.37) に至る過程と同様にフーリエ変換を用いて, 放射スペクトルは

$$\frac{dW}{d\Omega d\omega} = \frac{1}{\pi}|\hat{P}(\Omega, \omega)|^2$$

$$= \frac{q^2}{4\pi^2 c}\left|\int_{-\infty}^{\infty}\left[\frac{\vec{n} \times \{(\vec{n}-\vec{\beta}) \times \vec{\beta}\}}{(1-\vec{n}\cdot\vec{\beta})^3}\right]_{t=t_{\text{obs}}-\frac{|\vec{R}(t)|}{c}} e^{-i\omega t_{\text{obs}}}dt_{\text{obs}}\right|^2 \tag{3.160}$$

で与えられる. ここで, ω は観測者が受信する際の角周波数である.

(1) 放射方向ごとのスペクトル

磁場中での荷電粒子の運動に対して, 式 (3.160) を具体的に計算してみよう. 粒子の近傍に実験室系で固定された原点をとり, それに対する粒子の位置ベクトルを $\vec{r}(t)$, 観測者の位置ベクトルを $\vec{r}_{\text{obs}}$ とすれば,

$$\vec{R}(t) = \vec{r}_{\text{obs}} - \vec{r}(t) \tag{3.161}$$

と表せる. ただし, $\vec{r}_{\text{obs}}$ は固定されており, $|\vec{r}(t)| \ll |\vec{r}_{\text{obs}}|$ が成り立つとする. $R \equiv |\vec{R}|$ に対して, $R^2 = \vec{R}^2$ の両辺を t で微分すると,

$$\dot{R} = \vec{n} \cdot \dot{\vec{R}} = -\vec{n} \cdot \dot{\vec{r}} \tag{3.162}$$

であるので,

$$\vec{n} = \frac{\vec{R}}{R} - \frac{\vec{n}(\vec{n} \cdot \vec{R})}{R} \tag{3.163}$$

が得られる. $\vec{n}$ は $\vec{n}$ と直交する $(\vec{n} \cdot \vec{n} = 0)$ が, 遠方の観測者に対しては $1/R$ に比例して大きさが減少するので, 以下では $\vec{n}$ の時間依存性は無視する.

これらをふまえると,

$$R(t) = r_{\mathrm{obs}} - \vec{n} \cdot \vec{r}(t) \tag{3.164}$$

と近似でき,

$$t_{\mathrm{obs}} = t + \frac{r_{\mathrm{obs}}}{c} - \frac{\vec{n} \cdot \vec{r}(t)}{c} \tag{3.165}$$

$$dt_{\mathrm{obs}} = (1 - \vec{n} \cdot \vec{\beta}(t))dt \tag{3.166}$$

と表せる. また, ベクトル解析の関係式 $\vec{A} \times (\vec{B} \times \vec{C}) = (\vec{A} \cdot \vec{C})\vec{B} - (\vec{A} \cdot \vec{B})\vec{C}$ を用いることで,

$$\frac{\vec{n} \times \{(\vec{n} - \vec{\beta}) \times \vec{\beta}\}}{(1 - \vec{n} \cdot \vec{\beta})^2} = \frac{d}{dt}\left[\frac{\vec{n} \times (\vec{n} \times \vec{\beta})}{1 - \vec{n} \cdot \vec{\beta}}\right] \tag{3.167}$$

が成り立つことが示される. これらより, 式 (3.160) は,

$$\begin{aligned}
\frac{dW}{d\Omega d\omega} &= \frac{q^2}{4\pi^2 c}\left|\int_{-\infty}^{\infty} \frac{d}{dt}\left[\frac{\vec{n} \times (\vec{n} \times \vec{\beta})}{1 - \vec{n} \cdot \vec{\beta}}\right] e^{-i\omega\{t - \vec{n} \cdot \vec{r}/c\}} dt\right|^2 \\
&= \frac{q^2\omega^2}{4\pi^2 c}\left|\int_{-\infty}^{\infty} \vec{n} \times (\vec{n} \times \vec{\beta}(t)) e^{-i\omega\{t - \vec{n} \cdot \vec{r}(t)/c\}} dt\right|^2
\end{aligned} \tag{3.168}$$

と書き換えられる. ここで, 2 行目では部分積分を行い, $|t| \to \infty$ から積分への寄与は無視した.

次に, 時刻 $t = 0$ における粒子の位置を座標原点として固定し, $\vec{\beta}$ の向きに x 軸, この時点での粒子の位置から軌道の曲率中心へ向けて y 軸をとる (図 3.7). ただし, $t = 0$ は観測者の方向 $\vec{n}$ が x-z 面内にくるような時刻に選んでおく (粒子は回転運動しているので, 必ずこのような時刻が存在する). このとき, y 軸方向の単位ベクトルを $\vec{e}_{\perp}$, これに直交する単位ベクトルを $\vec{e}_{/\!/} = \vec{n} \times \vec{e}_{\perp}$ でそれぞれ定義すると, $\vec{e}_{/\!/}$ も x-z 面内にとれる. $\vec{n}, \vec{e}_{\perp}, \vec{e}_{/\!/}$ はいずれも時間によらない定ベクトルである. $\vec{e}_{\perp}$ と $\vec{e}_{/\!/}$ は, 観測者から粒子を見た際に天球面上に射影され

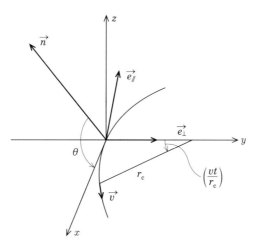

図3.7 シンクロトロン放射スペクトル算出の際に用いられる座標系.

た磁場の向きと垂直, 平行な方向をそれぞれ指している. 粒子の軌道の曲率半径は, 式 (3.155) より

$$r_{\mathrm{c}} = \frac{v\Delta t}{\Delta v/v} = \frac{mc^2\beta\gamma}{qB\sin\alpha} = \frac{r_{\mathrm{B}}}{\sin^2\alpha} \tag{3.169}$$

であり, 式 (3.127) を単に傾けた長さ $r_{\mathrm{B}}/\sin\alpha$ とは異なることに注意してほしい. 微小時間 t が経過した後の粒子の速度は,

$$\vec{v}(t) = v\left[\vec{e}_\perp \sin\left(\frac{vt}{r_{\mathrm{c}}}\right) + \vec{e}_x \cos\left(\frac{vt}{r_{\mathrm{c}}}\right)\right] \tag{3.170}$$

$$= v\left[\vec{e}_\perp \sin\left(\frac{vt}{r_{\mathrm{c}}}\right) + \vec{n}\cos\theta\cos\left(\frac{vt}{r_{\mathrm{c}}}\right) - \vec{e}_{/\!/}\sin\theta\cos\left(\frac{vt}{r_{\mathrm{c}}}\right)\right] \tag{3.171}$$

と表される. ここで, θ は $\vec{n}$ と x 軸のなす角であり, $\vec{e}_x = \vec{n}\cos\theta - \vec{e}_{/\!/}\sin\theta$ と表せることを用いた. したがって, $\vec{n}\times\vec{e}_\perp = \vec{e}_{/\!/}, \vec{n}\times\vec{e}_{/\!/} = -\vec{e}_\perp$ と合わせて,

$$\vec{n}\times(\vec{n}\times\vec{\beta}(t)) = \beta\left[-\vec{e}_\perp \sin\left(\frac{vt}{r_{\mathrm{c}}}\right) + \vec{e}_{/\!/}\sin\theta\cos\left(\frac{vt}{r_{\mathrm{c}}}\right)\right] \tag{3.172}$$

$$\simeq -\vec{e}_\perp \frac{vt}{r_{\mathrm{c}}} + \vec{e}_{/\!/}\theta \tag{3.173}$$

を得る. ここで, 2 行目への変形では, $\theta\ll 1, t\ll r_{\mathrm{c}}/v$ および式 (3.17) を用い, 最も卓越する項だけを残した. また, 微小時間 t 経過後の粒子の位置ベクトルは,

$$\vec{r}(t) \simeq 2r_{\rm c} \sin\left(\frac{vt}{2r_{\rm c}}\right) \frac{\vec{v}\,(t/2)}{v} \tag{3.174}$$

であるので，式 (3.171) を代入し，$\vec{n}$ が $\vec{e}_\perp$, $\vec{e}_{/\!/}$ と直交することを用いると，

$$t - \frac{\vec{n}\cdot\vec{r}(t)}{c} = t - \frac{r_{\rm c}}{c}\cos\theta \sin\left(\frac{vt}{r_{\rm c}}\right) \tag{3.175}$$

$$\simeq \frac{1}{2\gamma^2}\left[(1+\gamma^2\theta^2)t + \frac{c^2\gamma^2}{3r_{\rm c}^2}t^3\right] \tag{3.176}$$

となる．2 行目では，θ の 2 次，$vt/r_{\rm c}$ の 3 次までの展開を用いた．この結果，式 (3.168) は，$\vec{e}_\perp$ と $\vec{e}_{/\!/}$ それぞれに対応する成分の和により

$$\frac{dW}{d\Omega d\omega} = \frac{dW_\perp}{d\Omega d\omega} + \frac{dW_{/\!/}}{d\Omega d\omega} \tag{3.177}$$

$$\frac{dW_\perp}{d\Omega d\omega} = \frac{q^2\omega^2}{4\pi^2 c}\left|\int_{-\infty}^\infty \frac{vt}{r_{\rm c}}\exp\left[\frac{i\omega}{2\gamma^2}\left\{(1+\gamma^2\theta^2)t + \frac{c^2\gamma^2}{3r_{\rm c}^2}t^3\right\}\right]dt\right|^2 \tag{3.178}$$

$$\frac{dW_{/\!/}}{d\Omega d\omega} = \frac{q^2\omega^2}{4\pi^2 c}\theta^2\left|\int_{-\infty}^\infty \exp\left[\frac{i\omega}{2\gamma^2}\left\{(1+\gamma^2\theta^2)t + \frac{c^2\gamma^2}{3r_{\rm c}^2}t^3\right\}\right]dt\right|^2 \tag{3.179}$$

と表される．ここで，積分範囲は便宜上 $-\infty < t < \infty$ にとってあるが，$|\theta| \gg \gamma^{-1}$, $|t| \gg r_{\rm c}/(c\gamma)$ に対しては，指数関数の中身の絶対値が大きくなって，積分への寄与は実質的に無視できる．これはまさに相対論的ビーミングの効果に他ならず，特定の方向で観測される放射がごく限られた時間に発せられることに起因している．

さらに，

$$\theta_\gamma^2 = 1 + \gamma^2\theta^2, \quad y = \frac{\gamma ct}{r_{\rm c}\theta_\gamma}, \quad \eta = \frac{\omega r_{\rm c}\theta_\gamma^3}{3c\gamma^3} \tag{3.180}$$

の変数変換により，

$$\frac{dW_\perp}{d\Omega d\omega} = \frac{q^2\omega^2}{4\pi^2 c}\left(\frac{r_{\rm c}\theta_\gamma^2}{c\gamma^2}\right)^2\left|\int_{-\infty}^\infty y\exp\left[i\frac{3\eta}{2}\left(y + \frac{y^3}{3}\right)\right]dy\right|^2$$

$$= \frac{q^2\omega^2}{3\pi^2 c}\left(\frac{r_{\rm c}\theta_\gamma^2}{c\gamma^2}\right)^2 K_{2/3}^2(\eta) \tag{3.181}$$

$$\frac{dW_{/\!/}}{d\Omega d\omega} = \frac{q^2\omega^2}{4\pi^2 c}\left(\frac{r_{\rm c}\theta_\gamma\theta}{c\gamma}\right)^2\left|\int_{-\infty}^\infty \exp\left[i\frac{3\eta}{2}\left(y + \frac{y^3}{3}\right)\right]dy\right|^2$$

$$= \frac{q^2\omega^2}{3\pi^2 c}\left(\frac{r_{\rm c}\theta_\gamma\theta}{c\gamma}\right)^2 K_{1/3}^2(\eta) \tag{3.182}$$

が得られる．ここで，

$$K_{1/3}(\eta) = \pi\sqrt{\frac{3}{\xi}}\mathrm{Ai}(\xi)$$
$$= \frac{\sqrt{3}}{2}\int_{-\infty}^{\infty}\exp\left[i\frac{3\eta}{2}\left(y+\frac{y^3}{3}\right)\right]dy \tag{3.183}$$

$$K_{2/3}(\eta) = -\pi\frac{\sqrt{3}}{\xi}\frac{d\mathrm{Ai}(\xi)}{d\xi}$$
$$= \frac{\sqrt{3}}{2i}\int_{-\infty}^{\infty}y\exp\left[i\frac{3\eta}{2}\left(y+\frac{y^3}{3}\right)\right]dy \tag{3.184}$$

は変形ベッセル関数 であり，$\xi = (3\eta/2)^{2/3}$ のもと

$$\mathrm{Ai}(\xi) = \frac{1}{\pi}\int_0^{\infty}\cos\left(\xi t+\frac{t^3}{3}\right)dt, \quad \xi > 0 \tag{3.185}$$

で定義されるエアリー（Airy）関数と関連している．エアリー関数の漸近形は，

$$\mathrm{Ai}(\xi) \to \frac{\exp\left(-\dfrac{2}{3}\xi^{3/2}\right)}{2\sqrt{\pi}\xi^{1/4}} \quad (\xi \to \infty) \tag{3.186}$$

であるので，式（3.181）（3.182）はいずれも高周波数では指数関数的に減少することがわかる．

(2) 全方向への放射スペクトル

式（3.181）（3.182）を立体角について積分すれば，さまざまな方向への放射を足し上げたスペクトルが得られるが，そのためにはいくつか準備が必要となる．

まず，相対論的ビーミングの結果，放射は磁場 $\vec{B}$ の向きからピッチ角 α だけずれた方向に鋭く（$|\theta| < \gamma^{-1}$ の範囲で）集中する．粒子の回転にともなって，この方向は $\vec{B}$ の周りに角度 α で開いた円錐を描くようになるので，微小立体角は実質的に

$$d\Omega = 2\pi\sin\alpha\,d\theta \tag{3.187}$$

と書ける．

次に，式（3.184）の 2 乗は，

$$K_{2/3}^2(\eta) = -\frac{3}{4}\int_{-\infty}^{\infty}dy_1\int_{-\infty}^{\infty}dy_2\,y_1y_2\exp\left[i\frac{3\eta}{2}\left(y_1+y_2+\frac{y_1^3+y_2^3}{3}\right)\right]$$

$$= -\frac{3}{2} \int_{-\infty}^{\infty} du \int_{-\infty}^{\infty} dv \, (u^2 - v^2) \exp\left[i\eta(3u + u^3 + 3uv^2)\right]$$

$$= -e^{i\frac{\pi}{4}} \sqrt{\frac{3\pi}{4\eta}} \int_{-\infty}^{\infty} du \exp\left[i\eta(3u + u^3)\right] \left(u^{3/2} - \frac{i}{6\eta u^{3/2}}\right) \tag{3.188}$$

と表される．ここで，2 行目では $y_1 = u + v$, $y_2 = u - v$ と置換し，3 行目では

$$\int_{-\infty}^{\infty} e^{iav^2} dv = e^{i\frac{\pi}{4}} \sqrt{\frac{\pi}{a}} \tag{3.189}$$

$$\int_{-\infty}^{\infty} v^2 e^{iav^2} dv = e^{i\frac{3\pi}{4}} \sqrt{\frac{\pi}{4a^3}} \tag{3.190}$$

を用いた．同様に，式（3.183）の 2 乗は，

$$K_{1/3}^2(\eta) = e^{i\frac{\pi}{4}} \sqrt{\frac{3\pi}{4\eta}} \int_{-\infty}^{\infty} du \frac{\exp\left[i\eta(3u + u^3)\right]}{u^{1/2}} \tag{3.191}$$

となる．

　さらに，式（3.185）がエアリーの微分方程式

$$\frac{d^2 \mathrm{Ai}(\xi)}{d\xi^2} - \xi \mathrm{Ai}(\xi) = 0 \tag{3.192}$$

を満たすことを用いると，式（3.183）は

$$K_{1/3}(\eta) = \pi \frac{\sqrt{3}}{\xi^{3/2}} \frac{d^2 \mathrm{Ai}(\xi)}{d\xi^2}$$

$$= -\frac{\sqrt{3}}{2} \int_{-\infty}^{\infty} y^2 \exp\left[i\frac{3\eta}{2}\left(y + \frac{y^3}{3}\right)\right] dy \tag{3.193}$$

と表すこともできる．式（3.183）（3.184）（3.193）より

$$\int_{-\infty}^{\infty} y^{-1} \exp\left[i\frac{3\eta}{2}\left(y + \frac{y^3}{3}\right)\right] dy = -i\frac{2}{\sqrt{3}} \int_{\eta}^{\infty} K_{1/3}(\eta') d\eta' \tag{3.194}$$

$$\int_{-\infty}^{\infty} y^{-2} \exp\left[i\frac{3\eta}{2}\left(y + \frac{y^3}{3}\right)\right] dy = i\frac{3\eta}{2} \int_{-\infty}^{\infty} (y^{-1} + y) \exp\left[i\frac{3\eta}{2}\left(y + \frac{y^3}{3}\right)\right] dy$$

$$= \sqrt{3}\eta \left[\int_{\eta}^{\infty} K_{1/3}(\eta') d\eta' - K_{2/3}(\eta)\right] \tag{3.195}$$

が順に得られる．式（3.194）が成り立つことは，両辺を η について微分することで直ちに示される．また，式（3.195）の一行目では，部分積分を行った．

これらを用いて，式 (3.181) の θ 積分に関連する部分を書き出すと，

$$\int_{-\infty}^{\infty} d\theta \theta_\gamma^4 K_{2/3}^2(\eta) = -e^{i\frac{\pi}{4}} \sqrt{\frac{3\pi}{2x}} \int_{-\infty}^{\infty} dz \exp\left[i\frac{3x}{2}(z + \frac{z^3}{3})\right] \left(z^{3/2} - \frac{i}{3xz^{3/2}}\right)$$
$$\times \int_{-\infty}^{\infty} d\theta \exp\left[i\frac{3}{2}xz\gamma^2\theta^2\right]$$
$$= e^{i\frac{\pi}{4}} \sqrt{\frac{2\pi}{3x\gamma^2}} \int_{-\infty}^{\infty} dz \exp\left[i\frac{3x}{2}(z + \frac{z^3}{3})\right] \left(z - \frac{i}{3xz^2}\right)$$
$$= \frac{\pi}{\sqrt{3}\gamma x} \left[\int_x^{\infty} K_{5/3}(x')dx' + K_{2/3}(x)\right] \tag{3.196}$$

となる．ここで，

$$x \equiv \frac{2r_c\omega}{3c\gamma^3} = \beta\frac{\omega}{\omega_c(\gamma)} \simeq \frac{\omega}{\omega_c(\gamma)} \tag{3.197}$$

を定義し，式 (3.180) と合わせて $u = z/\theta_\gamma$，$\eta = x\theta_\gamma^3/2$ と置換した．本節の導出は，十分に相対論的な粒子 ($\beta \simeq 1$) を想定しているので，式 (3.197) 右辺では β は通常省かれる．また，計算の便宜上，θ の積分範囲を無限大までとっているが，$|\theta| > \gamma^{-1}$ は実質的に積分に寄与しない．その上で，式 (3.196) の 3 行目では式 (3.189) を用いて θ 積分を実行し，4 行目では式 (3.184) (3.195) および

$$K_{1/3}(x) + K_{5/3}(x) = -2K_{2/3}'(x) \tag{3.198}$$

を用いた．同様に，式 (3.182) の θ 積分に関連する部分は，

$$\int_{-\infty}^{\infty} d\theta\ \gamma^2\theta^2\theta_\gamma^2 K_{1/3}^2(\eta) = \frac{\pi}{\sqrt{3}\gamma x} \left[\int_x^{\infty} K_{5/3}(x')dx' - K_{2/3}(x)\right] \tag{3.199}$$

と表される．

以上より，全方向への放射を足し上げたスペクトルの表式として，

$$\frac{dW_\perp}{d\omega} = \frac{2q^2\omega^2 r_c^2 \sin\alpha}{3\pi c^3\gamma^4} \int_{-\infty}^{\infty} \theta_\gamma^4 K_{2/3}^2(\eta)d\theta$$
$$= \frac{\sqrt{3}q^2\gamma\sin\alpha}{2c}[F(x) + G(x)] \tag{3.200}$$
$$\frac{dW_{//}}{d\omega} = \frac{2q^2\omega^2 r_c^2 \sin\alpha}{3\pi c^3\gamma^4} \int_{-\infty}^{\infty} \gamma^2\theta^2\theta_\gamma^2 K_{1/3}^2(\eta)d\theta$$
$$= \frac{\sqrt{3}q^2\gamma\sin\alpha}{2c}[F(x) - G(x)] \tag{3.201}$$

が得られる．ここで，

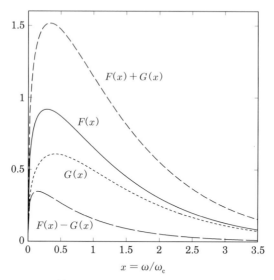

図3.8　一つの粒子によるシンクロトロン放射スペクトルの形. 式
(3.200) – (3.206) に現れる各成分が描かれている.

$$F(x) = x \int_x^\infty K_{5/3}(x')dx' \sim \begin{cases} 2.13\ x^{1/3} & (x \ll 1) \\ \sqrt{\pi/2}\ x^{1/2}e^{-x} & (x \gg 1) \end{cases} \tag{3.202}$$

$$G(x) = xK_{2/3}(x) \tag{3.203}$$

である. これらは, $\omega \simeq 0.29\omega_c$, $\omega \simeq 0.42\omega_c$ にそれぞれピークをもつ分布となる
(図 3.8). また, θ の積分範囲は便宜上 $[-\infty, \infty]$ にとったが, $-\gamma^{-1} < \theta < \gamma^{-1}$ 以
外は積分には寄与しない. 式 (3.200) (3.201) は, 粒子の軌道が 1 回転するごと
に放射されるエネルギーに相当するので, これらを回転周期 $2\pi/\omega_B$ で割れば, 単
位時間・単位角周波数あたりに放射されるエネルギー (パワー) が得られる.

$$\frac{dW_\perp}{dtd\omega} = \frac{\sqrt{3}q^3B\sin\alpha}{4\pi mc^2}[F(x) + G(x)] \tag{3.204}$$

$$\frac{dW_{/\!/}}{dtd\omega} = \frac{\sqrt{3}q^3B\sin\alpha}{4\pi mc^2}[F(x) - G(x)] \tag{3.205}$$

これらの和が, シンクロトロン放射スペクトル

$$\frac{dW_{\text{sync}}(\gamma)}{dtd\omega} = \frac{\sqrt{3}}{2\pi}\frac{q^3B\sin\alpha}{mc^2}F\left[\frac{\omega}{\omega_c(\gamma)}\right] \tag{3.206}$$

である*18. 式 (3.206) を ω について $[0,\infty]$ で積分すると,式 (3.138) で $\beta \simeq 1$ とした結果に確かに一致する.これには,$F(x)$ と $G(x)$ の定積分が,ガンマ関数を用いて次のように表されることを用いればよい.

$$\int_0^\infty x^\mu F(x)dx = \frac{2^{\mu+1}}{\mu+2}\Gamma\left(\frac{\mu}{2}+\frac{7}{3}\right)\Gamma\left(\frac{\mu}{2}+\frac{2}{3}\right) \tag{3.207}$$

$$\int_0^\infty x^\mu G(x)dx = 2^\mu\Gamma\left(\frac{\mu}{2}+\frac{4}{3}\right)\Gamma\left(\frac{\mu}{2}+\frac{2}{3}\right) \tag{3.208}$$

3.4.6 非熱的粒子による放射スペクトル

べき型のエネルギー分布をもつ粒子では,式 (3.14)(3.156)(3.206) より

$$\frac{dW_{\rm sync}}{dtd\omega} = \int_{\gamma_{\rm min}}^{\gamma_{\rm max}} P_p(\gamma)\frac{dW_{\rm sync}(\gamma)}{dtd\omega}d\gamma \tag{3.209}$$

$$\propto \int_{\gamma_{\rm min}}^{\gamma_{\rm max}} \gamma^{-p} F\left[\frac{\omega}{\omega_{\rm c}(\gamma)}\right]d\gamma$$

$$x = \omega/\omega_{\rm c}(\gamma) \rightarrow \propto \omega^{-(p-1)/2}\int_{\omega/\omega_{\rm c}(\gamma_{\rm max})}^{\omega/\omega_{\rm c}(\gamma_{\rm min})} x^{(p-3)/2}F(x)dx \tag{3.210}$$

で,$F(x)$ の詳細にはあまりよらずに指数 $-(p-1)/2$ のべき型スペクトルに近づく.$\gamma_{\rm min} \ll \gamma_{\rm max}$ では式 (3.210) の積分範囲が $[0,\infty]$ とみなせて

$$\frac{dW_{\rm sync}}{dtd\omega} = \frac{\sqrt{3}P_0 q^3 B\sin\alpha}{2\pi(p+1)mc^2}\Gamma\left(\frac{3p+19}{12}\right)\Gamma\left(\frac{3p-1}{12}\right)\left(\frac{mc\omega}{3qB\sin\alpha}\right)^{-(p-1)/2} \tag{3.211}$$

であり,さらに等方的な速度分布に対しては,

$$\left\langle\frac{dW_{\rm sync}}{dtd\omega}\right\rangle_{\text{立体角}} = \sqrt{\frac{3}{16\pi}}\frac{P_0 q^3 B}{(p+1)mc^2}\left(\frac{mc\omega}{3qB}\right)^{-(p-1)/2}$$

$$\times \Gamma\left(\frac{3p+19}{12}\right)\Gamma\left(\frac{3p-1}{12}\right)\Gamma\left(\frac{p+5}{4}\right)\Big/\Gamma\left(\frac{p+7}{4}\right) \tag{3.212}$$

が得られる.ここで,式 (3.207) と

$$\langle\sin^\nu\alpha\rangle_{\text{立体角}} = \frac{\sqrt{\pi}}{2}\Gamma\left(\frac{\nu+2}{2}\right)\Big/\Gamma\left(\frac{\nu+3}{2}\right), \quad (\nu > -2) \tag{3.213}$$

---

*18 一方で,観測者が「受信」するパワーに対しては,磁場にそった粒子のドリフト運動等が影響し得る (V.L. Ginzburg, S.I. Syrovatskii, Annu. Rev. Astron. Astrophys., 7, 375 (1969)) が,放射源全体が観測者に向かって光に近い速さで運動しない限り,この影響は実質的に無視できる.そこで通常は,観測者が受信するパワーに対しても式 (3.204) – (3.206) がそのまま用いられる.

を用いた.

3.4.7　シンクロトロン放射の偏光

　以上見てきたように，シンクロトロン放射が観測されるのは，$\theta < 1/\gamma$ の方向，すなわち図 3.7 における x 軸方向のごく近傍に限定される．ちょうど x 軸上に位置する観測者に対しては，観測される粒子の加速度は y 軸と平行になるので，観測される放射もこの方向，すなわち $\vec{e}_\perp$ の方向に直線偏光される．また，わずかに x 軸からずれた方向の観測者に対しては，加速度ベクトルが大きさを変化させながら，向きを回転させるため，楕円偏光される（仮に z 軸上に位置する観測者に放射が届いたとすると，粒子の加速度ベクトルは一定の大きさで x-y 平面内を回転することになるので，円偏光が観測されるであろう）．ただし，$z > 0$ と $z < 0$ では，加速度ベクトルの回転方向が反転するため偏光の向きも逆となることと，現実的には多数の粒子がさまざまなピッチ角で運動しており，観測者が各粒子に対して $z > 0$ と $z < 0$ のいずれに位置するかはほぼランダムになることから，楕円偏光はほとんど相殺されてしまう．

　この結果，実質的に直線偏光が観測されることになり，各方向の放射エネルギーは

$$P_\perp = \frac{1}{2} P_{\mathrm{unpol}} + P_{\mathrm{pol}} \tag{3.214}$$

$$P_{/\!/} = \frac{1}{2} P_{\mathrm{unpol}} \tag{3.215}$$

のように，偏光を受けた（polarized）非等方成分 P_{pol} と偏光されない（unpolarized）等方成分 P_{unpol} の重ね合わせとなり，偏光度は

$$\Pi = \frac{P_{\mathrm{pol}}}{P_{\mathrm{unpol}} + P_{\mathrm{pol}}} = \frac{P_\perp - P_{/\!/}}{P_\perp + P_{/\!/}} \tag{3.216}$$

と表される．ここで，記述の簡素化のため，$dW/(dt d\omega) = P$ と書き直した．

　単一のエネルギー γ をもつ粒子に対しては，式（3.204）（3.205）（3.216）より，周波数 ω の関数としての偏光度が

$$\Pi(\omega) = \frac{G(x)}{F(x)} \tag{3.217}$$

で与えられる．また，周波数積分を実行した平均的な偏光度は，式（3.207）（3.208）

を用いて

$$\bar{\Pi} = \frac{\int_0^\infty G(x)dx}{\int_0^\infty F(x)dx} = \frac{3}{4} \tag{3.218}$$

となる．同様に，

$$\frac{P_\perp(\omega)}{P_{/\!/}(\omega)} = \frac{F(x) + G(x)}{F(x) - G(x)} \tag{3.219}$$

$$\frac{\int_0^\infty P_\perp(\omega)d\omega}{\int_0^\infty P_{/\!/}(\omega)d\omega} = \frac{\int_0^\infty [F(x) + G(x)]dx}{\int_0^\infty [F(x) - G(x)]dx} = 7 \tag{3.220}$$

も示され，偏光を含む $\perp$ 方向の成分は，偏光を含まない $/\!/$ 方向の成分よりもかなり大きい（図 3.8）．

一方，式 (3.14) で表されるべき型エネルギー分布（$\gamma_{\min} \ll \gamma_{\max}$ とする）をもつ粒子に対しては，式 (3.210) から示唆されるように，

$$\Pi(\omega) = \frac{\int_0^\infty x^{(p-3)/2}G(x)dx}{\int_0^\infty x^{(p-3)/2}F(x)dx} = \frac{p+1}{p+7/3} \tag{3.221}$$

となって，周波数に依存しなくなる．同様に，

$$\frac{P_\perp(\omega)}{P_{/\!/}(\omega)} = \frac{\int_0^\infty x^{(p-3)/2}[F(x) + G(x)]dx}{\int_0^\infty x^{(p-3)/2}[F(x) - G(x)]dx} = \frac{3p+5}{2} \tag{3.222}$$

も周波数に依存しない．

3.5 逆コンプトン散乱とスニヤエフ-ゼルドビッチ効果

光子が荷電粒子と散乱した結果，エネルギーを粒子に与えて失う場合を「コンプトン（Compton）散乱」，逆にエネルギーを獲得する場合を「逆コンプトン（inverse Compton）散乱」，エネルギー変化が無視できる場合を「トムソン散乱」と呼ぶ．宇宙には低エネルギー（$T \sim 3\,\mathrm{K}$）の CMB 光子が遍在するので，それよ

りもはるかに高いエネルギーをもつプラズマ粒子との間の逆コンプトン散乱が卓越することが多い．トムソン散乱の断面積（式（3.93））から示唆されるように，散乱断面積は荷電粒子の質量の 2 乗に反比例するので，質量の小さな電子による散乱が最も重要となる．

　銀河団では，非相対論的で熱的な電子による CMB 光子の逆コンプトン散乱（スニヤエフ–ゼルドビッチ効果と呼ばれる）が観測されている．また，3.4 節で述べたシンクロトロン放射の源となっている相対論的で非熱的な電子による CMB 光子の逆コンプトン散乱も将来的に観測されることが期待されている．これらは電子のエネルギーと分布関数の形が異なるだけで同一の物理過程によるものであるが，既存の文献では別々に扱われ，両者の関連が見えにくくなっていることが多い[*19]．そこで以下では，非相対論的電子から相対論的電子まで適用できる一般的な定式化を示す．

3.5.1　一つの電子による散乱

　図 3.9 のように，CMB が等方的とみなせる系（CMB 系と呼ぶ）において速度 $\vec{v}$ で運動する電子を考え，$\vec{v}$ にそって x 軸をとる．散乱前後の光子のエネルギーを $\epsilon_1 = h_{\mathrm{P}}\nu_1$, $\epsilon_2 = h_{\mathrm{P}}\nu_2$, 光子の運動方向を (θ_1, φ_1), (θ_2, φ_2) でそれぞれ表す．こ

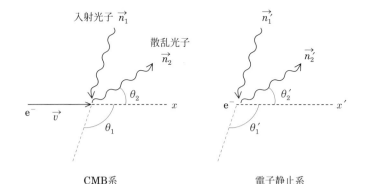

図3.9　CMB 系と電子静止系．後者における物理量には $'$ をつけて区別する．

[*19] たとえば，G.R. Blumenthal, R.J. Gould, Rev. Mod. Phys., 42, 237 (1970) ; M. Birkinshaw, Phys. Rep., 310, 97 (1999).

こで，θ_1 と θ_2 は x 軸とのなす角度，φ_1 と φ_2 は x 軸のまわりの角度である．$\epsilon_1 \sim k_B T_{CMB}$ であるので，電子の運動エネルギーがこれよりも高いための条件は，$m_e v^2/2 > k_B T_{CMB}$ および式（2.72）（2.74）より，

$$v > \sqrt{\frac{2k_B T_{CMB}}{m_e}} \simeq 9.1(1+z)^{1/2} \quad \text{km/s} \tag{3.223}$$

であり，これは銀河団中では良く満たされている．

一方，電子の静止系での対応する物理量にはそれぞれ $'$ をつけて区別すると，両系の間には式（3.145）–（3.147）と同様の相対論的ドップラー効果の関係式が成り立つ．

$$\frac{\epsilon'_j}{\epsilon_j} = \gamma(1 - \beta\cos\theta_j), \quad \cos\theta'_j = \frac{\cos\theta_j - \beta}{1 - \beta\cos\theta_j}, \quad \varphi'_j = \varphi_j \quad (j=1,2) \tag{3.224}$$

$$\frac{\epsilon_j}{\epsilon'_j} = \gamma(1 + \beta\cos\theta'_j), \quad \cos\theta_j = \frac{\cos\theta'_j + \beta}{1 + \beta\cos\theta'_j}, \quad \varphi_j = \varphi'_j \quad (j=1,2) \tag{3.225}$$

式（3.224）と式（3.225）は互いに等価な式だが，光子の運動方向によっては，座標系を変更するだけでエネルギーがおよそ γ 倍まで増加し得ることを示唆している．もちろん，光子の運動方向がずっと一定であれば，CMB 系 ⇒ 電子静止系 ⇒ CMB 系の座標変換でもとのエネルギーに戻ってしまうが，散乱によって運動方向が変化すると実質的な増幅が生じ得る．以下にこれを示そう．

まず，散乱前の光子は CMB 系では全方向から同じエネルギーで入射するが，式（3.224）が示すように電子静止系でのエネルギーは入射角によって変化する．特徴的な例をいくつかあげると次のようになる．

$$\begin{array}{lll} \text{最大} & \epsilon'_1/\epsilon_1 = \gamma(1+\beta) \to 2\gamma & \theta_1 = \pi \ (\theta'_1 = \pi) \\ & \epsilon'_1/\epsilon_1 = \gamma & \theta_1 = \pi/2 \ (\theta'_1 = \arccos[-\beta]) \\ \text{最小} & \epsilon'_1/\epsilon_1 = \gamma(1-\beta) \to \frac{1}{2\gamma} & \theta_1 = 0 \ (\theta'_1 = 0) \end{array} \tag{3.226}$$

矢印は $\gamma \gg 1$ での極限値を示す．CMB 系で電子の前方から入射する（$\theta_1 \sim \pi$）光子に対する増幅が大きく，全光子の半分（$\pi/2 \leqq \theta_1 \leqq \pi$）が $\epsilon'_1/\epsilon_1 \geqq \gamma$ に増幅されることがわかる．また，CMB 系での入射角 θ_1 が等方的でも，電子系では式（3.224）より $\cos\theta'_1 \to -1$（$\gamma \gg 1$）となって電子の前方に集中する．これは，3.4.3 節で述べた相対論的ビーミングと同様の現象である．

次に，電子の静止系では，一般的なコンプトン散乱の関係式

$$\epsilon_2' = \frac{\epsilon_1'}{1 + \dfrac{\epsilon_1'}{m_e c^2}(1 - \cos\Theta_{12}')} \tag{3.227}$$

が成り立ち，微分散乱断面積はクライン（Klein）–仁科の式で与えられる．

$$\frac{d\sigma}{d\Omega'} = \frac{1}{2}\left(\frac{e^2}{m_e c^2}\right)^2 \frac{\epsilon_2'^2}{\epsilon_1'^2}\left(\frac{\epsilon_1'}{\epsilon_2'} + \frac{\epsilon_2'}{\epsilon_1'} - \sin^2\Theta_{12}'\right) \tag{3.228}$$

ここで，Θ_{12}' は電子静止系で入射光子と散乱光子のなす角である．ただし，式 (3.226) が示すように多くの入射光子のエネルギーが増加しているとはいえ，$\epsilon_1' < 2\gamma\epsilon_1 \ll m_e c^2$ すなわち

$$\gamma \ll \frac{m_e c^2}{2\epsilon_1} \sim \frac{m_e c^2}{k_B T_{CMB}} \sim \frac{10^9}{1+z} \tag{3.229}$$

では，式 (3.227) は弾性（トムソン）散乱

$$\epsilon_2' \simeq \epsilon_1' \tag{3.230}$$

が良い近似となり，式 (3.228) もトムソン散乱の微分断面積に帰着する．

$$\frac{d\sigma}{d\Omega'} = \frac{3}{16\pi}\sigma_T(1 + \cos^2\Theta_{12}') \tag{3.231}$$

式 (3.231) は $\Theta_{12}' \to \pi - \Theta_{12}'$ としても不変であり，このことは放射が対称的であり，散乱光子の全運動量がゼロであることを意味している[20]．また，散乱光子が $\Theta_{12}' \neq 0$ に広く分布すること，つまり多くの光子の運動方向が散乱前と比べて変化することも明らかである．前述したように，この運動方向の変化がエネルギーの増幅には不可欠である．以下では特に断らない限り，トムソン散乱を仮定して話を進める．

さらに，再び CMB 系で散乱後の光子を考えると，そのエネルギーは式 (3.225) (3.226) (3.230) より，次のような特徴をもつ．

$$
\begin{array}{llll}
\text{最大} & \epsilon_2/\epsilon_1 = \gamma^2(1+\beta)^2 \to 4\gamma^2 & & \theta_1 = \pi,\ \theta_2 = 0 \\
& \epsilon_2/\epsilon_1 = \gamma^2 & & \theta_1 = \pi/2,\ \theta_2 = \arccos\beta \\
\text{最小} & \epsilon_2/\epsilon_1 = \gamma^2(1-\beta)^2 \to \dfrac{1}{4\gamma^2} & & \theta_1 = 0,\ \theta_2 = \pi
\end{array} \tag{3.232}
$$

---

[20]　入射光子の全運動量はゼロではないので，散乱後の電子が運動量を獲得することで，運動量保存則が満たされている．

電子に正面から衝突して跳ね返された光子のエネルギーが最も増幅され，電子に後ろから衝突して跳ね返された光子のエネルギーは大きく減少するが，大部分の光子のエネルギーが $\sim \gamma^2$ 倍に増加することになる．

なお，式 (3.93) を用いて銀河団ガスの典型的な光学的厚さを評価すると，

$$\tau_{\mathrm{e}} = \int n_{\mathrm{e}} \sigma_{\mathrm{T}} dl = 2 \times 10^{-3} \left(\frac{\bar{n}_{\mathrm{e}}}{10^{-3}\,\mathrm{cm}^{-3}} \right) \left(\frac{L}{\mathrm{Mpc}} \right) \tag{3.233}$$

である[*21]ので，一つの光子が複数回散乱される確率は非常に低く，1 回散乱が良い近似となる．ここで，式 (3.233) の二つめの等号は，奥行き L の領域内に，平均密度 $\bar{n}_{\mathrm{e}}$ で電子が存在しているとして評価している．

3.5.2　一つの電子によるエネルギー放射率

電子静止系ではトムソン（弾性）散乱の近似が成り立つので，単位時間あたりの放射エネルギーは散乱される全入射光子のエネルギーに等しい．

$$\frac{dW'_{\mathrm{out}}}{dt'} = \frac{dW'_{\mathrm{in}}}{dt'} = \sigma_{\mathrm{T}} \int d\Omega'_1 \int_0^\infty d\nu'_1 \, I'_\nu(\nu'_1, \Omega'_1) \tag{3.234}$$

ここで I'_ν は，電子静止系における入射光子の放射強度であり，方向に依存する．一方，CMB 系では入射光子の放射強度は等方的で，プランク分布

$$I_\nu(\nu_1) = \frac{2h_{\mathrm{P}}\nu_1^3}{c^2} \mathcal{N}_{\mathrm{ph}}(\nu_1) \tag{3.235}$$

$$\mathcal{N}_{\mathrm{ph}}(\nu_1) = \frac{1}{\exp\left(h_{\mathrm{P}}\nu_1/k_{\mathrm{B}}T_{\mathrm{CMB}}\right) - 1} \tag{3.236}$$

に従う．ここで，$\mathcal{N}_{\mathrm{ph}}$ は光子の占有数（量子状態あたりの光子数）である．占有数はローレンツ変換に対して不変なので，放射強度に対しては I_ν/ν^3 がローレンツ不変量となる（証明は A.3 節参照）．これらを用いると式 (3.234) は次のように書き換えられる．

$$\begin{aligned}
\frac{dW'_{\mathrm{out}}}{dt'} &= \sigma_{\mathrm{T}} \int d\Omega'_1 \int_0^\infty d\nu'_1 \, \frac{I'_\nu(\nu'_1, \Omega'_1)}{\nu'^3_1} \nu'^3_1 \\
&= \sigma_{\mathrm{T}} \int d\Omega'_1 \int_0^\infty d\nu'_1 \, \frac{I_\nu(\nu_1)}{\nu_1^3} \nu'^3_1 \\
変数変換 \rightarrow &= \sigma_{\mathrm{T}} \int d\Omega_1 \int_0^\infty d\nu_1 \, I_\nu(\nu_1) \frac{\nu'^3_1}{\nu_1^3} \frac{d\Omega'_1}{d\Omega_1} \frac{d\nu'_1}{d\nu_1}
\end{aligned}$$

[*21]　光学的厚さは，系のサイズ L と平均自由行程の比に相当するので，平均的な散乱回数を表す．

$$= \sigma_{\mathrm{T}} \int d\Omega_1 \int_0^\infty d\nu_1 \ I_\nu(\nu_1) \gamma^2 (1 - \beta \cos\theta_1)^2$$

$$= c\sigma_{\mathrm{T}} \left(\frac{4}{3} \gamma^2 \beta^2 + 1 \right) U_{\mathrm{CMB}} \tag{3.237}$$

ここで，式 (3.224) (3.225) より以下の関係が成り立つこと，

$$\frac{d\nu'_j}{d\nu_j} = \frac{\nu'_j}{\nu_j} = \gamma(1 - \beta\cos\theta_j) = \frac{1}{\gamma(1 + \beta\cos\theta'_j)} \quad (j = 1, 2) \tag{3.238}$$

$$\frac{d\Omega'_j}{d\Omega_j} = \frac{d(\cos\theta'_j)}{d(\cos\theta_j)} = \frac{1}{\gamma^2(1 - \beta\cos\theta_j)^2} = \gamma^2(1 + \beta\cos\theta'_j)^2 \quad (j = 1, 2) \tag{3.239}$$

および式 (3.235) より CMB のエネルギー密度が次式で表されることを用いた．

$$U_{\mathrm{CMB}} = \frac{1}{c} \int d\Omega_1 \int_0^\infty d\nu_1 \ I_\nu(\nu_1) = \frac{8\pi^5 k_{\mathrm{B}}^4}{15c^3 h_{\mathrm{P}}^3} T_{\mathrm{CMB}}^4$$

$$\simeq 4.17 \times 10^{-13} \left(\frac{T_{\mathrm{CMB}}}{2.725 \ \mathrm{K}} \right)^4 \quad \mathrm{erg \ cm}^{-3} \tag{3.240}$$

次に，この結果を CMB 系に逆ローレンツ変換する．ここでの t' は電子の固有時間であること，および前述したように，電子静止系では散乱光子の全運動量はゼロであることから

$$dW_{\mathrm{out}} = \gamma dW'_{\mathrm{out}}, \quad dt = \gamma dt' \tag{3.241}$$

であるので，次式が成り立つ．

$$\frac{dW_{\mathrm{out}}}{dt} = \frac{dW'_{\mathrm{out}}}{dt'} \quad \left(= \frac{dW'_{\mathrm{in}}}{dt'} \right) \tag{3.242}$$

一方，散乱光子が CMB 系においてはじめに持っていたエネルギーは，

$$\frac{dW_{\mathrm{in}}}{dt} = c\sigma_{\mathrm{T}} U_{\mathrm{CMB}} \quad \left(\neq \frac{dW'_{\mathrm{in}}}{dt'} \right). \tag{3.243}$$

これらより，逆コンプトン散乱による正味のエネルギー放射率（＝ 電子のエネルギー損失率）が得られる．

$$\frac{dW_{\mathrm{IC}}(\beta)}{dt} = \frac{dW_{\mathrm{out}}}{dt} - \frac{dW_{\mathrm{in}}}{dt}$$

$$= \frac{4}{3} c\sigma_{\mathrm{T}} U_{\mathrm{CMB}} \beta^2 \gamma^2 = \frac{32\pi}{9} \frac{e^4}{m_{\mathrm{e}}^2 c^3} U_{\mathrm{CMB}} \beta^2 \gamma^2 \tag{3.244}$$

$$\simeq 1.11 \times 10^{-18} \left(\frac{T_{\mathrm{CMB}}}{2.725 \ \mathrm{K}} \right)^4 \left(\frac{\beta\gamma}{10^4} \right)^2 \quad \mathrm{erg \ s}^{-1}$$

CMB のエネルギー密度が宇宙の膨張とともに式 (2.75) のように変化することを考慮すると，同一の速度をもつ電子に対しては，

$$\frac{dW_{\mathrm{IC}}(\beta)}{dt} \propto U_{\mathrm{CMB}} \propto (1+z)^4 \tag{3.245}$$

によって，過去の宇宙ほどエネルギー放射率が増大することがわかる．この性質のため，逆コンプトン散乱は遠方宇宙において特に重要となることが多い．

式 (3.244) と式 (3.243) を比較すると，散乱によって光子のエネルギーが平均的に $4\beta^2\gamma^2/3$ 倍に変化したことがわかる．したがって，散乱後の平均的なエネルギーは，

$$\bar{\epsilon}_2 \sim \frac{4\beta^2\gamma^2}{3} k_{\mathrm{B}} T_{\mathrm{CMB}} \sim 30 \left(\frac{\beta\gamma}{10^4}\right)^2 \left(\frac{T_{\mathrm{CMB}}}{2.725\,\mathrm{K}}\right) \quad \mathrm{keV} \tag{3.246}$$

であるので，電波領域においてシンクロトロン放射を発しているのとまったく同じ非熱的電子による逆コンプトン散乱が，硬 X 線[*22]領域で観測されることになる．

3.5.3　一つの電子による散乱光子のスペクトル

散乱前後における光子の CMB 系での周波数は，式 (3.230) (3.238) のもとで，

$$\frac{\nu_2}{\nu_1} = \frac{1 + \beta\cos\theta_2'}{1 + \beta\cos\theta_1'} \equiv \xi \tag{3.247}$$

のように結びついている．ν_1 は等方的なプランク分布に従うので，θ_2' と θ_1' の関係がわかれば，ν_2 の分布（すなわち散乱光子のスペクトル）を求めることができる．

まず，電子静止系において単位時間に散乱される光子の個数は，

$$\frac{dN'_{\mathrm{out}}}{dt'} = \int d\Omega_2' \int d\Omega_1' \int_0^\infty d\nu_1' \, \frac{d\sigma}{d\Omega_2'} \frac{I'_\nu(\nu_1', \Omega_1')}{h_{\mathrm{P}}\nu_1'} \tag{3.248}$$

であるので，これを微分形

$$\frac{dN'_{\mathrm{out}}}{dt' d\Omega_2' d\Omega_1' d\nu_1'} = \frac{d\sigma}{d\Omega_2'} \frac{I'_\nu(\nu_1', \Omega_1')}{h_{\mathrm{P}}\nu_1'} \tag{3.249}$$

[*22]　X 線のうち，光子のエネルギーが数 keV 以上のものを硬 X 線，数 keV 以下のものを軟 X 線と呼ぶ．

に直した上で，式 (3.237)（3.241）と同様に

$$\frac{I_\nu}{\nu^3} = \frac{I'_\nu}{\nu'^3}, \quad dN_{\mathrm{out}} = dN'_{\mathrm{out}}, \quad dt = \gamma dt' \tag{3.250}$$

の変換を行い，式 (3.238) を用いると

$$\frac{dN_{\mathrm{out}}}{dt d\Omega'_2 d\Omega'_1 d\nu_1} = \frac{d\sigma}{d\Omega'_2} \left[\frac{I_\nu(\nu_1)}{h_{\mathrm{P}}\nu_1} \frac{\nu_1'^3}{\nu_1^3} \frac{h_{\mathrm{P}}\nu_1}{h_{\mathrm{P}}\nu_1'} \right] \frac{dN_{\mathrm{out}}}{dN'_{\mathrm{out}}} \frac{dt'}{dt} \frac{d\nu_1'}{d\nu_1}$$

$$= \frac{d\sigma}{d\Omega'_2} \frac{I_\nu(\nu_1)}{h_{\mathrm{P}}\nu_1} \frac{1}{\gamma^4 (1 + \beta \cos\theta'_1)^3}. \tag{3.251}$$

次に，式 (3.231) のトムソン微分断面積に現れる散乱角を具体的に書き下すと

$$\cos^2 \Theta'_{12} = (\vec{n}'_1 \cdot \vec{n}'_2)^2 = \mu_1'^2 \mu_2'^2 + (1 - \mu_1'^2)(1 - \mu_2'^2)\cos^2(\varphi'_2 - \varphi'_1)$$

$$+ 2\mu'_1 \mu'_2 (1 - \mu_1'^2)^{1/2}(1 - \mu_2'^2)^{1/2} \cos(\varphi'_2 - \varphi'_1) \tag{3.252}$$

$$\mu_j \equiv \cos\theta_j. \tag{3.253}$$

ここで，図 3.9 に示した光子の運動方向が $\vec{n}_j = (\cos\theta_j, \sin\theta_j \cos\varphi_j, \sin\theta_j \sin\varphi_j)$ $(j = 1, 2)$ と表せることを用いた．式 (3.251) 右辺で φ'_2 に依存するのは $d\sigma/d\Omega'_2$ だけであるので，式 (3.231) を φ'_2 について積分すると，

$$\frac{d\sigma}{d\mu'_2} = \int_0^{2\pi} d\varphi'_2 \frac{d\sigma}{d\Omega'_2} = \int_0^{2\pi} d\varphi'_2 \frac{3}{16\pi} \sigma_{\mathrm{T}}(1 + \cos^2 \Theta'_{12})$$

$$= \frac{3}{8}\sigma_{\mathrm{T}} \left[1 + \mu_1'^2 \mu_2'^2 + \frac{1}{2}(1 - \mu_1'^2)(1 - \mu_2'^2) \right] \tag{3.254}$$

$$\equiv \sigma_{\mathrm{T}} \, P_{\mathrm{T}}(\mu'_1, \mu'_2)$$

ここで P_{T} は，トムソン散乱により光子の運動方向が $\mu'_1 \to \mu'_2$ と変化する確率を表す．したがって，式 (3.251) を φ'_1, φ'_2 で積分した結果は次式となる．

$$\frac{dN_{\mathrm{out}}}{dt d\mu'_2 d\mu'_1 d\nu_1} = 2\pi\sigma_{\mathrm{T}} \frac{I_\nu(\nu_1)}{h_{\mathrm{P}}\nu_1} \frac{P_{\mathrm{T}}(\mu'_1, \mu'_2)}{\gamma^4 (1 + \beta\mu'_1)^3} \tag{3.255}$$

これより，散乱光子のスペクトル（単位時間・単位周波数あたりの放射エネルギー）は，式 (3.247) のもとで

$$\frac{dW_{\mathrm{out}}}{dt d\nu_2} = h_{\mathrm{P}}\nu_2 \int_{-1}^1 d\mu'_2 \int_{-1}^1 d\mu'_1 \frac{dN_{\mathrm{out}}}{dt d\mu'_2 d\mu'_1 d\nu_1} \frac{d\nu_1}{d\nu_2}\bigg|_{\nu_1 = \nu_2/\xi}$$

$$= \int_{-1}^1 d\mu'_2 \int_{-1}^1 d\mu'_1 4\pi\sigma_{\mathrm{T}} I_\nu(\nu_1) \frac{P_{\mathrm{T}}(\mu'_1, \mu'_2)}{2\gamma^4 (1 + \beta\mu'_1)^3}\bigg|_{\nu_1 = \nu_2/\xi}$$

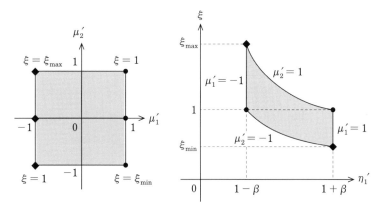

図3.10　式 (3.256)(3.257) における積分範囲. 式 (3.247)
(3.258) の置換により, 左図の正方形とその境界上の各点が右
図のように変化する. この結果, $\xi > 1$ では $\mu_1' = -1$ と $\mu_2' = 1$
に囲まれた領域, $\xi < 1$ では $\mu_2' = -1$ と $\mu_1' = 1$ に囲まれた領域
が, それぞれ積分範囲となる.

$$= \int_{\xi_{\min}}^{\xi_{\max}} d\xi \, 4\pi\sigma_{\mathrm{T}} I_\nu(\nu_1) \Big|_{\nu_1=\nu_2/\xi} P_{\mathrm{IC}}(\xi, \beta) \tag{3.256}$$

と表される. ここで, $4\pi\sigma_{\mathrm{T}} I_\nu(\nu_1)$ は単位時間・単位周波数あたりに散乱される光
子が入射時にもっていたエネルギーであり,

$$
\begin{aligned}
P_{\mathrm{IC}}(\xi, \beta) &\equiv \int_{\eta_{1,\min}'}^{\eta_{1,\max}'} d\eta_1' \, \frac{P_{\mathrm{T}}(\mu_1', \mu_2')}{2\gamma^4\beta^2\eta_1'^3} \frac{d\eta_2'}{d\xi} \Big|_{\eta_2'=\xi\eta_1'} \\
&= \frac{3}{32\gamma^4\beta^6} \int_{\eta_{1,\min}'}^{\eta_{1,\max}'} d\eta_1' \left[\frac{3\beta^4 - 2\beta^2 + 3}{\eta_1'^2} + \frac{2(\beta^2-3)(1+\xi)}{\eta_1'} \right. \\
&\qquad\qquad \left. +3(1 + 4\xi + \xi^2) - \beta^2(1+\xi^2) - 6\xi(1+\xi)\eta_1' + 3\xi^2\eta_1'^2 \right] \\
&= \frac{3}{16\gamma^6\beta^6} \left[-\frac{|1-\xi|}{2\xi}\{1 + (4\gamma^4+6)\xi + \xi^2\} + (1+\xi) \right. \\
&\qquad \left. \times \{2\beta(\gamma^4 + \gamma^2 + 1) - (2\gamma^2+1)(\ln\xi_{\max} - |\ln\xi|)\} \right]
\end{aligned}
\tag{3.257}
$$

は各光子の周波数が ξ 倍に変化する遷移確率を表す[*23]. 式 (3.256)(3.257) で
は, 積分変数を ξ と

[*23]　たとえば, T.A. Ensslin, C.R. Kaiser, Astron. Astrophys., 360, 417 (2000).

$$\eta_i' \equiv 1 + \beta\mu_i' \quad (i = 1, 2) \tag{3.258}$$

に置き換えた結果，積分範囲も $-1 < \mu_1' < 1$, $-1 < \mu_2' < 1$ から次式で指定される $\xi_{\min} < \xi < \xi_{\max}$, $\eta_{1,\min}' < \eta_1' < \eta_{1,\max}'$ に変更された（図 3.10 参照）．

$$\xi_{\max} = \frac{1}{\xi_{\min}} = \frac{1+\beta}{1-\beta} = \gamma^2(1+\beta)^2 \tag{3.259}$$

$$(\eta_{1,\min}', \eta_{1,\max}') = \begin{cases} \left(1-\beta, \dfrac{1+\beta}{\xi}\right), & 1 < \xi < \xi_{\max} \\[2mm] \left(\dfrac{1-\beta}{\xi}, 1+\beta\right), & \xi_{\min} < \xi < 1 \end{cases} \tag{3.260}$$

なお，式 (3.259) は式 (3.232) と一致している．また，式 (3.257) は $\xi < 1$ と $\xi > 1$ のいずれにおいても成立しており，次式を満たす．

$$\int_{\xi_{\min}}^{\xi_{\max}} d\xi\, P_{\mathrm{IC}}(\xi, \beta) = \int_{\xi_{\min}}^{\xi_{\max}} d\xi \int_{\eta_{1,\min}'}^{\eta_{1,\max}'} d\eta_1' \frac{P_{\mathrm{T}}(\mu_1', \mu_2')}{2\gamma^4\beta^2\eta_1'^3} \frac{d\eta_2'}{d\xi}\bigg|_{\eta_2' = \xi\eta_1'}$$

$$= \int_{-1}^{1} d\mu_2' \int_{-1}^{1} d\mu_1' \frac{P_{\mathrm{T}}(\mu_1', \mu_2')}{2\gamma^4(1+\beta\mu_1')^3} = 1 \tag{3.261}$$

$$\int_{\xi_{\min}}^{\xi_{\max}} d\xi\, \xi\, P_{\mathrm{IC}}(\xi, \beta) = \int_{-1}^{1} d\mu_2' \int_{-1}^{1} d\mu_1' \frac{(1+\beta\mu_2')P_{\mathrm{T}}(\mu_1', \mu_2')}{2\gamma^4(1+\beta\mu_1')^4} = \frac{4}{3}\gamma^2\beta^2 + 1 \tag{3.262}$$

一方，もともと周波数 ν_2 をもっていた CMB 光子の一部も散乱され，単位時間・単位周波数あたり

$$\frac{dW_{\mathrm{in}}}{dt d\nu_2} = 4\pi\sigma_{\mathrm{T}} I_\nu(\nu_2) \tag{3.263}$$

だけエネルギーが減少する．そこで，これを式 (3.256) から差し引いた残りが正味のスペクトルとなる．

$$\frac{dW_{\mathrm{IC}}(\beta)}{dt d\nu_2} = \frac{dW_{\mathrm{out}}}{dt d\nu_2} - \frac{dW_{\mathrm{in}}}{dt d\nu_2}$$

$$= 4\pi\sigma_{\mathrm{T}} \int_{\xi_{\min}}^{\xi_{\max}} d\xi \left[I_\nu\left(\frac{\nu_2}{\xi}\right) - I_\nu(\nu_2) \right] P_{\mathrm{IC}}(\xi, \beta) \tag{3.264}$$

右辺の大括弧内の第 2 項には，式 (3.261) を挿入した．式 (3.264) を ν_2 について $[0, \infty]$ で積分すれば，式 (3.261)(3.262) のもとで確かに式 (3.244) と一致する．式 (3.257)(3.264) を，いくつかの γ（すなわち β）の値に対して描くと，

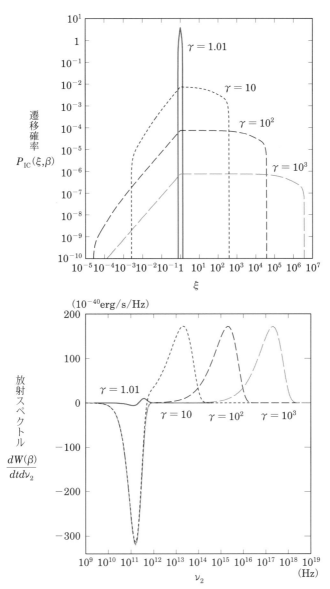

図3.11 一つの電子による逆コンプトン散乱の遷移確率（上）と放射スペクトル（下）. 遷移確率 P_{IC} は，ξ で積分すると1になる量として定義されている.

図 3.11 のようになる.

　以上の結果は，等方的な入射光子が高々一度ずつトムソン散乱される場合に，任意のエネルギーの光子と電子に対して適用できる．次節以降では，相対論的および非相対論的それぞれの極限における放射スペクトルを導出する.

3.5.4　相対論的電子による放射スペクトル

　電子が相対論的ではあるがトムソン散乱が適用でき（式（3.229）より $1 \ll \gamma \ll 10^9$），かつ散乱光子のエネルギーが十分に高い（$1 \ll \xi < 4\gamma^2$）場合には，式（3.257）は

$$P_{\mathrm{IC}}(\xi, \beta) \simeq \frac{3}{4\gamma^2} f\left(\frac{\xi}{4\gamma^2}\right) \tag{3.265}$$

$$f(x) \equiv 1 + x + 2x \ln x - 2x^2 \tag{3.266}$$

と近似される．ここで，式（3.17）を用い，ξ は γ^2 と同程度の大きさになり得ることを考慮した上で，γ^{-3} よりも小さい項を無視した．式（3.266）は，$0 < x < 1$ において $1 > f(x) > 0$ の単調減少関数である．また，散乱光子と比較して CMB 光子のエネルギーは無視できるので，式（3.264）において，$dW_{\mathrm{in}}/dtd\nu_2$ も無視できる．これに非熱的な電子分布（式（3.14））を組み合わせると，

$$\frac{dW_{\mathrm{IC}}}{dt\,d\nu_2} \simeq \int_{\gamma_{\min}}^{\gamma_{\max}} d\gamma\ P_0 \gamma^{-p} \int_{1/4\gamma^2}^{4\gamma^2} d\xi\ 4\pi\sigma_{\mathrm{T}} I_\nu\left(\frac{\nu_2}{\xi}\right) P_{\mathrm{IC}}(\xi, \beta) \tag{3.267}$$

$$= 3\sigma_{\mathrm{T}} P_0 2^{p-2} \nu_2^{-(p-1)/2} \int d\nu_1 \nu_1^{(p-1)/2} \frac{4\pi I_\nu(\nu_1)}{\nu_1}$$

$$x \equiv \frac{\xi}{4\gamma^2}\ \rightarrow\ \times \int dx\ x^{(p-1)/2} f(x) \tag{3.268}$$

で，$f(x)$ の詳細にはあまりよらずに，指数 $-(p-1)/2$ のべき型スペクトルに近づく．これは，式（3.210）のシンクロトロン放射と同様の結果であり，放射の特徴的なエネルギーがいずれも γ^2 に比例することに起因している．式（3.267）には，近似式（3.265）の適用範囲外である $\xi < 1$ も積分範囲に含まれているが，そこでは $P_{\mathrm{IC}}(\xi, \beta)$ は急激に減少する（図 3.11）ので，結果には影響を与えない．さらに，$1 \ll \gamma_{\min} \ll \gamma_{\max}$ に対しては，式（3.268）の積分範囲は，$0 < \nu_1 < \infty$, $0 < x < 1$ とみなせるので，式（3.235）（3.266）より

$$\frac{dW_{\mathrm{IC}}}{dt\,d\epsilon_2} = \frac{3\pi\sigma_{\mathrm{T}} P_0}{h_p^3 c^2} (k_{\mathrm{B}} T_{\mathrm{CMB}})^{(p+5)/2} F(p) \epsilon_2^{-(p-1)/2} \tag{3.269}$$

$$F(p) \equiv \frac{2^{p+3}(p^2 + 4p + 11)}{(p+3)^2(p+5)(p+1)} \Gamma\left(\frac{p+5}{2}\right) \zeta\left(\frac{p+5}{2}\right) \tag{3.270}$$

が得られる．ここで $\zeta(s)$ はリーマン（Riemann）のゼータ関数であり，変数を ν_2 から $\epsilon_2 = h_\mathrm{P}\nu_2$ に変更した．

3.5.5 非相対論的電子による放射スペクトル：スニヤエフ–ゼルドビッチ効果

非相対論的電子による逆コンプトン散乱は，提唱者の名前をとって「スニヤエフ–ゼルドビッチ（Sunyaev–Zel'dovich）効果」（以下，SZ 効果と略す）[24] と呼ばれ，多くの銀河団において観測されている．

$\beta \ll 1$ では，散乱による光子のエネルギー変化は小さいので，式（3.264）において散乱前の光子スペクトルとの差分を考慮する必要がある．これに式（3.235）（3.247）（3.261）を代入すると

$$\frac{dW_\mathrm{IC}(\beta)}{dt d\nu_2} = 4\pi\sigma_\mathrm{T} I_\nu(\nu_2) \int_{-1}^{1} d\mu_2' \int_{-1}^{1} d\mu_1' \left[\frac{e^{x_2} - 1}{e^{x_2(1+\beta\mu_1')/(1+\beta\mu_2')} - 1} - 1 \right]$$
$$\times \frac{P_\mathrm{T}(\mu_1', \mu_2')}{2\gamma^4(1+\beta\mu_2')^3} \tag{3.271}$$

$$= 2\pi\sigma_\mathrm{T} I_\nu(\nu_2) \frac{x_2 e^{x_2}}{e^{x_2} - 1} \int_{-1}^{1} d\mu_2 \left[\mu_2\beta + \left\{ -1 - \mu_2^2 \right. \right.$$
$$\left. \left. + x_2 \coth\left(\frac{x_2}{2}\right)\left(\frac{3 + 11\mu_2^2}{20}\right) \right\} \beta^2 + \mathcal{O}(\beta^3) \right] \tag{3.272}$$

$$x_j \equiv \frac{h_\mathrm{P}\nu_j}{k_\mathrm{B} T_\mathrm{CMB}} = 1.76 \left(\frac{\nu_j}{100\ \mathrm{GHz}}\right) \left(\frac{T_\mathrm{CMB}}{2.725\ \mathrm{K}}\right)^{-1} \tag{3.273}$$

のように β について展開できる．式（3.271）では散乱光子の方向依存性を明示的に残すため，式（3.264）および式（3.257）の積分変数を ξ, η_1' から μ_1', μ_2' に戻した上で，式（3.261）が μ_1' と μ_2' を入れ替えても成り立つことを用いた．また，式（3.272）への変形では，まず

$$\frac{e^{x_2} - 1}{e^{x_2(1+\beta\mu_1')/(1+\beta\mu_2')} - 1} - 1 = \frac{x_2 e^{x_2}}{e^{x_2} - 1}(\mu_1' - \mu_2') \left[-\beta + \left\{ \frac{x_2(e^{x_2}+1)}{2(e^{x_2}-1)} \right. \right.$$
$$\left. \left. \times (\mu_1' - \mu_2') + \mu_2' \right\} \beta^2 + \mathcal{O}(\beta^3) \right] \tag{3.274}$$

と展開した上で

[24] Ya.B. Zel'dovich, R.A. Sunyaev, Astrophys. Space Sci., 4, 301（1969）；R.A. Sunyaev, Ya.B. Zel'dovich, Comments Astrophys. Space Phys., 4, 173（1972）.

$$\int_{-1}^{1} d\mu_1' P_{\mathrm{T}}(\mu_1', \mu_2') = 1 \tag{3.275}$$

$$\int_{-1}^{1} d\mu_1' P_{\mathrm{T}}(\mu_1', \mu_2')\mu_1' = 0 \tag{3.276}$$

$$\int_{-1}^{1} d\mu_1' P_{\mathrm{T}}(\mu_1', \mu_2')\mu_1'^2 = \frac{1}{10}\mu_2'^2 + \frac{3}{10} \tag{3.277}$$

を用いて μ_1' 積分を実行し，さらに式 (3.224) をもとに

$$\mu_2' = \frac{\mu_2 - \beta}{1 - \beta\mu_2} = \mu_2 + (\mu_2^2 - 1)\beta + (\mu_2^2 - 1)\mu_2\beta^2 + \mathcal{O}(\beta^3) \tag{3.278}$$

によって μ_2' を μ_2 に書き換え，β^2 の次数までの項を求めた．ここで，散乱を受けない CMB 光子の放射スペクトルは，

$$I_\nu(\nu_2) = i_0 \frac{x_2^3}{e^{x_2} - 1}, \tag{3.279}$$

$$i_0 \equiv \frac{2(k_{\mathrm{B}}T_{\mathrm{CMB}})^3}{(h_{\mathrm{P}}c)^2} = 6.34 \left(\frac{T_{\mathrm{CMB}}}{2.725 \ \mathrm{K}}\right)^3 \quad \mathrm{mJy/arcsec}^2 \tag{3.280}$$

であり[*25]，周波数 ν_2 を固定した場合の放射強度の微小変化は CMB 温度の微小変化と

$$\frac{\Delta I_\nu(\nu_2)}{I_\nu(\nu_2)} = \frac{x_2 e^{x_2}}{e^{x_2} - 1}\frac{\Delta T_{\mathrm{CMB}}}{T_{\mathrm{CMB}}} \tag{3.281}$$

で結びついている．

（1）熱的 SZ 効果

　CMB 系における電子の速度分布が等方的であれば，式 (3.272) 右辺で β に比例する項はゼロとなり，β^2 の項が卓越する．さらに熱的な電子に対しては，式 (3.9) を用いて平均することにより，

$$\frac{dW_{\mathrm{TSZ}}}{dt d\nu_2} = \int_0^\infty \frac{dW_{\mathrm{IC}}(\beta)}{dt d\nu_2} P_{\mathrm{M}}(v)4\pi v^2 dv$$

$$= 4\pi\sigma_{\mathrm{T}} I_\nu(\nu_2)\frac{x_2 e^{x_2}}{e^{x_2} - 1}\left(x_2 \coth\frac{x_2}{2} - 4\right)\frac{k_{\mathrm{B}}T_{\mathrm{e}}}{m_{\mathrm{e}}c^2} \tag{3.282}$$

を得る．これは「熱的（Thermal）SZ 効果」と呼ばれる．放射強度は，電子密度 n_{e} と視線上での積分を用いて

[*25]　$1\,\mathrm{str} = 4.25 \times 10^{10} \ \mathrm{arcsec}^2$ である．

$$\frac{\Delta I_\nu^{\mathrm{TSZ}}(\nu_2)}{I_\nu(\nu_2)} = \frac{1}{4\pi I_\nu(\nu_2)} \int dl \; n_{\mathrm e} \frac{dW_{\mathrm{TSZ}}}{dt d\nu_2}$$

$$= \frac{x_2 e^{x_2}}{e^{x_2}-1} \left(x_2 \coth \frac{x_2}{2} - 4 \right) y \tag{3.283}$$

$$\rightarrow \begin{cases} -2y & (x_2 \ll 1) \\ x_2(x_2-4)y & (x_2 \gg 1) \end{cases} \tag{3.284}$$

と表される。また、式 (3.281) と合わせれば、

$$\frac{\Delta T_{\mathrm{CMB}}^{\mathrm{TSZ}}}{T_{\mathrm{CMB}}} = \left(x_2 \coth \frac{x_2}{2} - 4 \right) y \tag{3.285}$$

$$\rightarrow \begin{cases} -2y & (x_2 \ll 1) \\ (x_2-4)y & (x_2 \gg 1) \end{cases} \tag{3.286}$$

と表すこともできる。上式における y は「コンプトンの y パラメータ」と呼ばれ、

$$y \equiv \int dl \; \sigma_{\mathrm T} n_{\mathrm e} \frac{k_{\mathrm B} T_{\mathrm e}}{m_{\mathrm e} c^2} \tag{3.287}$$

$$= 4 \times 10^{-5} \left(\frac{\bar{n}_{\mathrm e}}{10^{-3}\,\mathrm{cm}^{-3}} \right) \left(\frac{\bar{T}_{\mathrm e}}{10^8\,\mathrm K} \right) \left(\frac{L}{\mathrm{Mpc}} \right)$$

で定義される。ここで、奥行き L の範囲内での平均電子密度を $\bar{n}_{\mathrm e}$、平均電子温度を $\bar{T}_{\mathrm e}$ と表した。興味深いことに、式 (3.283)(3.285) が低周波側で $\Delta I_\nu^{\mathrm{TSZ}} < 0$、$\Delta T_{\mathrm{CMB}}^{\mathrm{TSZ}} < 0$ となることは、銀河団が CMB に比較して暗くなることを意味する。一方、高周波では $\Delta I_\nu^{\mathrm{TSZ}} > 0$, $\Delta T_{\mathrm{CMB}}^{\mathrm{TSZ}} > 0$ となって明るく輝く。両者の境界は、$x_2 \simeq 3.83$ すなわち $\nu_2 \simeq 218\,\mathrm{GHz}$ であり、この周波数では熱的 SZ 効果は見かけ上消えることになる。このような振舞いの直観的な解釈については、132 ページの 3.5.5 (3) 項で説明する。

(2) 運動学的 SZ 効果

一方、電子集団が CMB 系において特定の方向に運動していると、式 (3.272) 右辺は β に比例する項が卓越し、放射に異方性が生じる。これは「運動学的 (Kinematic) SZ 効果」と呼ばれる。この場合の放射強度および CMB 温度の変化は、

$$\frac{\Delta I_\nu^{\mathrm{KSZ}}(\nu_2, \Omega_2)}{I_\nu(\nu_2)} = \frac{1}{I_\nu(\nu_2)} \int dl\; n_{\mathrm{e}} \frac{dW_{\mathrm{IC}}(\beta)}{dt d\nu_2 d\Omega_2}, \quad d\Omega_2 = 2\pi d\mu_2$$

$$= \frac{x_2 e^{x_2}}{e^{x_2}-1} \int dl\; \sigma_{\mathrm{T}} n_{\mathrm{e}}\; \mu_2 \beta$$

$$= \frac{x_2 e^{x_2}}{e^{x_2}-1} \tau_{\mathrm{e}}\; \frac{\bar{v}_{/\!/}}{c} \tag{3.288}$$

$$\frac{\Delta T_{\mathrm{CMB}}^{\mathrm{KSZ}}}{T_{\mathrm{CMB}}} = \tau_{\mathrm{e}}\; \frac{\bar{v}_{/\!/}}{c} \tag{3.289}$$

で表される．ここで，τ_{e} はトムソン散乱の光学的厚さ（式（3.233））であり，$\bar{v}_{/\!/}$ は速度の視線成分の平均値である．式（3.288）（3.289）は，ドップラー効果による放射の変化と一致している．運動が観測者へ向かって（$\mu_2 > 0$）いれば $\Delta I_\nu^{\mathrm{KSZ}} > 0$，$\Delta T_{\mathrm{CMB}}^{\mathrm{KSZ}} > 0$ となり，観測者から遠ざかって（$\mu_2 < 0$）いれば $\Delta I_\nu^{\mathrm{KSZ}} < 0$，$\Delta T_{\mathrm{CMB}}^{\mathrm{KSZ}} < 0$ となる．

熱的 SZ 効果と運動学的 SZ 効果の強度比は，式（3.283）（3.288）より

$$\frac{\Delta I_\nu^{\mathrm{KSZ}}}{\Delta I_\nu^{\mathrm{TSZ}}} = \left(x_2 \coth \frac{x_2}{2} - 4\right)^{-1} \frac{\bar{v}_{/\!/} \tau_{\mathrm{e}}}{c\, y}$$

$$\sim 0.1 \left(\frac{\bar{v}_{/\!/}}{10^3\,\mathrm{km/s}}\right)\left(\frac{\bar{T}_{\mathrm{e}}}{10^8\,\mathrm{K}}\right)^{-1} \quad (x_2 \ll 1) \tag{3.290}$$

となる．β^2 の項に起因する熱的 SZ 効果が β の項に起因する運動学的 SZ 効果よりも卓越するのは，銀河団の重心速度として期待される値（$\sim 10^3\,\mathrm{km/s}$）が，電子の熱速度（$\sim 10^5\,\mathrm{km/s}$）よりもはるかに小さいためである．なお，さらに電子の速度が大きくなるような場合には，式（3.272）を数値的に計算するか，式（3.272）の展開次数を上げる[*26]ことで，相対論的な補正を加えることができる．ただしその場合には，熱的粒子の古典的な分布関数（式（3.9））にも合わせて修正が必要となる．

（3）SZ 効果のスペクトル

図 3.12 は，このようにして得られた SZ 効果のスペクトルを示している．熱的 SZ 効果では，等方的な速度分布をもつ電子による散乱によって，光子の周波数が全体的に高くなった結果，CMB と比べて放射強度 I_ν が低周波側では下がり，高

[*26]　たとえば，N. Itoh, Y. Kohyama, S. Nozawa, Astrophys. J., 502, 7（1998）; S.Y. Sazonov, R.A. Sunyaev, Astrophys. J., 508, 1（1998）．

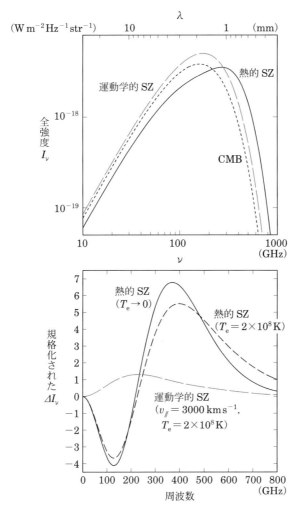

図3.12 SZ 効果のスペクトル．上：CMB（点線）が，熱的 SZ 効果（実線）あるいは運動学的 SZ 効果（破線）を受けた場合の全強度 I_ν の模式的振舞い．ただし，CMB からのずれは非常に小さいため，上図では，実際の値の約 1000 倍に拡大して識別可能にしてある．下：CMB からのずれ ΔI_ν の実際の値を，式 (3.279) の i_0 と式 (3.287) の y によって規格化した量．非相対論的極限 ($T_e \to 0$) での熱的 SZ 効果（実線），相対論的補正を取り入れた熱的 SZ 効果（短破線，$T_e = 2 \times 10^8$ K の場合），運動学的 SZ 効果（長破線，観測者に向かって $v_{/\!/} = 3000$ km/s，$T_e = 2 \times 10^8$ K の場合）を描いている．

周波側では上がる．そして，CMB からのずれ ΔI_ν は，130 GHz 付近に負のピーク，370 GHz 付近に正のピークをもつが，厳密なスペクトル形状は温度とともに若干変化する．

　一方，運動学的 SZ 効果では，特定の方向に運動する電子による散乱の結果，電子の運動方向では放射が強くなるが，逆方向では弱くなる．CMB からのずれの大きさは，220 GHz 付近 で最大値をとり，この周波数は熱的 SZ 効果の正負が入れ替わる周波数にほぼ一致する．したがって，複数の周波数における観測を組み合わせることによって，運動学的 SZ 効果を分離して測定したり，電子温度を決定したりすることが原理的には可能である．

　また，SZ 効果をはじめとする逆コンプトン散乱の重要な性質の一つとして，放射強度もスペクトル形も赤方偏移に依存しないことが挙げられる．まず，現在の宇宙で我々が観測する周波数を固定すると，過去の宇宙で放射が発した時点での周波数は $\nu_2 \propto (1+z)$ に従って高赤方偏移ほど増加するが，CMB の温度も $T_{\mathrm{CMB}} \propto (1+z)$ に従うので，式（3.273）で与えられる x_2 は赤方偏移に依存しない．したがって，同一の柱密度・温度・速度をもつ電子に対しては，式（3.283）（3.288）は赤方偏移によらない．一方，式（3.279）より $I_\nu(\nu_2) \propto T_{\mathrm{CMB}}^3 \propto (1+z)^3$ であるので，放射時点での強度は高赤方偏移ほど大きくなり（よりエネルギーの高い CMB 光子が散乱されるため），これが宇宙膨張による強度減少の効果（式 2.70）とちょうど相殺して，観測される強度はつねに一定となる．このことは，同一の分布をもつ電子であれば，どれほど遠方に存在していても，つねに同じ強度で観測されることを意味する．これは，熱的制動放射をはじめとする一般の放射の強度が，式（2.68）（2.70）に従って高赤方偏移になるほど減少するのとは対照的である．

　なお，熱的 SZ 効果については，光子が非相対論的電子によって何度も散乱される過程を記述するカンパニエーツ（Kompaneets）方程式を用いた導出法が多くの教科書に掲載されているが，式（3.233）に示したように，銀河団では各光子が複数回散乱される確率は非常に低いため，本来はカンパニエーツ方程式は成り立たない．また，相対論的な電子に対してもカンパニエーツ方程式は適用できない．しかし興味深いことに，カンパニエーツ方程式による導出結果は，本書で示した 1 回散乱に対する非相対論的極限での結果（式（3.283））とうまく一致する．

表 **3.2** 銀河団ガスの主な放射過程. *は本書執筆時に未検出の過程.

	放射過程	観測波長帯	$\int I_\nu d\nu$ の依存性
熱的ガス $(T_e \sim 10^8 \mathrm{K})$	熱的制動放射	X 線	$n_e^2 T_e^{1/2}(1+z)^{-4}$
	輝線放射	X 線	$n_e^2 Z f_{\mathrm{line}}(T)(1+z)^{-4}$
	熱的 SZ 効果	ミリ波サブミリ波	$n_e T_e$
非熱的ガス $(\gamma \sim 10^4)$	シンクロトロン放射	電波	$n_e B^2 \gamma^2 (1+z)^{-4}$
	逆コンプトン散乱*	硬 X 線	$n_e \gamma^2$
その他	運動学的 SZ 効果	ミリ波サブミリ波	$n_e v_{/\!/}$

これは，各光子が多数回散乱された結果のスペクトルと，多数の光子が1回ずつ散乱された結果のスペクトルが，この極限では等しいためであると考えられる.

3.6 まとめ

本章で考察した放射過程のまとめを表 3.2 に示す. ここで，放射源は赤方偏移 z に存在するとし，式（2.67）を用いて放射強度の z 依存性を求めた. それぞれ，観測される放射強度は異なるパラメータ依存性をもつので，これらを組み合わせることで，さまざまな物理量についての情報を引き出すことが可能となる.

たとえば，同一の電子によるシンクロトロン放射と逆コンプトン散乱に対して，式（3.244）と式（3.142）との比をとると

$$\frac{\dot{W}_{\mathrm{IC}}}{\dot{W}_{\mathrm{sync}}} = \frac{U_{\mathrm{CMB}}}{U_{\mathrm{B}}} \simeq 10 \left(\frac{T_{\mathrm{CMB}}}{2.725\,\mathrm{K}}\right)^4 \left(\frac{B}{\mu\mathrm{G}}\right)^{-2} \tag{3.291}$$

が成立する. ここで $U_{\mathrm{B}} = B^2/8\pi$ は磁場のエネルギー密度である. 今，U_{CMB} は CMB スペクトルにより測定されるので，シンクロトロン放射と逆コンプトン散乱の両者が観測されれば，磁場に対する情報を得ることが原理的に可能となる. ただし，式（3.291）は全エネルギー放射率に対する表式であり，実際の観測で限られた波長帯におけるデータのみが得られた場合には直接適用できない. そのような場合には，式（3.212）（3.269）のような具体的なスペクトルに対する表式を用いる必要がある.

また，4.1 節で詳しく見るように，熱的制動放射と熱的 SZ 効果を組み合わせる

と，熱的電子の密度と温度の空間分布などに関する情報を得ることが可能になる．

最後に，それぞれの放射過程によって銀河団ガスのエネルギーが失われるのにかかる冷却時間（cooling time）を比較しておこう．まず，熱的制動放射に対しては，式（3.52）より，

$$t_{\mathrm{brem}} = \frac{3n_e k_{\mathrm{B}} T}{2} \frac{1}{\Lambda_{\mathrm{brem}}(T) n_e^2}$$

$$\sim 3 \times 10^{10} \left(\frac{T}{10^8 \mathrm{K}} \right)^{1/2} \left(\frac{n_e}{10^{-3}\,\mathrm{cm}^{-3}} \right)^{-1} \quad \mathrm{yr} \qquad (3.292)$$

が得られる．SZ 効果に対しては，式（3.244）を非相対論的極限（$\gamma \simeq 1$）に適用して

$$t_{\mathrm{SZ}} = \frac{m_e \beta^2 c^2}{2} \frac{1}{\dot{W}_{\mathrm{IC}}(\beta)} = \frac{3 m_e c^2}{8 c \sigma_{\mathrm{T}} U_{\mathrm{CMB}}}$$

$$\sim 10^{12} \left(\frac{T_{\mathrm{CMB}}}{2.725\,\mathrm{K}} \right)^{-4} \quad \mathrm{yr} \qquad (3.293)$$

となる．冷却時間が短いほど，エネルギーが効率よく失われることになるので，熱的ガスのエネルギー損失には制動放射の寄与が大きいことがわかる．

一方，相対論的極限（$\beta \simeq 1$）におけるシンクロトロン放射による冷却時間は，式（3.140）より

$$t_{\mathrm{sync}} = \frac{\gamma m c^2}{\dot{W}_{\mathrm{sync}}(\gamma)}$$

$$\sim 2 \times 10^9 \left(\frac{q}{e} \right)^{-4} \left(\frac{m}{m_e} \right)^3 \left(\frac{B}{\mu\mathrm{G}} \right)^{-2} \left(\frac{\gamma}{10^4} \right)^{-1} \quad \mathrm{yr} \qquad (3.294)$$

となり，不定性の大きな磁場の強さに強く依存する．また，陽子の質量は電子の約 2000 倍なので，同一の磁場およびローレンツ因子のもとでは，電子よりも冷却時間がはるかに長くなることがわかる．これに対して，逆コンプトン散乱による冷却時間は，式（3.244）より，

$$t_{\mathrm{IC}} = \frac{\gamma m c^2}{\dot{W}_{\mathrm{IC}}(\gamma)}$$

$$\sim 2 \times 10^8 \left(\frac{q}{e} \right)^{-4} \left(\frac{m}{m_e} \right)^3 \left(\frac{T_{\mathrm{CMB}}}{2.725\,\mathrm{K}} \right)^{-4} \left(\frac{\gamma}{10^4} \right)^{-1} \quad \mathrm{yr} \qquad (3.295)$$

である．したがって，磁場の大きさが数 μG 以下である限りは，非熱的電子の冷却は逆コンプトン散乱が担うことになる．

第4章

銀河団の内部構造

　本章では，2章および3章で述べた基礎過程にもとづいて，現実の銀河団の内部構造がどのように記述されるかを，銀河団の主要な構成要素である熱的ガス，銀河，ダークマターのそれぞれについて解説する．

4.1　熱的ガスの空間分布

4.1.1　流体と静水圧平衡

　粒子の平均自由行程よりも大きな空間スケール，および緩和時間よりも長い時間スケールにおいては，粒子の集団を流体とみなすことができる．銀河団の熱的ガスに対しては，式 (3.24) (3.25) (3.26) がこれらの境界の目安[*1]を与えている．また，近接するガス粒子間における電磁相互作用のエネルギーと運動エネルギーの比は，

$$\frac{e^2 n_{\mathrm{gas}}^{1/3}}{k_{\mathrm{B}} T} \sim 10^{-12} \left(\frac{n_{\mathrm{gas}}}{10^{-3}\,\mathrm{cm}^{-3}}\right)^{1/3} \left(\frac{T}{10^8\,\mathrm{K}}\right) \tag{4.1}$$

と非常に小さいので，理想気体とみなせる．

　また，銀河団ガスがその大局構造を変化させる時間スケールは，流体中を音波が伝わる時間 (sound crossing time)

$$t_{\mathrm{sound}} = \frac{R}{c_{\mathrm{s}}} \simeq 7 \times 10^8 \left(\frac{T}{10^8\,\mathrm{K}}\right)^{-1/2} \left(\frac{R}{\mathrm{Mpc}}\right) \quad \mathrm{yr} \tag{4.2}$$

[*1]　3.1.4 節で述べたように，厳密には平均自由行程および緩和時間の上限に相当する．

で与えられる．ここで，R は銀河団のサイズであり，音速 c_s は単原子気体に対する表式（2.136）を用いた．一方，重力ポテンシャルは，自由落下時間（式（2.169））

$$t_{\mathrm{ff}} = \sqrt{\frac{3\pi}{32G\rho}} \simeq 4 \times 10^9 \left(\frac{\rho}{100\rho_0}\right)^{-1/2} \quad \mathrm{yr} \tag{4.3}$$

程度で時間変化する．ここで，ρ は全質量密度，ρ_0 は現在の宇宙の平均密度（式（2.32））である．式（4.2）が式（4.3）よりもやや小さいことは，力学的に落ち着いた銀河団では，静水圧平衡がほぼ実現されることを意味している．この場合，式（2.87）で速度をゼロとした

$$\frac{1}{\rho_{\mathrm{gas}}}\nabla p = -\nabla\phi \tag{4.4}$$

が成り立つ．本章では，宇宙膨張からは切り離された天体を考え，静止座標系を表す添字 $\vec{X}$ は省く．

4.1.2　静水圧平衡下でのガス分布

静水圧平衡のもとでは，重力ポテンシャルと状態方程式が与えられれば，ガス密度と温度の分布を解くことが可能となるので，まずはそのような仮定のもとに理論的に予想される分布を導出してみよう．

重力の大半を担うダークマターの分布が大規模 N 体計算から示唆される式（2.203）（2.204）によって与えられ，ガスの状態方程式がポリトロープ（polytrope）形

$$p = \frac{\rho_{\mathrm{gas}}k_{\mathrm{B}}T}{\mu m_{\mathrm{p}}} \propto \rho_{\mathrm{gas}}^{1+\frac{1}{N}} \tag{4.5}$$

で表される場合には，球対称性を仮定した静水圧平衡の式

$$\frac{1}{\rho_{\mathrm{gas}}}\frac{\partial p}{\partial r} = -\frac{GM(<r)}{r^2} \tag{4.6}$$

の解は，

$$\frac{T(r)}{T(0)} = 1 - \frac{B_{\mathrm{s}}}{N+1}f_{\mathrm{CDM}}\left(\frac{r}{r_{\mathrm{s}}}\right) \tag{4.7}$$

$$\frac{\rho_{\mathrm{gas}}(r)}{\rho_{\mathrm{gas}}(0)} = \left[\frac{T(r)}{T(0)}\right]^N \tag{4.8}$$

で与えられる[*2]. ここで，式 (4.6) 右辺の質量 M にはダークマターの寄与のみ
を考慮し，

$$B_{\rm s} \equiv \frac{4\pi G \mu m_{\rm p} \rho_{\rm s} r_{\rm s}^2}{k_{\rm B} T(0)} \tag{4.9}$$

$$f_{\rm CDM}(x) \equiv \int_0^x \frac{u^{1-\alpha}}{(1+u)^{3-\alpha}} du - \frac{1}{x} \int_0^x \frac{u^{2-\alpha}}{(1+u)^{3-\alpha}} du$$

$$= \begin{cases} 1 - \dfrac{\ln(1+x)}{x} & (\alpha = 1) \\ 2\sqrt{\dfrac{1+x}{x}} - \dfrac{2}{x} \ln(\sqrt{x} + \sqrt{1+x}) & (\alpha = 1.5) \end{cases} \tag{4.10}$$

を定義した．ポリトロープ指数 N の値は，たとえば，断熱指数 $\gamma_{\rm a}$ と $N = 1/(\gamma_{\rm a} - 1)$ の関係にあれば断熱変化，$N \to \infty$ であれば等温変化をそれぞれ表す．特に後
者に対しては，式 (4.7) (4.8) は

$$\frac{T(r)}{T(0)} = 1 \tag{4.11}$$

$$\frac{\rho_{\rm gas}(r)}{\rho_{\rm gas}(0)} = \exp\left[-B_{\rm s} f_{\rm CDM}\left(\frac{r}{r_{\rm s}}\right)\right] \tag{4.12}$$

と書き換えられ，確かに等温分布に帰着する．

　このようにして予想されたガスの温度分布と密度分布の例を図 4.1 に示す．興
味深いことに，式 (2.203) で与えているダークマター密度は中心において発散し
ているのに対して，静水圧平衡下でのガス密度は中心部で平坦な分布となってい
る．また，$N > 0$ に対しては，温度分布は，外側に向かってなだらかに減少する．
以下に示すように，これらは観測される大局的なガス分布を定性的ではあるが再
現している．一般に，温度の変化は密度の変化よりもはるかに小さく，銀河団の
ごく中心部と外縁部を除き，$N = 3 \sim 10$ 程度の値が示唆されている．

4.1.3　ガス分布の投影

　実際の観測データとの比較では，静水圧平衡や重力ポテンシャルについての仮
定によらない経験則として，電子密度の動径分布[*3]を

$$n_{\rm e}(r) = n_{\rm e0} \left[1 + \left(\frac{r}{r_{\rm c}}\right)^2\right]^{-3\beta/2} \tag{4.13}$$

[*2]　N. Makino, S. Sasaki, Y. Suto, Astrophys. J., 497, 555 (1998) ; Y. Suto, S. Sasaki, N. Makino, Astrophys. J., 509, 544 (1998).

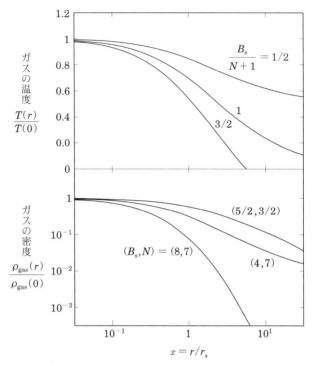

図4.1　静水圧平衡下で予想されるガスの温度と密度の動径分布.
式 (4.7) – (4.10) を用い，$\alpha = 1$ を仮定している．Y. Suto, S.
Sasaki, N. Makino, Astrophys. J., 509, 544 (1998) より転載.

と表すことが多い[4]．これを「ベータモデル」と呼ぶ．ここで，n_{e0} は中心密度，
r_c はコア半径，β は外縁部でのべき指数を決めるパラメータであり，典型的には
それぞれ $n_{e0} = 10^{-3} \sim 10^{-2}\,\mathrm{cm}^{-3}$，$r_c = 50 \sim 200\,\mathrm{kpc}$，$\beta = 0.5 \sim 1$ 程度の値をと
る．$r < r_c$ の領域は「コア（core）」と呼ばれ，ガス密度はほぼ一定である．これ
に対して $r > r_c$ では，$n_e \propto r^{-3\beta}$ にしたがうため，外縁部でのガス密度は中心

---

[3]　（139 ページ）「動径分布」という用語は，「天体の静止座標系における 3 次元的な分布」を主に指す
が，「天球面上に投影された 2 次元的な分布」を指す場合もある．そこで，本書では，後者の場合はその
旨を明記するなどして区別する．なお，変数として，角度（θ など）は後者でのみ用いられるが，長さ
（r など）は両者で用いられることに注意してほしい．

[4]　歴史的には，球状星団などに関する重力多体系の理論が背景にあるが，現在では単なるフィッティ
ング関数として用いられている．

に比べて 2 ～ 3 桁低くなる．以下では，式 (4.13) とポリトロープ形の状態方程式（式 (4.5)）を組み合わせ，天球面上に投影した場合に予想される X 線輝度分布と SZ 効果輝度分布を導く．簡単化のため，重元素量の動径分布は無視する．

赤方偏移 z に存在する銀河団から任意のエネルギー帯 $[E_1, E_2]$ で観測される X 線フラックスは，式 (2.54) より光度距離 d_L を用いて

$$F_{[E_1, E_2]} = \frac{1}{4\pi d_\mathrm{L}(z)^2} \int_{r < r_{\max}} n_\mathrm{e}^2 \Lambda_{[E_1', E_2']} dV \tag{4.14}$$

で与えられる．ここで，$r_{\max}$ は式 (4.13) を適用する最大半径である．また，$\Lambda_{[E_1', E_2']}$ は，エネルギー帯

$$[E_1', E_2'] \equiv [E_1(1+z), E_2(1+z)] \tag{4.15}$$

における全放射を総和した冷却関数であり，電離平衡のもとでは温度と重元素量により決まる．ただし，10^7 K よりも十分に高温のガスに対しては，冷却関数の重元素量依存性は小さいので，以下ではその温度依存性のみを考慮して

$$\Lambda_{[E_1', E_2']}(T_\mathrm{e}, Z) \propto T_\mathrm{e}^\eta \tag{4.16}$$

と仮定する．熱的制動放射が卓越し，$[E_1', E_2'] = [0, \infty]$ とみなせる場合には $\eta = 1/2$ であるが，輝線放射の寄与や限られたエネルギー幅の影響のため $1/2$ よりも小さな値となることが多い．その上で，式 (4.14) の体積積分を，図 4.2 のように

$$\int \cdots dV = d_A^2(z) \int \cdots dl \, d^2\theta, \tag{4.17}$$

$$r^2 \equiv l^2 + d_\mathrm{A}^2(z)\theta^2 \quad (d_\mathrm{A}(z) \gg r) \tag{4.18}$$

によって視線 (dl) 積分と天球面上の立体角 ($d^2\theta = d\Omega$) 積分に角径距離 d_A を用いて分離し，式 (2.62) (2.66) を用いると，光線に対して垂直な検出器面 ($\cos\theta_n = 1$) で観測される X 線輝度（あるいは強度）の 2 次元分布は，

$$I_{[E_1, E_2]}(\theta) = \frac{1}{4\pi(1+z)^4} \int_{r < r_{\max}} n_\mathrm{e}^2 \Lambda_{[E_1', E_2']} \, dl, \tag{4.19}$$

$$= \frac{r_\mathrm{c} n_{\mathrm{e}0}^2 \Lambda_{[E_1', E_2']}(T_{\mathrm{e}0}, Z)}{2\pi(1+z)^4} \left[1 + \left(\frac{\theta}{\theta_\mathrm{c}} \right)^2 \right]^{-3\beta'+1/2} \int_0^{u_{\max}} (1+u^2)^{-3\beta'} du,$$

$$\rightarrow \frac{\Gamma(3\beta' - 1/2)}{4\sqrt{\pi}\,\Gamma(3\beta')} \frac{r_\mathrm{c} n_{\mathrm{e}0}^2 \Lambda_{[E_1', E_2']}(T_{\mathrm{e}0}, Z)}{(1+z)^4} \left[1 + \left(\frac{\theta}{\theta_\mathrm{c}} \right)^2 \right]^{-3\beta'+\frac{1}{2}} \tag{4.20}$$

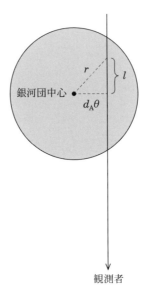

銀河団中心

r

l

$d_\mathrm{A}\theta$

観測者

図4.2　天球面上への投影方法（式 (4.18)）.

$$(u_{\max} \to \infty,\ \beta' > 1/6)$$

$$\beta' \equiv \beta \left(1 + \frac{\eta}{2N}\right), \tag{4.21}$$

$$\theta_\mathrm{c} \equiv r_\mathrm{c}/d_\mathrm{A}(z), \tag{4.22}$$

$$u_{\max} \equiv \sqrt{\frac{r_{\max}^2 - d_\mathrm{A}^2(z)\theta^2}{r_\mathrm{c}^2 + d_\mathrm{A}^2(z)\theta^2}} \tag{4.23}$$

となる．ここで，$T_{\mathrm{e}0}$ は中心での電子温度であり，途中の式変形では $u = l/\sqrt{r_\mathrm{c}^2 + d_\mathrm{A}^2\theta^2}$ と変数変換し，

$$\int_0^\infty (1+u^2)^{-\nu} du = \frac{\sqrt{\pi}}{2}\frac{\Gamma(\nu - 1/2)}{\Gamma(\nu)}, \quad \nu > \frac{1}{2} \tag{4.24}$$

を用いた．また，$N \to \infty$（等温）では $\beta' \to \beta$ となる．式 (4.20) の輝度分布は，$\theta \ll \theta_\mathrm{c}$ ではほぼ一定であるが，$\theta \gg \theta_\mathrm{c}$ では $I_{[E_1, E_2]} \propto \theta^{-6\beta'+1}$ にしたがって急激に減少する．

　同様に，熱的 SZ 効果輝度の 2 次元分布（CMB の平均輝度との差分）は，赤方偏移によらずに式 (3.287) で与えられる y パラメータに比例し，

$$y(\theta) = \int_{r < r_{\max}} \sigma_{\mathrm{T}} n_{\mathrm{e}} \frac{k_{\mathrm{B}} T_{\mathrm{e}}}{m_{\mathrm{e}} c^2} dl \tag{4.25}$$

$$= 2\sigma_{\mathrm{T}} n_{\mathrm{e}0} r_{\mathrm{c}} \frac{k_{\mathrm{B}} T_{\mathrm{e}0}}{m_{\mathrm{e}} c^2} \left[1 + \left(\frac{\theta}{\theta_{\mathrm{c}}}\right)^2\right]^{-\frac{3\beta''}{2}+\frac{1}{2}} \int_0^{u_{\max}} (1 + u^2)^{-\frac{3\beta''}{2}} du,$$

$$\rightarrow \frac{\sqrt{\pi} \, \Gamma\left(3\beta''/2 - 1/2\right)}{2\Gamma\left(3\beta''/2\right)} \sigma_{\mathrm{T}} n_{\mathrm{e}0} r_{\mathrm{c}} \frac{k_{\mathrm{B}} T_{\mathrm{e}0}}{m_{\mathrm{e}} c^2} \left[1 + \left(\frac{\theta}{\theta_{\mathrm{c}}}\right)^2\right]^{-\frac{3\beta''}{2}+\frac{1}{2}} \tag{4.26}$$

$$(u_{\max} \rightarrow \infty, \ \beta'' > 1/3)$$

$$\beta'' \equiv \beta\left(1 + \frac{1}{N}\right) \tag{4.27}$$

で与えられる．$N \to \infty$（等温）では $\beta'' \to \beta$ である．式（4.26）は，$\theta \gg \theta_{\mathrm{c}}$ において $y \propto \theta^{-3\beta''+1}$ にしたがうので，X 線輝度分布（式（4.20））よりも一般に減少はなだらかとなる．

4.1.4 ガス分布の逆投影

　観測精度が向上すると，前節とは逆に，2 次元の天球面上に投影されたデータから 3 次元的なガス分布を求めることも可能になる．球対称性といった幾何学的な仮定は必要だが，特定のモデルには依存しなくなる．以下では，熱的ガスに対する観測量である X 線スペクトル，X 線輝度，SZ 効果輝度の組み合わせによって，どのように各物理量の分布が測定されるかを見ていこう．

　電子温度は，熱的制動放射の放射率（式（3.47））が，高エネルギー側で温度に強く依存しながら減少することを利用し，X 線スペクトルの形状から測定するのが最も一般的である．この際，観測されるスペクトルが受けている赤方偏移を補正する必要があり，現状では銀河団銀河に対する可視分光観測の結果が用いられることが多いが，将来的には高分解能 X 線スペクトルによって赤方偏移を温度と合わせて測定することも可能になると期待される．また，衝突電離平衡のもとでは，同一元素に対する異なるイオン（たとえば，Fe XXVI と Fe XXV）の存在比も温度に依存するので，各イオンによる輝線放射の強度比を測定できれば，スペクトルの形状とは独立に温度が求められる．

　こうして天球面上に投影された温度の 2 次元分布が精度よく測定された場合，球対称な銀河団では，中心方向ほどさまざまな半径に位置するガスによる寄与が混ざり合っている．また，小さな半径に位置するガスは中心方向の測定結果にし

か影響しないが，大きな半径に位置するガスは中心から外側に至る全体に影響する．そこで，まずは最も外側の測定結果を用いて最も大きな半径での温度を決定し，球対称性を仮定してその影響を差し引いたデータ[*5]で測定全体を改定する．次に，少し内側の測定結果から 2 番目の半径での温度を決定し，その影響を差し引く，という考え方の「逆投影」を少しずつ内側に向かって繰り返すことで，すべての半径における温度を決定することができる．

また，重元素量は，X 線スペクトルに現れる輝線放射と連続成分の強度比から測定され，温度と同様の逆投影によって 3 次元的な分布が得られる．

電子温度と重元素量が得られれば，電子密度は，X 線輝度あるいは SZ 効果輝度を逆投影することで測定できる．これは数値的に行っても良いが，以下のような解析的な定式化も可能である．

一般に，球対称な関数 $f(r)$ を天球面上へ投影した関数は，式（4.18）のもと，

$$F(\theta) = 2 \int_0^\infty f(r) dl = 2 \int_{d_A \theta}^\infty f(r) \frac{r dr}{\sqrt{r^2 - d_A^2 \theta^2}} \tag{4.28}$$

と表せる．ここで，$f(r)$ は無限遠で $1/r$ よりも早くゼロに近づき，遠方における $F(\theta)$ への寄与は無視できるとする．式（4.28）はアーベル（Abel）変換（付録 A.2）と呼ばれ，式（A.21）を用いて

$$f(r) = \frac{1}{\pi d_A} \int_\infty^{r/d_A} \frac{dF(\theta)}{d\theta} \frac{d\theta}{\sqrt{\theta^2 - r^2/d_A^2}} \tag{4.29}$$

のように逆に解くことができる[*6]．積分範囲の上下に注意すると，$F(\theta)$ が θ の単調減少関数ならば，右辺は必ず正の値をとることがわかる．直観的には，$F(\theta)$ が $r > d_A \theta$ における $f(r)$ のみで決まることを利用して，まず最も外側の $F(\infty)$ から $f(\infty)$ を求め，次にその結果と少し内側の $F(\theta)$ とを組み合わせて $f(r = d_A \theta)$ を求め，それを順次中心に向かって繰り返すことに相当している．つまり，本節前半で述べた逆投影の方法と考え方は同じである．

式（4.29）を式（4.19）（4.25）に適用すれば，

[*5] 温度は示強性量なので，差分はスペクトルデータに対して行われる．

[*6] J. Silk, S.D.M. White, Astrophys. J., 226, 103（1978）.

$$n_e(r)^2 \Lambda_{[E'_1, E'_2]}[T_e(r), Z(r)] = \frac{4(1+z)^4}{d_A} \int_\infty^{r/d_A} \frac{dI_{[E_1, E_2]}(\theta)}{d\theta} \frac{d\theta}{\sqrt{\theta^2 - r^2/d_A^2}} \quad (4.30)$$

$$n_e(r)T_e(r) = \frac{m_e c^2}{\pi k_B \sigma_T d_A} \int_\infty^{r/d_A} \frac{dy(\theta)}{d\theta} \frac{d\theta}{\sqrt{\theta^2 - r^2/d_A^2}} \quad (4.31)$$

と表されるので，X 線輝度か SZ 効果輝度のいずれかを，温度・重元素量の測定結果と合わせれば，電子密度が決定できる．ただし，式（4.30）（4.31）はいずれも角径距離 d_A に依存しているため，宇宙論パラメータを仮定することが必要となる（式（2.61）および式（2.55）–（2.57））ことに注意してほしい．この性質を逆手にとると，銀河団の観測データから宇宙論パラメータを求めることができるので，それについては 5.4.3 節で解説する．

　なお，X 線スペクトルの測定には，X 線輝度に比べてはるかに多くの光子が必要となるので，電子温度や重元素量は電子密度に比べて低い精度でしか測定できないことが多い．特に遠方銀河団などの暗い領域では，X 線スペクトルの測定そのものが困難になる．幸い，冷却関数の重元素量依存性は $T_e \gg 10^7$K では小さいので，式（4.30）と式（4.31）を組み合わせれば，X 線スペクトルは用いずに高温ガスの温度と密度を求めることもできる．

4.1.5　観測されるガス分布

　図 4.3 は，X 線および SZ 効果で実際に観測されたかみのけ座銀河団のイメージである．また，これらの強度を銀河団中心からの距離（角度）の関数として示したのが図 4.4 である．いずれも，中心付近に平坦なコアをもち，外縁部に向かって減少している．たとえば，強度が中心の 1/10 に落ちる半径を比較すると，X 線の方がより中心近くで急に減少することがわかる．これは，X 線強度（式（4.19））がガス密度の 2 乗に比例するため，密度の空間変化（式（4.13））の影響を受けやすいことを反映している．一方で，SZ 効果強度（式（4.25））は，空間変化が比較的小さいガス温度の影響をより強く受けるので，X 線よりもなだらかな分布となる．

　もちろん，ガスの温度は厳密には一定ではなく，多くの銀河団で空間構造が観測されている．たとえば，上述のかみのけ座銀河団などでは，非対称性の強い温度分布が測定されている（図 4.5）．このような銀河団は，激しい衝突を経て間も

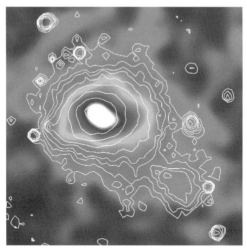

図4.3 かみのけ座銀河団の X 線輝度（等高線）と SZ 効果輝度（濃淡）のイメージ．X 線輝度は ROSAT 衛星，SZ 効果輝度はプランク衛星によって測定された（ESO）．

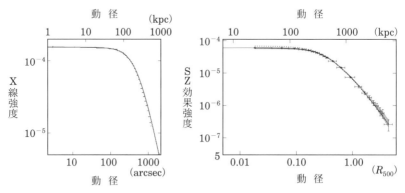

図4.4 かみのけ座銀河団の X 線強度（左）と SZ 効果強度（右）の動径分布（天球面上）．E. Churazov *et al.*, Mon. Not. R. Astron. Soc., 421, 1123,（2012）; Planck collaboration, Astron. Astrophys, 554, A140（2013）より転載．R_{500} はビリアル半径の半分程度の長さに相当する（正確な定義は，4.6 節参照）．

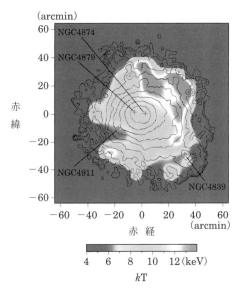

図4.5 かみのけ座銀河団（衝突銀河団）の温度マップ．あすか衛星により測定された．X 線放射強度の等高線が重ねてある．M. Watanabe *et al.*, Astrophys. J., 527, 80（1999）より転載．

無い段階にあると考えられるので，「衝突銀河団」と呼ばれる．

　また，円に近い形状をもち，激しい衝突の形跡の見られない（すなわち，ある程度緩和が進んだと考えられる）銀河団では，図 4.6（上）のような，中心付近での温度低下が共通して観測されている．興味深いことに，この温度低下の度合いは，平均温度が高い銀河団でも低い銀河団でも，温度の最大値に対して 1/3 から 1/2 程度に揃っている．また，このような銀河団は，X 線強度も中心に強く集中して，数 10 kpc 程度の小さなコアをもつように見えるため，「クールコア（cool core）銀河団」と呼ばれる．クールコア銀河団では，ある程度放射冷却が進み，ガスが流入して密度が上昇したと考えるのが定性的には自然に見えるが，上で述べた普遍的な温度分布を定量的に説明することはできておらず，現在も論争が続いている[*7]．一方，図 4.6（上）は，銀河団の外側に向かっても温度が徐々に低下することを示しており，こちらは銀河団が形成される際の物質降着による加熱過程を反映している可能性が高い．

[*7] これは「クーリングフロー問題」と呼ばれており，5.3.1 節でより詳しく解説する．

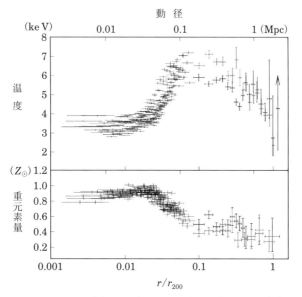

図4.6　ペルセウス座銀河団（クールコア銀河団）の温度（上）と
重元素量（下）の動径分布（天球面上）. 中心付近はチャンドラ
（Chandra）衛星, 外縁部はすざく衛星による測定結果である A.
Simionescu *et al.*, Science, 331, 1576 (2011) より転載. r_{200} は
ビリアル半径にほぼ相当する（正確な定義は, 4.6 節参照）.

　ガス中の重元素量の分布は, 全体的には平坦に近いが, クールコア銀河団の中
心付近では顕著なピークが観測されている（図 4.6（下））. このピークは, 中心
に存在する大型楕円銀河から大量の重元素が放出された結果と考えられる.

4.2　銀河の空間分布

4.2.1　力学的緩和時間

　銀河同士が互いの万有引力によってエネルギーをやりとりする 2 体緩和の効率
を求めよう. 質量 M, 半径 R をもつ銀河団中の銀河の平均的な速さは,

$$v_{\mathrm{gal}} \simeq \sqrt{\frac{GM}{R}} \simeq 1500 \left(\frac{M}{10^{15}M_\odot}\right)^{1/2} \left(\frac{R}{2\,\mathrm{Mpc}}\right)^{-1/2} \quad \mathrm{km/s} \qquad (4.32)$$

であるので, 銀河団中を移動するのに,

$$t_{\rm cross} \equiv \frac{R}{v_{\rm gal}} \simeq 10^9 \left(\frac{M}{10^{15} M_\odot}\right)^{-1/2} \left(\frac{R}{2~{\rm Mpc}}\right)^{3/2} \quad {\rm yr} \tag{4.33}$$

程度の時間がかかる．添字 gal は，銀河（galaxy）に対する物理量を表す．式（4.33）は，式（4.3）の自由落下時間とほぼ等しい．また，銀河の総数を $N_{\rm gal}$ とすると，銀河の平均質量は，

$$m_{\rm gal} = \frac{f_{\rm gal} M}{N_{\rm gal}} \tag{4.34}$$

と表される．ここで，$f_{\rm gal}$ は銀河団の重力質量のうち銀河が占める比率であり，典型的な値は数%程度である．銀河団の大局的な重力ポテンシャルはダークマターとガスが担い，銀河は局所的な密度の極大に対応している．

　万有引力は，クーロン力と同じ逆2乗力であるので，散乱角は式（3.18）において $Z_1 Z_2 e^2 \to G(m_1 + m_2) m_{\rm r}$ とおきかえた

$$\tan \frac{\theta}{2} = \frac{2G m_{\rm gal}}{v_{\rm gal}^2 b} \equiv \frac{\lambda_v}{2b} \tag{4.35}$$

が成り立ち，式（3.20）には

$$\lambda_v = \frac{4G m_{\rm gal}}{v_{\rm gal}^2} \simeq \frac{4 f_{\rm gal} R}{N_{\rm gal}} \tag{4.36}$$

が対応する．ここで，$m_1 = m_2 = m_{\rm gal}$ とし，式（4.32）を用いた．また，質量は正の符号のみをもつので遮蔽は起こらないが，銀河団のサイズが衝突係数の上限を与えるので，式（3.23）などにおけるクーロン対数は，

$$\ln \Lambda = \ln \left(\frac{2R}{\lambda_v}\right) \simeq \ln \left(\frac{N_{\rm gal}}{2 f_{\rm gal}}\right) \tag{4.37}$$

と書きかえられる．これより，式（3.24）に対応する銀河の平均自由行程は，

$$\lambda_{\rm gal} = \frac{1}{n_{\rm gal}(\pi \lambda_v^2 \ln \Lambda)} \simeq \frac{N_{\rm gal} R}{12 f_{\rm gal}^2 \ln \Lambda}$$

$$\simeq 500 \left(\frac{N_{\rm gal}}{100}\right) \left(\frac{R}{\rm Mpc}\right) \left(\frac{f_{\rm gal}}{0.05}\right)^{-2} \left(\frac{\ln \Lambda}{7}\right)^{-1} \quad {\rm Mpc} \tag{4.38}$$

と表される．ここで，銀河団中の銀河の平均数密度を $n_{\rm gal} = 3 N_{\rm gal}/(4\pi R^3)$ と表した．したがって，銀河の2体緩和時間（2-body relaxation time）は，

$$t_{2b} \equiv \frac{\lambda_{gal}}{v_{gal}} \simeq \frac{N_{gal}}{12 f_{gal}^2 \ln \Lambda} t_{cross}$$

$$\simeq 500 \left(\frac{N_{gal}}{100} \right) \left(\frac{f_{gal}}{0.05} \right)^{-2} \left(\frac{\ln \Lambda}{7} \right)^{-1} t_{cross} \tag{4.39}$$

と表される．これは宇宙年齢よりもはるかに長いので，銀河同士の 2 体緩和は，銀河団全体としては効かないと考えられる．ただし，銀河団中心部に限定すれば，少数の銀河が密集しているため，N_{gal} は実効的に下がり，f_{gal} は大きくなる．その結果，中心部においては銀河同士の緩和がある程度進んでいる可能性が高い．なお，上の定式化は，$f_{gal} = 1$ の場合には，N_{gal} 個の同種粒子のみからなる自己重力系に対する表式[*8]に帰着する．同一の m_{gal}, N_{gal}, R について比較すると，銀河以外の質量成分（ガスとダークマター）の存在によって，f_{gal} が小さくなると，t_{2b} は長くなる（式（4.39）において，$\ln \Lambda$ の変化は小さいため）ことがわかる．

　なお，重力多体系では，2 体緩和の他に，大局的な重力ポテンシャル（密度分布）の時間変化に伴って，粒子間のエネルギーの再分配が進む「激しい緩和（violent relaxation）」と呼ばれる過程が起こることが提唱されている[*9]．激しい緩和は，t_{cross} と同じオーダである自由落下時間程度で進むため，特に粒子数の大きな系では 2 体緩和よりもかなり効率が良い過程だが，これだけでは粒子の分布関数はマックスウェル分布には落ち着かず，速度の異方性も大きいという制約が存在する．

4.2.2　ジーンズ方程式

　2 体衝突が無視できる場合，銀河の分布はダークマターと同様に，無衝突ボルツマン方程式から得られるジーンズ方程式によって記述されると考えられる．ジーンズ方程式の導出と一般形は，付録 A.5 に示してある．

　たとえば，等方的な速度場に対しては，ジーンズ方程式は

$$\frac{\partial \vec{v}_{gal}}{\partial t} + (\vec{v}_{gal} \cdot \nabla) \vec{v}_{gal} = -\frac{\nabla(\rho_{gal} \sigma_{1D}^2)}{\rho_{gal}} - \nabla \phi \tag{4.40}$$

と表され，式（2.89）の対応関係のもとで流体の運動方程式（式（2.87））と同形

[*8] J. Binney & S. Tremaine, "Galactic Dynamics", 2nd edition, Princeton University Press (2008) の 1.2 節.

[*9] D. Lynden-Bell, Mon. Not. R. Astron. Soc., 136, 101（1967）.

になる．ただし，前小節で述べたように，銀河団中の銀河は緩和が不十分で，速度は等方的でない可能性が高い．

　そこで以下では，球対称かつ定常ではあるが，速度非等方性が存在する場合を考えよう．式 (A.130) と $\phi = -GM(< r)/r$ より，ジーンズ方程式は

$$\frac{1}{\rho_{\mathrm{gal}}(r)}\frac{\partial[\rho_{\mathrm{gal}}(r)\sigma_{rr}^2(r)]}{\partial r} + \frac{2\sigma_{rr}^2(r)\beta_v(r)}{r} = -\frac{GM(< r)}{r^2} \tag{4.41}$$

と表される．ここで，σ_{ij}^2 は式 (A.111) で定義される速度分散，β_v は式 (A.131) で定義される速度異方性パラメータであり，球対称性からすべての変数は半径 r のみの関数となる．球対称性のもとで，角度方向と動径方向の速度分散は，

$$\sigma_{\theta\theta}^2(r) = \sigma_{\varphi\varphi}^2(r) = [1 - \beta_v(r)]\,\sigma_{rr}^2(r) \tag{4.42}$$

によって結びついている．特に，β_v が r によらない定数の場合は，$\sigma_{rr}^2(r) \to 0$ $(r \to \infty)$ の境界条件のもとで

$$\sigma_{rr}^2(r) = \frac{1}{r^{2\beta_v}\rho_{\mathrm{gal}}(r)}\int_r^\infty GM(< r')r'^{2\beta_v-2}\rho_{\mathrm{gal}}(r')dr' \tag{4.43}$$

の関係が成り立つ．

　実際に観測されるのは，天球面上に投影された物理量である．銀河の単位質量あたりの光度を $\varUpsilon$ と表せば，式 (4.28) より，銀河の光度柱密度の角度分布は

$$\Sigma_{\mathrm{L}}(\theta) = 2\int_{d_{\mathrm{A}}\theta}^\infty \rho_{\mathrm{gal}}(r)\varUpsilon(r)\frac{rdr}{\sqrt{r^2 - d_{\mathrm{A}}^2\theta^2}} \tag{4.44}$$

で与えられる．また，視線方向の速度分散は，銀河の光度密度 $\rho_{\mathrm{gal}}(r)\varUpsilon(r)$ で重みをつけた射影によって，

$$\sigma_{\mathrm{los}}^2(\theta) = \frac{2\displaystyle\int_{d_{\mathrm{A}}\theta}^\infty \sigma_l^2(r,\theta)\rho_{\mathrm{gal}}(r)\varUpsilon(r)\dfrac{rdr}{\sqrt{r^2 - d_{\mathrm{A}}^2\theta^2}}}{\Sigma_{\mathrm{L}}(\theta)} \tag{4.45}$$

と表せる．ここで，天球面上の位置 θ を通る視線上で，銀河団中心から距離 r の地点における速度の視線成分は，式 (4.18) のもと

$$v_l(r,\theta) = v_r(r)\sqrt{1 - \frac{d_{\mathrm{A}}^2\theta^2}{r^2}} + v_\theta(r)\frac{d_{\mathrm{A}}\theta}{r} \tag{4.46}$$

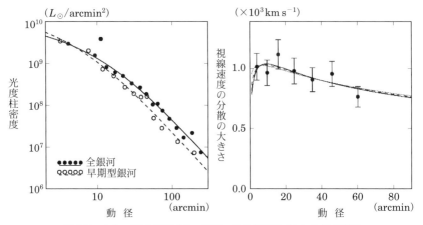

図4.7　かみのけ座銀河団中の銀河の光度柱密度（左）と視線速度
の分散の大きさ（右）の動径分布（天球面上）．E.L. Lokas, G.A.
Mamon, Mon. Not. R. Astron. Soc., 343, 401（2003）より転
載．線は，質量密度が式（2.203）に従うとした場合のフィット結
果．右図では，β_v の半径依存性は無視し，$-0.1 \sim -0.2$ 程度の値
が採用されている．

で与えられるので，この平均値は式（A.111）と同様に次式で表せる．

$$\sigma_l^2(r,\theta) = \overline{v_l v_l} - \overline{v_l}\,\overline{v_l} = \sigma_{rr}^2(r)\left[1 - \frac{d_{\mathrm{A}}^2\theta^2}{r^2}\beta_v(r)\right] \tag{4.47}$$

ここで，$\overline{v}_l = 0$，$\sigma_{r\theta} = 0$，および式（4.42）を用いた．

4.2.3　観測される銀河分布

　銀河団中の銀河の分布も，平均的には中心にピークをもち，外縁部に向かって
減少していく．図4.7（左）は，かみのけ座銀河団で観測された銀河の光度柱密度
の動径分布（天球面上）であり，光度–質量比 Υ（式（4.44））が半径によらずほ
ぼ一定であれば，銀河の質量密度 ρ_{gal} を天球上に射影した分布に対応すると考え
られる．銀河の質量密度は，ガス密度に比べて急峻な分布をもち，ダークマター
の質量密度（式（2.203））と同じ関数形が観測データを再現している．

　また，図4.7（右）は，同じ銀河団に対する視線速度の分散の動径分布（天球面
上）を示している．少なくとも銀河団中心付近では，速度分散の変化は光度柱密
度の変化に比べてずっと小さい．外側では，速度の異方性と合わせて，現状では

不定性が大きい.

4.3　ダークマターの空間分布（1）——銀河の運動による測定法

　ダークマターは，その名の通り電磁波を放射しないが，重力によって周囲に及ぼす影響を調べることによって，その質量や分布を知ることができる．4.3–4.5 節では，銀河団中のダークマター測定法として代表的な3つの方法を紹介する.

　銀河団中の銀河はランダム運動によって重力に対抗しているので，その運動を調べればダークマター分布についての情報を得ることができる．歴史的には，1933 年にツビッキー（F. Zwicky）がビリアル定理をかみのけ座銀河団に適用し，ダークマター存在の証拠をはじめて得たとされている[*10]．銀河団がビリアル平衡にあり，かつその密度分布が $\rho(r) \propto r^{-\alpha}$（$\alpha < 5/2$）に従うならば，式 (2.186)より，

$$M_{\mathrm{vir}} = \frac{5 - 2\alpha}{3 - \alpha} \frac{3\sigma_{\mathrm{vir}}^2 R_{\mathrm{vir}}}{G} \tag{4.48}$$

が成り立つ．したがって，密度分布のべき指数 α，ビリアル半径 R_{vir}，1 次元速度分散 σ_{vir}^2 が決まれば，質量が求められる.

　ビリアル定理を用いた方法はとても単純で便利であるが，総質量を与えるだけでその分布は測定できない，孤立系が仮定されている，平衡からのずれが存在した場合にその影響がわかりにくい，などの制約が存在する．そこで以下では，より拡張性の高い方法である，ジーンズ方程式を用いた定式化を合わせて紹介する．簡単のため，球対称かつ定常な銀河分布を仮定するが，原理的にはより一般の場合に拡張することが可能である.

　上で述べた仮定のもとでのジーンズ方程式 (4.41) より，半径 r 以内の重力質量は

$$M(<r) = -\frac{r\sigma_{rr}^2(r)}{G} \left[\frac{d\ln\rho_{\mathrm{gal}}(r)}{d\ln r} + \frac{d\ln\sigma_{rr}^2(r)}{d\ln r} + 2\beta_v(r) \right] \tag{4.49}$$

と表される．式 (4.49) の左辺は半径 r 内の質量の総和であるのに対し，右辺の各量は r において局所的に決まることに注意したい．また，ρ_{gal} の絶対値にも依存しない．そこで，銀河の光度-質量比 Υ がほぼ一定とみなせる限りは，観測され

[*10]　F. Zwicky, Helvetica Physica Acta, 6, 110（1933）.

る銀河光度柱密度分布と式（A.21）を用いて式（4.44）を逆に解いて $\rho_{\mathrm{gal}}(r)\Upsilon(r)$ を求めれば，$d\ln\rho_{\mathrm{gal}}(r)/d\ln r \simeq d\ln[\rho_{\mathrm{gal}}(r)\Upsilon(r)]/d\ln r$ が得られる．一方，速度分散に関しては，$\sigma_{rr}^2(r)$ と $\beta_v(r)$ の両者を式（4.45）で表される $\sigma_{\mathrm{los}}^2(\theta)$ だけから決めることはできない．そこで通常は，$\sigma_{rr}^2(r)$ と $\beta_v(r)$ のいずれか（あるいは両方）に対する何らかの仮定が用いられることになり，その妥当性が式（4.49）を用いた質量推定における大きな課題となる．たとえば，速度の等方性

$$\beta_v(r) = 0 \tag{4.50}$$

を仮定すれば，式（4.47）は r のみの関数となるので，式（4.45）の分子もアーベル変換（付録 A.2）に帰着し，式（A.21）を用いて $\sigma_{rr}^2(r)$ を決めることが可能となる．さらに，

$$\sigma_{rr}^2(r) = 一定 \tag{4.51}$$

も仮定した場合には，$\sigma_{\mathrm{los}}^2 = \sigma_l^2 = \sigma_{rr}^2$ となり，式（4.49）は，

$$M(<r) = \kappa \frac{\sigma_{\mathrm{los}}^2 r}{G} \tag{4.52}$$

$$\kappa \equiv -\frac{d\ln\rho_{\mathrm{gal}}(r)}{d\ln r} \tag{4.53}$$

と簡単化される．銀河団外縁部では $\kappa = 2 \sim 3$ 程度が示唆されている．式（4.52）では，半径 r における局所量のみから質量が決まる．逆に，次節以降で述べる別の手法によって $M(<r)$ が先にわかれば，式（4.49）と式（4.45）から，$\sigma_{rr}^2(r)$ と $\beta_v(r)$ を求めることが原理的には可能となる．なお，式（4.48）との比較のため，式（4.52）において，$r = R_{\mathrm{vir}}, \rho_{\mathrm{gal}} \propto r^{-\alpha}$ とおくと，

$$M(<R_{\mathrm{vir}}) = \frac{\alpha}{3} \frac{3\sigma_{\mathrm{los}}^2 R_{\mathrm{vir}}}{G} \tag{4.54}$$

となり，式（4.48）とは異なる係数が得られることに注意してほしい．ビリアル定理から得られる式（4.48）は，あくまでオーダー評価のための粗い近似と見なした方が良いだろう．

4.4　ダークマターの空間分布（2）——熱的ガスによる測定法

　銀河団に付随するプラズマの温度は数億度にも達するので，このように大きな運動エネルギーをもつガス粒子を外部に拡散させずに閉じ込めておくために必要

な質量を定式化しよう.

静水圧平衡と球対称性の仮定のもと, 式 (4.6) は,

$$M(<r) = -\frac{r}{G}\frac{p(r)}{\rho_{\rm gas}(r)}\frac{d\ln p(r)}{d\ln r} \qquad (4.55)$$

と書きかえられるので, 仮に熱的ガス (thermal gas) だけが圧力に寄与している場合は, $p = \rho_{\rm gas}k_{\rm B}T/(\mu m_{\rm p}) \equiv p_{\rm th}$ を代入して,

$$M(<r) = -\frac{r}{G}\frac{k_{\rm B}T(r)}{\mu m_{\rm p}}\left[\frac{d\ln\rho_{\rm gas}(r)}{d\ln r} + \frac{d\ln T(r)}{d\ln r}\right] \qquad (4.56)$$

と表される. 式 (4.49) と同様に, 左辺は半径 r 内の質量の総和であるが, 右辺の各量は r において局所的に決まる. また, 式 (4.56) の右辺はガス密度の絶対値には依存しないので, 電離度および元素組成比が大きく変化しない限りは, $d\ln\rho_{\rm gas}(r)/d\ln r = d\ln n_{\rm e}(r)/d\ln r$ と書き換えられ, さらに局所熱平衡状態では $T(r) = T_{\rm e}(r)$ としてよい. つまり, X 線表面輝度とスペクトルから, 式 (4.56) 右辺の各量がすべて決まり, 質量が測定される.

熱的ガス以外にも, 圧力を生じる成分が存在する場合はどうであろうか. 仮に銀河団中の磁場が等方的であるとすると, 熱的な圧力に対して

$$\frac{p_{\rm B}}{p_{\rm th}} = \frac{B^2}{8\pi}\frac{\mu m_{\rm p}}{\rho_{\rm gas}k_{\rm B}T}$$
$$\simeq 3\times10^{-3}\left(\frac{B}{\mu{\rm G}}\right)^2\left(\frac{\rho_{\rm gas}/\mu m_{\rm p}}{10^{-3}\,{\rm cm}^{-3}}\right)^{-1}\left(\frac{T}{10^8\,{\rm K}}\right)^{-1} \qquad (4.57)$$

の寄与がある. また, 等方的な乱流 (turbulence) が存在すると,

$$\frac{p_{\rm turb}}{p_{\rm th}} = \rho_{\rm gas}\sigma_{\rm turb}^2\frac{\mu m_{\rm p}}{\rho_{\rm gas}k_{\rm B}T}$$
$$\simeq 7\times10^{-3}\left(\frac{\sigma_{\rm turb}}{100\,{\rm km/s}}\right)^2\left(\frac{T}{10^8\,{\rm K}}\right)^{-1} \qquad (4.58)$$

と表される. ここで, $\sigma_{\rm turb}^2$ は乱流の 1 次元速度分散である. これらの和 $p = p_{\rm th} + p_{\rm B} + p_{\rm turb}$ を式 (4.55) に代入すれば,

$$M(<r) = -\frac{rk_{\rm B}T(r)}{G\mu m_{\rm p}}\left[\frac{d\ln\rho_{\rm gas}(r)}{d\ln r} + \frac{d\ln T(r)}{d\ln r}\right] - \frac{rB^2(r)}{4\pi G\rho_{\rm gas}(r)}\frac{d\ln B(r)}{d\ln r}$$
$$- \frac{r\sigma_{\rm turb}^2(r)}{G}\left[\frac{d\ln\rho_{\rm gas}(r)}{d\ln r} + \frac{d\ln\sigma_{\rm turb}^2(r)}{d\ln r}\right] \qquad (4.59)$$

が得られる．$B(r)$, $\sigma_{\mathrm{turb}}^2(r)$ の絶対値とともに，その半径依存性が重要であることがわかる．

4.5 ダークマターの空間分布（3）
——重力レンズ効果による測定法

4.5.1 重力レンズ効果とは

　ニュートンの万有引力の法則とそれを拡張した一般相対論の違いが顕著となる現象の一つに重力レンズ効果がある．光子は質量をもたないので，ニュートンの万有引力の法則では重力の作用を受けないとみなされるが，一般相対論では時空の曲がりを介して重力場の影響を受けることになる．重力源となる天体があたかもレンズのように働いて光を曲げることから，この現象は「重力レンズ効果」と呼ばれる．1919 年に，太陽近傍での光の湾曲が，一般相対論の予言と一致することが検証されたことは有名である[*11]．一方，宇宙論的な距離の天体による重力レンズ効果がはじめて観測されたのは，ずっと遅く，1979 年のことである[*12]．重力レンズ効果は，重力源となる天体の物質分布の測定や，遠方に存在する光源の発見など，さまざまな研究に応用されている．

　重力レンズ効果は，光の曲がりの効果が顕著に観測される「強い重力レンズ（strong gravitational lensing）」，光の曲がりの効果が個別には観測されずに統計的にのみ測定される「弱い重力レンズ（weak gravitational lensing）」，光の明るさの時間変化のみが観測される「重力マイクロレンズ（gravitational microlensing）」などに分類される．以下では，銀河団の質量測定に利用される強い重力レンズと弱い重力レンズについて解説する．

4.5.2 重力レンズ効果の定式化

　図 4.8 のように，光源 S を出た光が，レンズ天体の重心 L の近くを通って観測者 O に届いた結果，像 I が観測されたとする．S を含み OL に垂直な面を「光源面」，L を含み OL に垂直な面を「レンズ面」とそれぞれ呼ぶ．OL の方向を角度の原点にとり，S の方向を $\vec{\beta}$, I の方向を $\vec{\theta}$ としてそれぞれ天球面上の 2 次元角度

[*11]　F.W. Dyson, A.S. Eddington, C. Davidson, Philosophical Transactions of the Royal Society A, 220, 571（1920）.

[*12]　D. Walsh, R.F. Carswell, R.J. Weymann, Nature, 279, 381（1979）.

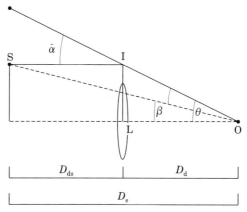

図4.8　重力レンズ効果の配置. 光源は S, レンズ天体の重心は L,
観測者は O, 観測される像は I にそれぞれ位置する.

ベクトルで表し，これらの大きさはいずれも微小とする．また，レンズ天体の奥
行きの広がりは，O と L の角径距離 D_d，O と S の角径距離 D_s，L と S の角径距
離 D_ds のいずれよりも十分に小さいと仮定する．この場合，光は L の近くで瞬時
に $\vec{\alpha}$ だけ曲げられるとみなせる．このような近似は「薄いレンズ近似（thin lens
approximation）」と呼ばれ，個別の天体による重力レンズ効果に対しては良く成
り立っている[*13]. なお，像 I は天球面上のどこに現れるかだけが問題であり，奥
行き方向の位置は任意で良いので，以下では便宜上レンズ面上にあると見なす.
また，宇宙論パラメータが与えられれば，任意の赤方偏移をもつ地点間の角径距
離は式（2.61）（2.65）によって決まる.

（1）重力レンズ方程式

上で述べた状況のもと，光源面上での距離関係から

$$\vec{\beta} = \vec{\theta} - \frac{D_\mathrm{ds}}{D_\mathrm{s}}\vec{\alpha}(\vec{\theta}) \quad \text{重力レンズ方程式} \tag{4.60}$$

が直ちに得られる．また，一般相対論を考慮した散乱角は

$$\vec{\alpha}(\vec{\theta}) = \frac{4GD_\mathrm{d}}{c^2}\int d^2\theta' \frac{\vec{\theta}-\vec{\theta}'}{|\vec{\theta}-\vec{\theta}'|^2}\Sigma(\vec{\theta}') \quad \text{散乱角} \tag{4.61}$$

[*13]　より広範囲の密度ゆらぎ場による重力レンズ効果などでは，薄いレンズ近似が破れる場合もある
が，本書では扱わない.

で与えられる[*14]．ここで，質量密度 ρ を視線積分した面密度を

$$\Sigma(\vec{\theta}) \equiv \int_{-\infty}^{\infty} \rho(\vec{\theta}, l) dl \quad \text{面密度} \tag{4.62}$$

で定義した．つまり，レンズ天体の質量分布がわかれば，式（4.60）より，$\vec{\theta}$ を $\vec{\beta}$ の関数として求めることができる．また逆に，$\vec{\theta}$ と $\vec{\beta}$ の関係が既知であれば，レンズ天体の質量分布についての情報が得られる．

なお，式（4.61）は，次のような考察からニュートン力学を用いて近似的に導くこともできる．まず，レンズ面上の位置 $\vec{\theta'}$ に微小質量 δM が局在すると考えて，古典的なラザフォード散乱の式をそのまま適用し，式（3.18）（4.35）で $m_1 = \delta M$, $m_2 = 0$, $v = c$, $b = D_{\rm d}|\vec{\theta} - \vec{\theta'}|$ とおけば，微小散乱角に対する表式として

$$\delta\hat{\alpha}^{\rm Newton} = \frac{2G \, \delta M(\vec{\theta'})}{c^2 D_{\rm d}|\vec{\theta} - \vec{\theta'}|} \tag{4.63}$$

が得られる．実はこの表式は，係数が「1/2」の大きさになっていることを除いては一般相対論を考慮した結果と完全に一致している．そこで，微小質量を面密度を用いて

$$\delta M(\vec{\theta'}) = D_{\rm d}^2 \Sigma(\vec{\theta'}) d^2\theta' \tag{4.64}$$

と表し，方向依存性を

$$\delta\vec{\hat{\alpha}}^{\rm Newton} = \delta\hat{\alpha}^{\rm Newton} \frac{\vec{\theta} - \vec{\theta'}}{|\vec{\theta} - \vec{\theta'}|} \tag{4.65}$$

によって取り入れた上で，係数のずれを補正しつつ

$$\vec{\alpha} = 2 \int \delta\vec{\hat{\alpha}}^{\rm Newton} \tag{4.66}$$

と足し上げれば，式（4.61）と一致する．

（2）像の変形

一般に，光源となる天体は有限の大きさをもつが，原理的には光源の各地点に対して重力レンズ方程式を解いた結果を重ね合わせれば，像を得ることができる．言い換えると，重力レンズ方程式を介して，光源 S の面積と，像 I の面積が結び

[*14] たとえば，須藤靖，『もうひとつの一般相対論入門』，日本評論社（2010），第 5 章．

つくことになる．この場合，両者の局所的な（すなわち，微小面積どうしの間に
おける）対応関係は，一般的な多重積分の変数変換と同様に，ヤコビ行列

$$A \equiv \frac{\partial \vec{\beta}}{\partial \vec{\theta}} = \begin{pmatrix} \dfrac{\partial \beta_1}{\partial \theta_1} & \dfrac{\partial \beta_1}{\partial \theta_2} \\ \dfrac{\partial \beta_2}{\partial \theta_1} & \dfrac{\partial \beta_2}{\partial \theta_2} \end{pmatrix} \equiv \begin{pmatrix} \beta_{1,1} & \beta_{1,2} \\ \beta_{2,1} & \beta_{2,2} \end{pmatrix} \tag{4.67}$$

によって指定される．ここで，添字 1, 2 は角度ベクトルの成分を表すが，今考え
ている角度は小さいことから，2 次元デカルト座標を用いることができる．また，
記述を簡略にするため，カンマ（,）によって偏微分を表す．式（4.67）のもとで
の $\det A$ は「光源 S の微小面積÷像 I の微小面積」を表すことに注意しよう．

　ヤコビ行列の成分を具体的に求めるため，重力レンズ方程式（4.60）を少し書
き直した

$$\vec{\theta} - \vec{\beta} = \frac{D_{\mathrm{ds}}}{D_{\mathrm{s}}} \vec{\hat{\alpha}}(\vec{\theta}) \equiv \nabla^{(2)} \psi \tag{4.68}$$

によって，重力レンズポテンシャル ψ を定義する．ここで，$^{(2)}$ の記号は 2 次元
の演算子であることを意味する．式（4.61）と合わせると，

$$\psi(\vec{\theta}) = \frac{1}{\pi} \int \kappa(\vec{\theta'}) \ln |\vec{\theta} - \vec{\theta'}| d\vec{\theta'} \quad \text{レンズポテンシャル} \tag{4.69}$$

$$\kappa(\vec{\theta}) \equiv \frac{\Sigma(\vec{\theta})}{\Sigma_{\mathrm{cr}}} \quad \text{コンバージェンス（convergence）} \tag{4.70}$$

$$\Sigma_{\mathrm{cr}} \equiv \frac{c^2}{4\pi G} \frac{D_{\mathrm{s}}}{D_{\mathrm{d}} D_{\mathrm{ds}}} \quad \text{臨界面密度（critical surface density）}$$

$$= 1.7 \times 10^{15} \left(\frac{D_{\mathrm{d}} D_{\mathrm{ds}} / D_{\mathrm{s}}}{\mathrm{Gpc}} \right)^{-1} M_{\odot} \quad \mathrm{Mpc}^{-2} \tag{4.71}$$

と表すことができる．2 次元ラプラシアンに対するグリーン関数によって，

$$\Delta^{(2)} \ln |\vec{x}| = 2\pi \delta_{\mathrm{D}}^{(2)}(\vec{x}) \tag{4.72}$$

が成り立つので，式（4.69）より，

$$\kappa(\vec{\theta}) = \frac{1}{2} \Delta^{(2)} \psi(\vec{\theta}) = \frac{1}{2} (\psi_{,11} + \psi_{,22}) \tag{4.73}$$

と表される．$\delta_{\mathrm{D}}^{(2)}$ は 2 次元のデルタ関数である．当然ながら，いたるところで
$\kappa = \Sigma = 0$ であれば重力レンズは起きない．また，$\kappa > 1$ すなわち $\Sigma > \Sigma_{\mathrm{cr}}$ が，
重力レンズ現象が顕著となる，すなわち強い重力レンズ効果が起こるための目安

となる.

さて，式 (4.68) を式 (4.67) に代入すると，

$$A = \begin{pmatrix} 1 - \psi_{,11} & -\psi_{,12} \\ -\psi_{,21} & 1 - \psi_{,22} \end{pmatrix}$$

$$= \begin{pmatrix} 1 & 0 \\ 0 & 1 \end{pmatrix} + \begin{pmatrix} -\kappa & 0 \\ 0 & -\kappa \end{pmatrix} + \begin{pmatrix} -\gamma_1 & 0 \\ 0 & \gamma_1 \end{pmatrix} + \begin{pmatrix} 0 & -\gamma_2 \\ -\gamma_2 & 0 \end{pmatrix} \quad (4.74)$$

が得られる. ここで，式 (4.73) に加えて

$$\gamma_1(\vec{\theta}) \equiv \frac{1}{2}(\psi_{,11} - \psi_{,22}), \quad \gamma_2(\vec{\theta}) \equiv \psi_{,12} = \psi_{,21} \qquad \text{シアー (shear)} \quad (4.75)$$

を定義した. 今，式 (4.67) の A の定義に注意して，式 (4.74) が「光源に対する像の変化」について意味することをまとめると下記のようになる.

- κ のみゼロでない場合: 全方向へ $1/(1-\kappa)$ 倍の引き伸ばし. 面積は $1/(1-\kappa)^2$ 倍.
- γ_1 のみゼロでない場合: θ_1 軸方向へ $1/(1-\gamma_1)$ 倍，θ_2 軸方向へ $1/(1+\gamma_1)$ 倍の変化. 面積は $1/(1-\gamma_1^2)$ 倍.
- γ_2 のみゼロでない場合: θ_1 軸，θ_2 軸からそれぞれ 45 度傾いた方向に $1/(1-\gamma_2)$ 倍，$1/(1+\gamma_2)$ 倍の変化. 面積は $1/(1-\gamma_2^2)$ 倍.

面積の変化は，γ_1, γ_2 については 2 次のオーダであるので，これらが微小である場合には無視できる.

また，式 (4.74) の第 3, 4 項は，

$$\gamma \equiv \gamma_1 + i\gamma_2 = |\gamma|e^{2i\varphi} \quad (4.76)$$

すなわち

$$\gamma_1 = |\gamma|\cos 2\varphi, \quad \gamma_2 = |\gamma|\sin 2\varphi \quad (4.77)$$

によって $(\gamma_1, \gamma_2) \to (|\gamma|, \varphi)$ の変数変換をする[*15]と，回転行列

$$U = \begin{pmatrix} \cos\varphi & -\sin\varphi \\ \sin\varphi & \cos\varphi \end{pmatrix} \quad (4.78)$$

[*15]　$\kappa, \gamma_1, \gamma_2$ は実数であるが，γ は複素数として定義されることに注意しよう.

によって，

$$U^{-1} \begin{pmatrix} -|\gamma| \cos 2\varphi & -|\gamma| \sin 2\varphi \\ -|\gamma| \sin 2\varphi & |\gamma| \cos 2\varphi \end{pmatrix} U = \begin{pmatrix} -|\gamma| & 0 \\ 0 & |\gamma| \end{pmatrix} \tag{4.79}$$

と対角化される．すなわち，すでに対角化されている式（4.74）の第 1, 2 項と合わせて

$$U^{-1}AU = \begin{pmatrix} 1-\kappa-|\gamma| & 0 \\ 0 & 1-\kappa+|\gamma| \end{pmatrix} \equiv \begin{pmatrix} \lambda_- & 0 \\ 0 & \lambda_+ \end{pmatrix} \tag{4.80}$$

が成り立つ．ここで，$\lambda_\pm$ は A の固有値であり，κ や γ などの諸量はすべて $\vec{\theta}$ の関数である．式（4.77）より，$\varphi \to \varphi + \pi$ としてもまったく同じ結果が得られる．つまり，重力レンズによる像の変形には，与えられた $\vec{\theta}$ ごとに基準となる方向が二つ（すなわち，座標軸を角度 φ だけ回転した方向とその逆方向）存在し，それらの方向に $1/\lambda_-$ 倍，それらと垂直な方向に $1/\lambda_+$ 倍の変形が像に生じる．負の固有値は逆像を意味する．

なお，A の逆行列は，

$$A^{-1} = \frac{1}{\lambda_+ \lambda_-} \begin{pmatrix} 1-\kappa+\gamma_1 & \gamma_2 \\ \gamma_2 & 1-\kappa-\gamma_1 \end{pmatrix} = \frac{1}{\lambda_+ \lambda_-} A|_{\gamma \to -\gamma} \tag{4.81}$$

である．$A|_{\gamma \to -\gamma}$ は式（4.74）で $(\gamma_1, \gamma_2) \to (-\gamma_1, -\gamma_2)$ と置き換えた行列を表す．

（3）増光

　上で述べた面積の変化は，光源のフラックスの変化に直結する．重要な前提として，重力レンズ効果では，光子数およびエネルギーは保存されるので，光源の表面輝度は変わらない．したがって，重力レンズによる増光率，すなわち「像のフラックス÷光源のフラックス」は，単に天球面上における面積比に等しく，

$$\mu(\vec{\theta}) = \frac{1}{|\det A|} = \frac{1}{|\lambda_+ \lambda_-|} = \frac{1}{|(1-\kappa)^2 - |\gamma|^2|} \quad 増光率 \tag{4.82}$$

で与えられる．

　さて，式（4.82）は

$$1 - \kappa(\vec{\theta}) = \pm|\gamma(\vec{\theta})| \tag{4.83}$$

において発散する．これを満たす $\vec{\theta}$ の集合を「臨界曲線（critical curve）」，それに対応する $\vec{\beta}$ の集合を「コースティクス（caustics）」と呼ぶ．ただし，ヤコビ行列は微小面積に対して局所的に適用されるべきものなので，有限の大きさの領域では発散は回避される．いずれにしろ，臨界曲線は増光率が急激に大きくなる地点の良い目安となる．

　また，臨界曲線の付近では $\lambda_\pm$ のいずれかがゼロに近づくので，像の形は一方向に大きく引きのばされることになる．

（4）光源数の変化

　重力レンズによって暗い光源が増光されると，一定の明るさ以上で観測される天体の数が必ず増加するように思えるかもしれないが，実はそれほど単純ではない．上で述べたように，重力レンズは光源面の面積を増加させるので，同時に光源の数密度を減少させる効果もあるからである．

　これを定式化するため，まず，重力レンズがない場合に，単位立体角あたりにフラックス F 以上をもって存在する天体の数が

$$N(> F) = N_0 \left(\frac{F}{F_0}\right)^{-\alpha_N} \tag{4.84}$$

と表されたとしよう．これは，一般には暗い天体ほど数が増加することを念頭に，基準となるフラックス F_0 付近での数の変化をべき関数で近似したとみなせばよい．簡単のため，これらの天体はすべて同じ赤方偏移（すなわち D_s）に位置し，同じ割合 μ で増光されるとする．すると，重力レンズ効果をうけた天体数は，

$$N_{\rm lens}(> F) = \frac{1}{\mu} N\left(> \frac{F}{\mu}\right) = \mu^{\alpha_N - 1} N(> F) \tag{4.85}$$

と表される．ここで，光源面の面積が μ 倍になった結果，増光によってもともとのフラックスが F/μ 以上の天体が観測される一方で，天体の数密度は $1/\mu$ に薄まることを考慮している．したがって，$\mu > 1$（増光）に対して，$\alpha_N > 1$ であれば単位立体角あたりの天体数は増加するが，$\alpha_N < 1$ であればむしろ減少することになる．

4.5.3 軸対称な質量分布による重力レンズ効果

前小節で行った一般的な定式化を，視線方向にそって軸対称な質量分布に適用してみよう．これは，実際の観測データを解釈する上での土台となる．

軸対称な質量分布に対し，重力レンズによる散乱角（式 (4.61)）を $\vec{\theta}$ に平行な成分と垂直な成分にそれぞれ分割すると，

$$\hat{\alpha}(\vec{\theta})_{/\!/} = \frac{4GD_{\mathrm{d}}}{c^2} \int_0^\infty d\theta' \theta' \Sigma(\theta') \int_0^{2\pi} d\chi \frac{|\vec{\theta}| - \theta' \cos\chi}{|\vec{\theta}|^2 + \theta'^2 - 2|\vec{\theta}|\theta' \cos\chi} \tag{4.86}$$

$$\hat{\alpha}(\vec{\theta})_\perp = \frac{4GD_{\mathrm{d}}}{c^2} \int_0^\infty d\theta' \theta' \Sigma(\theta') \int_0^{2\pi} d\chi \frac{-\theta' \sin\chi}{|\vec{\theta}|^2 + \theta'^2 - 2|\vec{\theta}|\theta' \cos\chi} \tag{4.87}$$

と表される．ここで，$\vec{\theta}$ と $\vec{\theta'}$ のなす角を χ とおいた．この段階では，$\vec{\theta'}$ に対してのみ円対称を仮定している．まず，式 (4.87) の χ 積分はゼロとなるので，$\vec{\alpha}$ は $\vec{\theta}$ と平行である．一方，式 (4.86) の χ 積分は，$\theta' < |\vec{\theta}|$ では $2\pi/|\vec{\theta}|$，$\theta' > |\vec{\theta}|$ ではゼロであるので，$|\vec{\theta}|$ よりも内側の物質のみが光の曲がりに寄与することがわかる．これらをまとめると，

$$\vec{\alpha}(\vec{\theta}) = \frac{4G}{c^2} \frac{M(<|\vec{\theta}|)}{D_{\mathrm{d}}|\vec{\theta}|} \frac{\vec{\theta}}{|\vec{\theta}|} \tag{4.88}$$

$$M(<|\vec{\theta}|) \equiv 2\pi D_{\mathrm{d}}^2 \int_0^{|\vec{\theta}|} d\theta' \theta' \Sigma(\theta') \tag{4.89}$$

と表すことができる．ここで，$M(<|\vec{\theta}|)$ は角度 $|\vec{\theta}|$ 以内に存在する重力質量，$D_{\mathrm{d}}|\vec{\theta}|$ はレンズ面上における衝突パラメータを意味し，直観的にわかりやすい結果となっている．これより，重力レンズ方程式 (4.60) は形式的に

$$\vec{\theta} - \vec{\beta} = \frac{\theta_{\mathrm{E}}^2(|\vec{\theta}|)}{|\vec{\theta}|^2} \vec{\theta} \tag{4.90}$$

$$\theta_{\mathrm{E}}(|\vec{\theta}|) \equiv \sqrt{\frac{M(<|\vec{\theta}|)}{\pi \Sigma_{\mathrm{cr}} D_{\mathrm{d}}^2}} \quad \text{アインシュタイン半径} \tag{4.91}$$

と表される．ここで，アインシュタイン半径 θ_{E} は，内側の平均柱密度が Σ_{cr}（式 (4.71)）に等しくなる半径として定義される．

特に $\vec{\beta} = 0$ の場合には，

$$|\vec{\theta}| = \theta_{\mathrm{E}}(|\vec{\theta}|) \tag{4.92}$$

を満たす点にリング状の像（アインシュタインリング）が現れ，その内側の質量は，

$$M(<\theta_{\mathrm{E}}) = \frac{c^2}{4G}\frac{D_{\mathrm{s}}D_{\mathrm{d}}}{D_{\mathrm{ds}}}\theta_{\mathrm{E}}^2 = 4.4\times10^{14}\left(\frac{D_{\mathrm{s}}D_{\mathrm{d}}/D_{\mathrm{ds}}}{\mathrm{Gpc}}\right)\left(\frac{\theta_{\mathrm{E}}}{60''}\right)^2 M_\odot \tag{4.93}$$

で与えられる．一方，$\vec{\beta} \neq 0$ の場合は，式（4.90）より $\vec{\theta}//\vec{\beta}$ であるので，軸対称な質量分布に対しては，像，光源，原点はつねに天球面内の同一線上に存在する．そこで，

$$\vec{\theta} = \theta\frac{\vec{\beta}}{\beta}, \quad \beta \equiv |\vec{\beta}| > 0 \tag{4.94}$$

とおけば，式（4.90）を成分で表した式は

$$\theta - \beta = \begin{cases} \dfrac{\theta_{\mathrm{E}}^2(|\theta|)}{|\theta|} & (\theta > 0 \text{ のとき}) \\[3mm] -\dfrac{\theta_{\mathrm{E}}^2(|\theta|)}{|\theta|} & (\theta < 0 \text{ のとき}) \end{cases} \tag{4.95}$$

と分離される．ここで，定義により β はつねに正であるが，θ は負になることもあり，$\theta < 0$ は像が光源とは反対側に現れることを意味する．

次に，重力レンズポテンシャルは，式（4.68）（4.71）より

$$\nabla^{(2)}\psi = \frac{1}{\pi\Sigma_{\mathrm{cr}}}\frac{M(<|\theta|)}{D_{\mathrm{d}}^2|\theta|^2}\vec{\theta} \tag{4.96}$$

のように軸対称である．デカルト座標系を用いて $\vec{\theta} = (\theta_1, \theta_2)$ と成分表示すると，

$$\psi_{,11} = \frac{1}{\pi\Sigma_{\mathrm{cr}}D_{\mathrm{d}}^2|\theta|^2}\left[\theta_1\frac{\partial M(<|\theta|)}{\partial\theta_1} + \frac{\theta_2^2 - \theta_1^2}{|\theta|^2}M(<|\theta|)\right] \tag{4.97}$$

$$\psi_{,22} = \frac{1}{\pi\Sigma_{\mathrm{cr}}D_{\mathrm{d}}^2|\theta|^2}\left[\theta_2\frac{\partial M(<|\theta|)}{\partial\theta_2} + \frac{\theta_1^2 - \theta_2^2}{|\theta|^2}M(<|\theta|)\right] \tag{4.98}$$

$$\psi_{,12} = \frac{1}{\pi\Sigma_{\mathrm{cr}}D_{\mathrm{d}}^2|\theta|^2}\left[\frac{\theta_1\theta_2}{|\theta|}\frac{dM(<|\theta|)}{d|\theta|} - \frac{2\theta_1\theta_2}{|\theta|^2}M(<|\theta|)\right] \tag{4.99}$$

が得られる．ここで，式（4.99）では，軸対称性のもとで $\dfrac{\partial}{\partial\theta_i} = \dfrac{\theta_i}{|\theta|}\dfrac{\partial}{\partial|\theta|}$ $(i=1,2)$ であることを用いた．これより，

$$\kappa = \frac{\psi_{,11} + \psi_{,22}}{2} = \frac{1}{\pi\Sigma_{\mathrm{cr}}D_{\mathrm{d}}^2|\theta|^2}\frac{|\theta|}{2}\frac{dM(<|\theta|)}{d|\theta|} = \frac{\Sigma(|\theta|)}{\Sigma_{\mathrm{cr}}} \tag{4.100}$$

$$\gamma_1 = \frac{\psi_{,11} - \psi_{,22}}{2} = \frac{1}{\pi \Sigma_{\mathrm{cr}} D_{\mathrm{d}}^2 |\theta|^2} \left[\frac{|\theta|}{2} \frac{dM(< |\theta|)}{d|\theta|} - M(< |\theta|) \right] \frac{\theta_1^2 - \theta_2^2}{|\theta|^2} \quad (4.101)$$

$$\gamma_2 = \psi_{,12} = \frac{1}{\pi \Sigma_{\mathrm{cr}} D_{\mathrm{d}}^2 |\theta|^2} \left[\frac{|\theta|}{2} \frac{dM(< |\theta|)}{d|\theta|} - M(< |\theta|) \right] \frac{2\theta_1 \theta_2}{|\theta|^2} \quad (4.102)$$

と表される. ここで, 式 (4.100) では $\theta_1 \dfrac{\partial}{\partial \theta_1} + \theta_2 \dfrac{\partial}{\partial \theta_2} = |\theta| \dfrac{\partial}{\partial |\theta|}$, 式 (4.101) では

軸対称性のもとで $\theta_1 \dfrac{\partial}{\partial \theta_1} - \theta_2 \dfrac{\partial}{\partial \theta_2} = \dfrac{\theta_1^2 - \theta_2^2}{|\theta|} \dfrac{\partial}{\partial |\theta|}$ であることをそれぞれ用いた.

また,

$$\theta_1 = |\theta| \cos \varphi, \quad \theta_2 = |\theta| \sin \varphi \quad (4.103)$$

$$\tilde{\gamma} = \frac{1}{\pi \Sigma_{\mathrm{cr}} D_{\mathrm{d}}^2 |\theta|^2} \left[\frac{|\theta|}{2} \frac{dM(< |\theta|)}{d|\theta|} - M(< |\theta|) \right] \quad (4.104)$$

とおけば, 式 (4.101) (4.102) は

$$\gamma_1 = \tilde{\gamma} \cos 2\varphi, \quad \gamma_2 = \tilde{\gamma} \sin 2\varphi \quad (4.105)$$

と書ける. これは, 式 (4.77) において, $|\gamma| \to \tilde{\gamma}$ と形式的におきかえた式に一致している. ただし, $|\gamma|$ はつねに正であるのに対し, $\tilde{\gamma}$ は負にもなり得るが, これは式 (4.80) で λ_+ と λ_- の値が入れ替わること以外には結果に影響しない. つまり, 軸対称な質量分布に対しては, 像の位置 $\vec{\theta}$ の方向は, 行列 A が式 (4.80) のように対角化される方向 φ に一致しており, 原点から見て

$$接線方向 \quad \frac{1}{\lambda_+} = \frac{1}{1 - \kappa + \tilde{\gamma}} 倍 \quad (4.106)$$

$$動径方向 \quad \frac{1}{\lambda_-} = \frac{1}{1 - \kappa - \tilde{\gamma}} 倍 \quad (4.107)$$

という変形をうけた像が生じることになる.

さらに, κ を半径 $|\theta|$ 内で平均した量

$$\bar{\kappa}(< |\theta|) \equiv \frac{2\pi}{\pi |\theta|^2} \int_0^{|\theta|} \kappa(\theta') \theta' d\theta' = \frac{M(< |\theta|)}{\pi \Sigma_{\mathrm{cr}} D_{\mathrm{d}}^2 |\theta|^2} = \frac{\theta_{\mathrm{E}}^2(|\theta|)}{|\theta|^2} \quad (4.108)$$

を導入すると, 式 (4.100) (4.104) (4.106) (4.107) より

$$\tilde{\gamma} = \kappa - \bar{\kappa}, \quad (4.109)$$

$$\lambda_+ = 1 - \bar{\kappa}, \quad (4.110)$$

$$\lambda_- = 1 - 2\kappa + \bar{\kappa} = 1 - \frac{d(|\theta|\bar{\kappa})}{d|\theta|} \tag{4.111}$$

と表すことができる．これらは，任意の地点における像の歪みが，その地点よりも内側の質量分布によって決まることを意味している．4.5.4 節で解説する弱い重力レンズ効果はまさにこの性質を利用して，像の歪みから質量分布を測定している[*16].

以上より，臨界曲線は，

$$\lambda_+ = 0 \leftrightarrow |\theta| = \theta_{\mathrm{E}}(|\theta|) \ \leftrightarrow \ \bar{\kappa} = 1 \tag{4.112}$$

$$\lambda_- = 0 \leftrightarrow |\theta| = \sqrt{\frac{1}{\pi \Sigma_{\mathrm{cr}} D_{\mathrm{d}}^2} \left[|\theta| \frac{dM(<|\theta|)}{d|\theta|} - M(<|\theta|) \right]}$$

$$\leftrightarrow 2\kappa - \bar{\kappa} = 1 \ \leftrightarrow \ \frac{d(|\theta|\bar{\kappa})}{d|\theta|} = 1 \tag{4.113}$$

の解として与えられる．式（4.91）で与えられるアインシュタイン半径 θ_{E} に，接線方向に引き伸ばされたリング（あるいはアーク）が現れることも自然に説明される．

では次に，動径方向の質量分布を指定して，具体的な解を求めてみよう．

（1）質点

たとえば，レンズ天体の大きさが無視できて質量 M の点源とみなせる場合は，2 次元のデルタ関数を用いて

$$\Sigma(\vec{\theta}) = \frac{M}{D_{\mathrm{d}}^2} \delta_{\mathrm{D}}^{(2)}(\vec{\theta}) \tag{4.114}$$

と表せる[*17]ので，式（4.61）は

$$\vec{\alpha}(\vec{\theta}) = \frac{4GM}{c^2 D_{\mathrm{d}} |\theta|} \frac{\vec{\theta}}{|\theta|} \tag{4.115}$$

となる．

質点に対するアインシュタイン半径（4.91）は，

[*16]　ただし，実際に観測される像の形状は，光源がもともと持っていた形状や向きにも影響されるので，その影響を分離するために多数の光源の像に対する統計解析が行われる．

[*17]　係数は，$\int \Sigma(\theta') D_{\mathrm{d}}^2 d^2\theta' = M$ となるように選べば良い．

$$\theta_{\mathrm{E,pt}} \equiv \sqrt{\frac{M}{\pi \Sigma_{\mathrm{cr}} D_{\mathrm{d}}^2}} = \sqrt{\frac{4GM}{c^2}\frac{D_{\mathrm{ds}}}{D_{\mathrm{d}} D_{\mathrm{s}}}}$$

$$= 90'' \left(\frac{M}{10^{15} M_\odot}\right)^{1/2} \left(\frac{D_{\mathrm{d}} D_{\mathrm{s}}/D_{\mathrm{ds}}}{\mathrm{Gpc}}\right)^{-1/2} \tag{4.116}$$

となる．$\beta = 0$ の場合は，$\theta = \theta_{\mathrm{E,pt}}$ にアインシュタインリングが現れる．$\beta > 0$ に対するレンズ方程式（4.95）は

$$\theta - \beta = \frac{\theta_{\mathrm{E,pt}}^2}{\theta} \tag{4.117}$$

にまとめられ，

$$\theta_\pm = \frac{\beta \pm \sqrt{\beta^2 + 4\theta_{\mathrm{E,pt}}^2}}{2} \tag{4.118}$$

という解をもつ．$\theta_{\mathrm{E,pt}}$ の外側（θ_+）と内側（θ_-）に合わせて二つの像が現れ，かつ θ_- は光源とは反対側に位置する．

重力レンズポテンシャルは，式（4.69）（4.70）（4.114）（4.116）より，

$$\psi(\theta) = \theta_{\mathrm{E,pt}}^2 \ln|\theta| \tag{4.119}$$

で与えられる．$\theta \neq 0$ においては式（4.100）（4.104）（4.106）（4.107）（4.82）より

$$\kappa(\theta) = 0 \tag{4.120}$$

$$\tilde{\gamma}(\theta) = -|\gamma(\theta)| = -\left(\frac{\theta_{\mathrm{E,pt}}}{|\theta|}\right)^2 \tag{4.121}$$

$$\frac{1}{\lambda_+(\theta)} = \frac{1}{1 - (\theta_{\mathrm{E,pt}}/|\theta|)^2} \quad 接線方向の伸び率 \tag{4.122}$$

$$\frac{1}{\lambda_-(\theta)} = \frac{1}{1 + (\theta_{\mathrm{E,pt}}/|\theta|)^2} \quad 動径方向の伸び率 \tag{4.123}$$

$$\mu(\theta) = \frac{1}{|1 - (\theta_{\mathrm{E,pt}}/|\theta|)^4|} \quad 増光率 \tag{4.124}$$

であり，臨界曲線は $\lambda_+ = 0$ に対応するアインシュタインリングのみになる．これらに式（4.118）を代入すれば，各像に対する諸量が得られる．

（2）特異等温球

レンズ天体の広がりを考慮する際に，最低次の近似としてよく用いられるのが，式（2.202）で与えられる特異等温球である．この場合の質量は

$$M(<|\theta|) = \frac{\pi\sigma_{1D}^2}{G} D_d |\theta| \tag{4.125}$$

であるので，散乱角

$$\vec{\hat{\alpha}}(\vec{\theta}) = \frac{4\pi\sigma_{1D}^2}{c^2} \frac{\vec{\theta}}{|\theta|} \tag{4.126}$$

は θ によらず一定となる．$\beta = 0$ の場合は，$|\theta| = \theta_E(|\theta|)$ の解

$$\theta_{SIS} = \frac{4\pi\sigma_{1D}^2}{c^2} \frac{D_{ds}}{D_s} \simeq 30'' \left(\frac{\sigma_{1D}}{1000\ \mathrm{km/s}}\right)^2 \frac{D_{ds}}{D_s} \tag{4.127}$$

にアインシュタインリングが現れる．$\beta > 0$ に対するレンズ方程式（4.95）は

$$\theta - \beta = \begin{cases} \theta_{SIS} & (\theta > 0 \text{ のとき}) \\ -\theta_{SIS} & (\theta < 0 \text{ のとき}) \end{cases} \tag{4.128}$$

であるので，

$$\theta = \begin{cases} \beta \pm \theta_{SIS} & (\beta < \theta_{SIS}\text{のとき}) \\ \beta + \theta_{SIS} & (\beta > \theta_{SIS}\text{のとき}) \end{cases} \tag{4.129}$$

が解となる．$\theta \neq 0$ においては式（4.100）（4.104）（4.106）（4.107）（4.82）より

$$\kappa(\theta) = \frac{\theta_{SIS}}{2|\theta|} \tag{4.130}$$

$$\tilde{\gamma}(\theta) = -|\gamma(\theta)| = -\frac{\theta_{SIS}}{2|\theta|} \tag{4.131}$$

$$\frac{1}{\lambda_+(\theta)} = \frac{1}{1 - \theta_{SIS}/|\theta|} \quad \text{接線方向の伸び率} \tag{4.132}$$

$$\frac{1}{\lambda_-(\theta)} = 1 \quad \text{動径方向の伸び率} \tag{4.133}$$

$$\mu(\theta) = \frac{1}{|1 - \theta_{SIS}/|\theta||} \quad \text{増光率} \tag{4.134}$$

であり，臨界曲線は $\lambda_+ = 0$ に対応するアインシュタインリングのみになる．

(3) NFW プロファイル

　大規模 N 体計算から示唆される NFW プロファイル（式（2.203）（2.204）で $\alpha = 1$ とした場合）に対しては，無次元化された半径 $x \equiv D_d |\theta|/r_s$ を定義すると，面密度が

$$\Sigma(|\theta|) = 2\rho_{\rm s} r_{\rm s} \times \begin{cases} \dfrac{1}{x^2-1}\left(1 - \dfrac{2}{\sqrt{1-x^2}}\,\mathrm{arctanh}\sqrt{\dfrac{1-x}{1+x}}\right) & (x < 1) \\[3mm] \dfrac{1}{3} & (x = 1) \\[3mm] \dfrac{1}{x^2-1}\left(1 - \dfrac{2}{\sqrt{x^2-1}}\,\arctan\sqrt{\dfrac{x-1}{1+x}}\right) & (x > 1) \end{cases}$$

$$(4.135)$$

天球面上に射影された質量が

$$M(<|\theta|) = 4\pi\rho_{\rm s} r_{\rm s}^3 g_{\rm NFW}\left(\frac{D_{\rm d}|\theta|}{r_{\rm s}}\right) \tag{4.136}$$

$$g_{\rm NFW}(x) = \begin{cases} \ln\left(\dfrac{x}{2}\right) + \dfrac{2}{\sqrt{1-x^2}}\,\mathrm{arctanh}\sqrt{\dfrac{1-x}{1+x}} & (x < 1) \\[3mm] \ln\left(\dfrac{x}{2}\right) + 1 & (x = 1) \\[3mm] \ln\left(\dfrac{x}{2}\right) + \dfrac{2}{\sqrt{x^2-1}}\,\arctan\sqrt{\dfrac{x-1}{1+x}} & (x > 1) \end{cases} \tag{4.137}$$

でそれぞれ与えられる．したがって，この場合のアインシュタイン半径 $\theta_{\rm NFW}$ は，式 (4.91) より

$$\theta_{\rm NFW} = \sqrt{\frac{16\pi G}{c^2}\frac{D_{\rm ds}}{D_{\rm d}D_{\rm s}}\rho_{\rm s} r_{\rm s}^3 g_{\rm NFW}\left(\frac{D_{\rm d}\theta_{\rm NFW}}{r_{\rm s}}\right)} \tag{4.138}$$

の解で与えられ，$\kappa(x) = \Sigma(x)/\Sigma_{\rm cr}$, $\bar{\kappa}(<x) = M(<x)/(\pi x^2 r_{\rm s}^2 \Sigma_{\rm cr})$ および式 (4.109) (4.110) (4.111) によって像の歪みを解析的に表すことができる．

4.5.4　弱い重力レンズ効果

前小節までに述べた像の変形や増光が直接観測されれば，「強い重力レンズ」となるが，実際にそれが起こる確率は小さい．一方，宇宙空間には物質が存在するので，たとえ影響は小さくとも，我々のもとに届く光は重力レンズ効果を必ず受けている．そこで，このような微弱な効果を統計的な手法によって測定したものが「弱い重力レンズ」である．ここでは，その定式化の一例を紹介しよう．

まず，レンズ面上で観測される一つの銀河の輝度分布を $I(\vec{\theta})$ と表す．銀河のサイズ（天球面上の角度）は十分に小さいので，直交座標系を用いて $\vec{\theta} = (\theta_1, \theta_2)$ と成分表示できる．このとき，輝度分布の 2 次モーメントは，

$$Q_{ij} \equiv \frac{\int I(\vec{\theta})(\theta_i - \bar{\theta}_i)(\theta_j - \bar{\theta}_j)d^2\theta}{\int I(\vec{\theta})d^2\theta} \quad (i, j = 1, 2) \tag{4.139}$$

$$\bar{\theta}_i \equiv \frac{\int I(\vec{\theta})\theta_i d^2\theta}{\int I(\vec{\theta})d^2\theta} \tag{4.140}$$

で定義される．Q_{11}, Q_{22} は，それぞれ輝度で重みをつけた θ_1, θ_2 の 2 乗平均値であり，$Q_{12} = Q_{21}$ がつねに成り立つ．$I(\vec{\theta})$ が θ_1 と θ_2 に独立に依存するならば $Q_{12} = 0$ である．そこで，この銀河の形の歪み具合を定量化するために，

$$\chi \equiv \frac{Q_{11} - Q_{22} + 2iQ_{12}}{Q_{11} + Q_{22}} \quad 複素楕円率 \tag{4.141}$$

を導入する．χ の実部は θ_1 方向と θ_2 方向の輝度分布の広がりの違いを表し，虚部は θ_1 方向と θ_2 方向の輝度分布の相関を表す．円対称な輝度分布では，$\chi = 0$ である．

次に，光源面上での銀河の輝度分布を $I^{(s)}(\vec{\beta})$ と表し，その 2 次モーメントを，

$$Q_{ij}^{(s)} \equiv \frac{\int I^{(s)}(\vec{\beta})(\beta_i - \beta_i(\vec{\theta}))(\beta_j - \beta_j(\vec{\theta}))d^2\beta}{\int I^{(s)}(\vec{\beta})d^2\beta} \quad (i, j = 1, 2) \tag{4.142}$$

で定義する．ここで，$\vec{\beta}$ と $\vec{\theta}$ は重力レンズ方程式 (4.60) によって結びついている．このとき，重力レンズは輝度を変化させないので $I^{(s)}(\vec{\beta}) = I(\vec{\theta})$ が成り立つ．また，式 (4.67) は，$\vec{\beta}(\vec{\theta})$ の近傍の任意の点に対して

$$\beta_i - \beta_i(\vec{\theta}) = \sum_{k=1}^{2} A_{ik}(\vec{\theta})(\theta_k - \beta_k(\vec{\theta})) \quad (i = 1, 2) \tag{4.143}$$

および $d^2\beta = |\det A|d^2\theta$ を意味する．したがって，ヤコビ行列 A が銀河の広がりの範囲内で一定とみなせれば，式 (4.139) (4.142) からは，

$$Q_{ij}^{(s)} = \sum_{k=1}^{2} \sum_{l=1}^{2} A_{ik} A_{jl} Q_{kl} \tag{4.144}$$

が成り立つ．これは，テンソルの座標変換に対する関係式 $Q^{(s)} = AQA^{\mathrm{T}}$ に一致している（A^{T} は A の転置行列）．したがって，銀河が本来もつ形に対する複素

楕円率は，

$$\chi^{(s)} \equiv \frac{Q_{11}^{(s)} - Q_{22}^{(s)} + 2iQ_{12}^{(s)}}{Q_{11}^{(s)} + Q_{22}^{(s)}} = \frac{\chi - 2g + g^2\chi^*}{1 + |g|^2 - \mathrm{Re}(g\chi^*)} \tag{4.145}$$

$$g \equiv \frac{\gamma}{1-\kappa} = \frac{\gamma_1 + i\gamma_2}{1-\kappa} \quad \text{換算シアー} \tag{4.146}$$

と表される．式（4.81）より，逆変換は $\chi^{(s)} \leftrightarrow \chi,\ g \leftrightarrow -g$ とすればよい．これら
の関係式は，銀河の形状に対する重力レンズ効果の影響が，換算シアー g のみに
依存する形で表されることを示している．

さらに，g および χ の大きさが十分に小さい場合には，これらの 1 次のオーダ
までの近似で，

$$\chi \simeq \chi^{(s)} + 2g \tag{4.147}$$

が成り立つ．銀河固有の典型的な楕円率は $|\chi^{(s)}| \sim 0.5$ 程度である一方，銀河団
で観測されるのは高々 $|g| \sim 0.1$ 程度にすぎない．ただし，前者は良い近似でラン
ダムな方向を向いて分布していると仮定できるので，多数の銀河についての平均
をとれば $\langle \chi^{(s)} \rangle \simeq 0$ となって，

$$\langle \chi \rangle \simeq 2\langle g \rangle \tag{4.148}$$

を得る．つまり，重力レンズ効果によって観測される銀河の向きに相関が生じ，
それが $\langle \chi \rangle$ として統計的に測定されることになる．

4.5.5　Mass-sheet degeneracy

重力レンズ効果を用いた質量測定には，"mass-sheet degeneracy" と呼ばれる
原理的制約が存在する[18]ため注意を要する．今，与えられた光源（$\vec{\beta}$）および像
（$\vec{\theta}$）に対して重力レンズ方程式（4.60）を満たす質量分布，すなわちコンバージェ
ンス $\kappa(\vec{\theta})$（式（4.70））が得られたとしよう．この $\kappa(\vec{\theta})$ に対し，任意定数 λ を用
いて

$$\kappa(\vec{\theta}) \rightarrow (1-\lambda) + \lambda\kappa(\vec{\theta}) \equiv \kappa_\lambda(\vec{\theta}) \tag{4.149}$$

---

[18]　E.E. Falco, M.V. Gorenstein, I.I. Shapiro, Astrophys. J., 289, L1（1985）; P. Schneider, C. Seitz, Astron. Astrophys., 294, 411（1995）.

の変更を加えると，レンズポテンシャル（式 (4.69)）と散乱角（式 (4.60)）はそれぞれ

$$\psi(\vec{\theta}) \; \rightarrow \; \frac{1-\lambda}{2}|\vec{\theta}|^2 + \lambda\psi(\vec{\theta}) \equiv \psi_\lambda(\vec{\theta}) \tag{4.150}$$

$$\frac{D_{\mathrm{ds}}}{D_{\mathrm{s}}}\vec{\alpha}(\vec{\theta}) \; \rightarrow \; (1-\lambda)\vec{\theta} + \lambda\frac{D_{\mathrm{ds}}}{D_{\mathrm{s}}}\vec{\alpha}(\vec{\theta}) \equiv \frac{D_{\mathrm{ds}}}{D_{\mathrm{s}}}\vec{\alpha}_\lambda(\vec{\theta}) \tag{4.151}$$

と変更される．そこで，上と同じ $\vec{\theta}$ に対して，$\kappa_\lambda(\vec{\theta})$ が満たす重力レンズ方程式は，変更された光源の位置 $\vec{\beta}_\lambda$ を用いて

$$\vec{\beta}_\lambda = \vec{\theta} + \frac{D_{\mathrm{ds}}}{D_{\mathrm{s}}}\vec{\alpha}_\lambda(\vec{\theta}) \tag{4.152}$$

$$= \lambda\left(\vec{\theta} + \frac{D_{\mathrm{ds}}}{D_{\mathrm{s}}}\vec{\alpha}(\vec{\theta})\right) \tag{4.153}$$

と書くことができる．この式は

$$\vec{\beta}_\lambda = \lambda\vec{\beta} \tag{4.154}$$

のもとで，元の重力レンズ方程式 (4.60) に一致する．これは，まったく同一の像 $\vec{\theta}$ の観測データを説明可能な $\kappa(\vec{\theta})$ と $\vec{\beta}$ の組み合わせは一意ではなく，λ の値に応じて無数に存在し得ることを意味する．光源の位置 $\vec{\beta}$ は一般には未知であるので，このままでは質量分布 $\kappa(\vec{\theta})$ は決まらない．また，式 (4.149) には，レンズ天体の面密度 $\Sigma(\vec{\theta})$ が λ 倍になる（すなわち，質量 (mass) が λ 倍になる）効果と，面密度を一定値 $(1-\lambda)\Sigma_{\mathrm{cr}}$ だけ上下させる一様な成分 (sheet) が寄与する効果が混合しており，λ が決まらないと両者は分離できない．このような縮退を mass-sheet degeneracy と呼ぶ．

式 (4.149)(4.154) のもとで，式 (4.67) のヤコビ行列は

$$A_\lambda = \lambda A \tag{4.155}$$

と変更されるので，増光率（式 (4.82)）およびシアー（式 (4.75)(4.76)）はそれぞれ

$$\mu_\lambda(\vec{\theta}) = \frac{\mu(\vec{\theta})}{\lambda^2} \tag{4.156}$$

$$\gamma_\lambda(\vec{\theta}) = \lambda\gamma(\vec{\theta}) \tag{4.157}$$

となる．この結果，臨界曲線（式 (4.83)）および換算シアー（式 (4.146)）は不

変である．また，式（4.149）より，$\kappa(\vec{\theta}) = 1$ を満たす $\vec{\theta}$ も不変である．弱い重力レンズ効果（4.5.4 節）における直接の観測量である換算シアーが不変であることは，弱い重力レンズ効果のみからは質量分布が一意に決まらないことを意味する．

　質量分布を正しく測定するためには，この縮退（mass-sheet degeneracy）を解かなければならない．そのための一つの方法は，λ に依存する物理量のいずれかを別途測定して λ を決めることである．たとえば増光率（4.156）は，個別には光源の光度が必要となるので測定が難しいが，弱い重力レンズ効果のように多数の光源を観測する場合には，それらの数（式（4.85））や分布の変化を，重力レンズを受けていない領域での値と比較して求めることで測定が可能となる．また，異なる赤方偏移に位置する複数の光源に対する重力レンズ効果が測定された場合には，距離 D_s, D_{ds} の違いを介して，同一の質量分布 $\Sigma(\vec{\theta})$ が異なる $\kappa(\vec{\theta})$ に対応する（式（4.70）（4.71））ため，それらが同時に観測データと合うような λ を決めることが原理的には可能となる．さらに，本書では詳細は省くが，同一の光源に対して複数の像が観測された場合には，各像における光の到達時間の差が λ に依存することも利用できる[*19]．加えて，軸対称な質量分布に対するアインシュタイン半径は臨界曲線の一つであり（式（4.91）（4.112）），その位置は mass-sheet degeneracy の影響を受けないので，アインシュタインリングが直接観測された場合には，その内側の質量（式（4.93））が一意に決まる．

4.5.6　観測されるダークマター分布

　図 4.9 は，現在最も詳細な強い重力レンズデータが得られている銀河団 A1689 の可視光イメージと，それをもとに求められた質量柱密度分布である．この分布は，式（2.203）で与えられる質量分布に基本的にはよく一致している（図 4.10）．同様の結果が，X 線や銀河運動を用いた測定からも得られている．

　また，これらの独立な方法によってそれぞれ得られた銀河団の重力質量は，少なくとも力学的に比較的安定している銀河団に対しては 20 ～ 30% 程度の範囲内で互いに一致している．一方で，激しい衝突の兆候や形状に大きな歪みをもつ銀河団に関しては，異なる方法で推定される質量の値が大きく食い違う場合もある

[*19]　たとえば，E.E. Falco, M.V. Gorenstein, I.I. Shapiro, Astrophys. J., 289, L1 （1985）；P. Schneider, D. Sluse, Astron. Astrophys., 59, A37 （2013）.

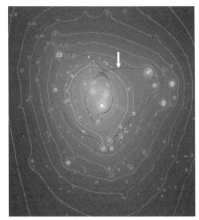

図4.9　銀河団 Abell 1689 による重力レンズ効果．画像の一辺
（約 4′）はこの銀河団の赤方偏移 $z = 0.18$ において約 600 kpc に
相当する．左：ハッブル宇宙望遠鏡により取得された可視光画像．
強い重力レンズ効果により多重像あるいは大きく歪んだ像となっ
た背景銀河が多数検出された．右：多重像の測定から算出された
質量柱密度分布の等高線（細線）と $z_\mathrm{s} = 3$ の光源に対する臨界曲
線（矢印で示された太線）．T. Broadhurst *et al.*, Astrophys. J.,
621, 53（2005）より転載．

が，オーダーまでは変わらない．このような違いが生じる原因は，各推定法にお
いて採用されている近似（球対称性や力学平衡など）の精度が悪くなっているた
めと考えられる．

4.6　物理量の相関関係

　銀河団の構造を理解する上では，個々の銀河団の空間分布に加えて，各物理量
間の統計的な相関関係が有力な手がかりとなる．このような統計解析では，多数
の銀河団に対して各物理量を測定する領域を揃えることが必要となる．たとえば，
ある銀河団に対しては中心部のみで温度を測定し，別の銀河団については外側だ
けの温度を測定しても一概には比較できない．そこで一般には，内側の平均質量
密度が宇宙の臨界質量密度（式（2.28））の一定値（Δ で表す）倍になるような半
径 R_Δ を各銀河団に対して定義し，その内側で測定された物理量（たとえば，総
質量には M_Δ のように添字に Δ をつけて表す）が用いられる．

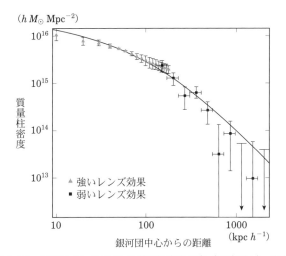

図4.10 銀河団 Abell 1689 の質量柱密度分布（天球面上）．記号は，ハッブル宇宙望遠鏡による強い重力レンズ効果（△）とすばる望遠鏡による弱い重力レンズ効果（■）による測定結果．実線は，測定結果を最も良く再現する　NFW プロファイル（式（2.203））を天球面上に射影した分布．T. Broadhurst *et al.*, Astrophys. J., 619, L143（2005）より転載．

この場合，$\Delta = 100 \sim 200$ となるビリアル半径（式（2.182））程度まで測定ができれば理想的だが，銀河団の外側は非常に暗いために，多数の銀河団に対してそのような測定を精度良く行うのは現状では難しい．一方，銀河団の中心部（$\Delta > 10^4$）は，ガス冷却の有無や中心銀河による周辺への影響など，未解決の課題が多く残されている．そこで現実的には，$\Delta = 500 \sim 2500$ の値が採用されることが多い．数値シミュレーションによって示唆されている質量分布（式（2.203））に対しては，$\Delta = 500$ に対応する R_{500} は，ビリアル半径の半分程度である．

主要な物理量間の相関を定式化しよう．まず，定義により，

$$M_\Delta = \frac{4}{3}\pi R_\Delta^3 \rho_{\mathrm{cr}}(z)\Delta \tag{4.158}$$

であるので，

$$R_\Delta = 1.5\,\mathrm{Mpc}\left(\frac{M_\Delta}{10^{15}M_\odot}\right)^{1/3}\left(\frac{\Delta}{500}\right)^{-1/3}\left(\frac{h}{0.7}\right)^{-2/3}E(z)^{-2/3} \tag{4.159}$$

の関係が成り立つ．ここで，$E(z)$ は式（2.57）で与えられる．

次に，最も単純化された例として，銀河団の内部構造がつねに自己相似的，すなわち質量の小さな銀河団は，質量の大きな銀河団をそのまま縮小させた構造を各時刻においてもつとした場合を考えよう．このような「自己相似モデル」のもとでは，電子密度と温度の動径分布は，適当な関数 f_n, f_T をそれぞれ用いて

$$n_{\mathrm{e}}(r) = n_{\mathrm{e}}(R_\Delta) f_n\left(\frac{r}{R_\Delta}\right) \tag{4.160}$$

$$T_{\mathrm{e}}(r) = T_{\mathrm{e}}(R_\Delta) f_T\left(\frac{r}{R_\Delta}\right) \tag{4.161}$$

の形に書くことができる．ここで，r は銀河団中心からの距離である．加えて，半径 R_Δ 内のガス総量

$$M_{\mathrm{gas},\Delta} \propto \int_0^{R_\Delta} n_{\mathrm{e}}(r) 4\pi r^2 dr = n_{\mathrm{e}}(R_\Delta) R_\Delta^3 \int_0^1 f_n(x) 4\pi x^2 dx$$
$$\propto n_{\mathrm{e}}(R_\Delta) R_\Delta^3 \tag{4.162}$$

が重力質量 M_Δ に比例すると仮定する．ここで，$x = r/R_\Delta$ の置換により得られる $f_n(x)$ の定積分は定数となることを用いた．

これらのもとで，

$$n_{\mathrm{e}}(R_\Delta) \propto \rho_{\mathrm{cr}}(z)\Delta \propto E^2(z)\Delta \tag{4.163}$$

が成り立つ．また，半径 R_Δ 内における平均温度は，

$$T_\Delta = \frac{\int_0^{R_\Delta} W(r) T_{\mathrm{e}}(r) 4\pi r^2 dr}{\int_0^{R_\Delta} W(r) 4\pi r^2 dr} \propto T_{\mathrm{e}}(R_\Delta) \tag{4.164}$$

と表せる．ここで，W は平均の取り方により決まる重み関数であり，ガス密度についての重みに対しては $W = n_{\mathrm{e}}$，熱的制動放射率についての重みに対しては $W = n_{\mathrm{e}}^2 T_{\mathrm{e}}^{1/2}$ と表される．複数の温度成分が混合した X 線スペクトルから平均温度を求める際には，$W = n_{\mathrm{e}}^2 T_{\mathrm{e}}^{-3/4}$ が良い近似を与えることが知られている[20]．いずれにしろ，$W(r)$ が $n_{\mathrm{e}}(r)$ と $T_{\mathrm{e}}(r)$ の組み合わせで書けていれば，半径 R_Δ においてガス冷却が無視でき，重力エネルギーがガスに等分配される状況下では，

$$T_\Delta \propto \frac{M_\Delta}{R_\Delta} \propto M_\Delta^{2/3} E^{2/3}(z)\Delta^{1/3} \tag{4.165}$$

[20] P. Mazzotta *et al.*, Mon. Not. R. Astron. Soc. 354, 10 (2004).

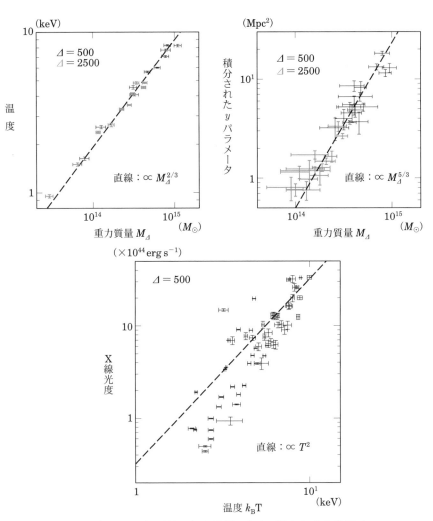

図4.11 銀河団の観測量の相関関係．左上：温度と重力質量（A. Vikhlinin *et al.*, Astrophys. J., 640, 91 (2006) による $z < 0.23$ のデータ）．右上：積分された y パラメータと重力質量（Planck collaboration, Astron. Astrophys., 550, A129 (2013) による $z < 0.3$ のデータ）．下：X 線光度と温度（A. Reichert *et al.*, Astron. Astrophys., 535, A4 (2011) による $z < 0.2$ のデータ）．さまざまな z, Δ で取得された観測量を一緒に比較するため，縦軸の観測量からは自己相似モデルで予想される z, Δ 依存性を取り除いてある．これらが，破線に沿って並ぶ場合は，自己相似モデルが良い近似であることを意味する．

と表される．一方で，熱的制動放射による X 線光度は，

$$L_{\mathrm{X},\Delta} \propto \int_0^{R_\Delta} n_{\mathrm{e}}^2(r) T_{\mathrm{e}}^{1/2}(r) r^2 dr \propto n_{\mathrm{e}}^2(R_\Delta) T_\Delta^{1/2} R_\Delta^3$$
$$\propto M_\Delta^{4/3} E^{7/3}(z) \Delta^{7/6} \tag{4.166}$$

と書ける．これらを合わせると，X 線光度と温度との間には

$$L_{\mathrm{X},\Delta} \propto T_\Delta^2 E(z) \Delta^{1/2} \tag{4.167}$$

の相関が予言される．さらに，SZ 効果のフラックスは，コンプトンの y パラメータ（3.287）を天球面内の角度 θ で積分した量

$$Y_\Delta \equiv \int_{r<R_\Delta} y\, d^2\theta \propto \frac{1}{d_{\mathrm{A}}^2(z)} \int_0^{R_\Delta} n_{\mathrm{e}}(r) T_{\mathrm{e}}(r) 4\pi r^2 dr$$
$$\propto \frac{M_\Delta T_\Delta}{d_{\mathrm{A}}^2(z)} \propto \frac{M_\Delta^{5/3} E^{2/3}(z) \Delta^{1/3}}{d_{\mathrm{A}}^2(z)} \tag{4.168}$$

に比例する．ここで，$d_{\mathrm{A}}(z)$ は角径距離であり，$r = \theta d_{\mathrm{A}}(z)$ が成り立つ．

これらを観測データと比較すると（図 4.11），温度と重力質量の相関（式（4.165））および Y と重力質量の相関（式（4.168））は，自己相似モデルが良い近似となっている．一方，X 線光度と温度の間には $L_{\mathrm{X}} \propto T^3$ 程度の相関が観測されており，式（4.167）とはべき指数に食い違いが存在する．後者の食い違いは，X 線光度がガス密度の 2 乗に比例するため，特に銀河団中心の高密度領域におけるガス分布の詳細に敏感であることに起因すると考えられる．つまり，上の自己相似モデルは中心付近のコア領域には適用できないが，銀河団全体の性質を記述する限りにおいては有用な近似であると言える．

第**5**章

銀河団の進化

　さまざまな時刻における銀河団の観測データには，銀河団そのものの動的な時間変化とともに，宇宙空間の幾何学的性質などについての情報が反映されている．このため，銀河団の進化の様子から，宇宙の構造形成がどのように進行してきたかを探ったり，宇宙論パラメータを測定したりすることが可能となる．また，これらは近年特に進展が著しいテーマでもある．以下では，その考え方や将来展望について解説する．

5.1 質量降着と銀河団衝突

　銀河団は孤立した系ではなく，周囲の物質を重力相互作用によって引き寄せ，降着させながら，つねに成長を続けている．この際に，別の銀河団が近傍に存在すれば，連続的な質量降着に加えて，激しい銀河団衝突が起こることもある．これらはいずれも，密度ゆらぎの時間発展に伴う質量増加（2.3.2 節）の過程とみなすことができる．

　降着や衝突の際に，無衝突系であるダークマターや銀河の速度は，重力の大きさに応じて，4×10^9 年程度の力学時間（式 (4.3)）をかけてほぼ連続的に変化すると考えられる．一方，ガスに対しては，流入速度が音速を超えると衝撃波 (shock) が生成され，7×10^8 年程度の音波伝搬時間（式 (4.2)）で銀河団中を伝搬するため，過渡的に不連続な圧力や温度の分布が実現される．衝撃波によって加熱されたガスは，クーロン散乱による緩和時間（式 (3.25)，(3.26)）までに局

所的な熱平衡 に達し，制動放射や SZ 効果によって輝く．また，5.2 節で見るように，衝撃波付近では，相対論的な非熱的粒子の加速も起こり，シンクロトロン放射などによって輝くと考えられている．

5.1.1 衝撃波面とコールドフロント

衝撃波が生成すると，不連続な物理量の変化が合わせて生じるため，その境界を「衝撃波面（shock front）」と呼ぶ．衝撃波面の前後の物理量の変化は，流体の保存則

$$\frac{\partial \rho}{\partial t} + \nabla \cdot (\rho \vec{v}) = 0 \qquad \text{質量保存則} \qquad (5.1)$$

$$\frac{\partial(\rho v_i)}{\partial t} + \sum_{k=1}^{3} \frac{\partial(\rho v_i v_k + p\delta_{ik})}{\partial x_k} = 0 \qquad \text{運動量保存則} \qquad (5.2)$$

$$\frac{\partial}{\partial t}\left[\rho\left(\frac{v^2}{2} + \epsilon\right)\right] + \nabla \cdot \left[\rho\vec{v}\left(\frac{v^2}{2} + \epsilon + \frac{p}{\rho}\right)\right] = 0 \qquad \text{エネルギー保存則} (5.3)$$

から導くことができる．ここで，磁場は無視し，内部エネルギー密度を ϵ，クロネッカーのデルタを δ_{ik}，位置ベクトルと速度ベクトルの成分を $\vec{x} = (x_1, x_2, x_3)$ と $\vec{v} = (v_1, v_2, v_3)$ でそれぞれ表した．以下では，衝撃波面とともに動く座標系をとり，定常状態（$\partial \cdots /\partial t = 0$）において，衝撃波面に垂直に流体が流れ込む場合を考えよう（衝撃波面にそった速さはゼロとする）．衝撃波面を横切る微小領域に各保存則を適用すると

$$\rho_u v_u = \rho_d v_d \qquad (5.4)$$

$$\rho_u v_u^2 + p_u = \rho_d v_d^2 + p_d \qquad (5.5)$$

$$\frac{v_u^2}{2} + \epsilon_u + \frac{p_u}{\rho_u} = \frac{v_d^2}{2} + \epsilon_d + \frac{p_d}{\rho_d} \qquad (5.6)$$

が成り立つ．ここで，図 5.1 にも示したように，衝撃波面上流（upstream）の量には添字 u，下流（downstream）の量には添字 d をつけた．さらに，理想気体の状態方程式

$$p = (\gamma_a - 1)\rho\epsilon = \frac{\rho k_B T}{\mu m_p} \qquad (5.7)$$

を用いて ϵ を消去すると，「ランキン–ユゴニオ（Rankine–Hugoniot）の関係式」と呼ばれる式

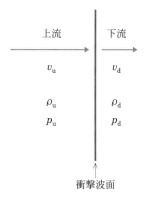

上流　　　　　下流

v_u　　　　　v_d

ρ_u　　　　　ρ_d

p_u　　　　　p_d

衝撃波面

図5.1　衝撃波面の静止系における物理量

$$\frac{\rho_\mathrm{d}}{\rho_\mathrm{u}} = \frac{v_\mathrm{u}}{v_\mathrm{d}} = \frac{(\gamma_\mathrm{a}+1)\mathcal{M}_\mathrm{u}^2}{(\gamma_\mathrm{a}-1)\mathcal{M}_\mathrm{u}^2+2} \tag{5.8}$$

$$\frac{p_\mathrm{d}}{p_\mathrm{u}} = \frac{2\gamma_\mathrm{a}\mathcal{M}_\mathrm{u}^2-(\gamma_\mathrm{a}-1)}{\gamma_\mathrm{a}+1} \tag{5.9}$$

が得られる．$T_\mathrm{d}/T_\mathrm{u}$ は，$(p_\mathrm{d}/p_\mathrm{u})/(\rho_\mathrm{d}/\rho_\mathrm{u})$ で与えられる．ここで，

$$\mathcal{M} \equiv \frac{v}{c_\mathrm{s}} \tag{5.10}$$

は「マッハ（Mach）数」と呼ばれる無次元量であり，流体の運動速度と音速 $c_\mathrm{s} = \sqrt{\gamma_\mathrm{a}p/\rho}$ の比を表す．断熱指数 γ_a が与えられると，衝撃波面前後での物理量の関係は $\mathcal{M}_\mathrm{u}$ にのみ依存して決まり，$\mathcal{M}_\mathrm{u}$ が大きいほど強い衝撃波となる．非相対論的理想気体に対しては，$\gamma_\mathrm{a} = 5/3$ であることから，式 (5.8) (5.9) は，

$$\frac{\rho_\mathrm{d}}{\rho_\mathrm{u}} = \frac{v_\mathrm{u}}{v_\mathrm{d}} = \frac{4\mathcal{M}_\mathrm{u}^2}{\mathcal{M}_\mathrm{u}^2+3} \tag{5.11}$$

$$\frac{p_\mathrm{d}}{p_\mathrm{u}} = \frac{5\mathcal{M}_\mathrm{u}^2-1}{4} \tag{5.12}$$

となる．強い衝撃波 の極限 $\mathcal{M}_\mathrm{u} \gg 1$ に対して，$p_\mathrm{d}/p_\mathrm{u}$ や $T_\mathrm{d}/T_\mathrm{u}$ は $\mathcal{M}_\mathrm{u}^2$ に比例して急速に増加するが，$\rho_\mathrm{d}/\rho_\mathrm{u}$ や $v_\mathrm{u}/v_\mathrm{d}$ は高々$(\gamma_\mathrm{a}+1)/(\gamma_\mathrm{a}-1) = 4$ 倍（$\gamma_\mathrm{a} = 5/3$ の場合）にしかならない（図 5.2）．

　図 5.3 は，天球面内で激しい衝突を経た弾丸銀河団（Bullet Cluster）と呼ばれる銀河団のイメージである．右方向に進む衝撃波が観測されていることから，も

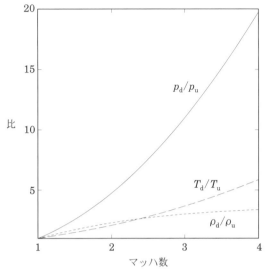

図5.2 衝撃波面前後における各物理量の比とマッハ数の関係. 非相対論的理想気体に対する断熱指数 $\gamma_a = 5/3$ を仮定している.

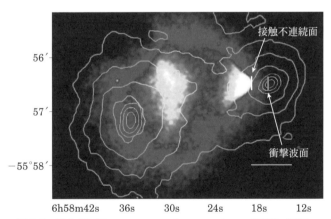

図5.3 弾丸銀河団 1E 0657-558 ($z = 0.296$). X 線強度（濃淡：白い箇所ほど強度が大きい）と弱い重力レンズ効果 による質量分布（等高線）が重ねてある. X 線強度はチャンドラ衛星, 重力レンズ効果はハッブル宇宙望遠鏡と地上望遠鏡を組み合せて測定された. 図中の横線は, 200 kpc の長さを表す. D. Clowe *et al.*, Astrophys. J., 648, L109 (2006) より転載.

ともと二つだった銀河団が横向きに衝突し，さらにすり抜けた後の状態であると考えられている．衝撃波面の前後では，明らかな密度と温度の増加が観測され，$\mathcal{M}_\mathrm{u} \simeq 3.0$ が得られている[*1]．また，これと式（5.8）からは，$v_\mathrm{u} \simeq 4700$ km/s が得られ，銀河団の典型的な速度分散よりもはるかに大きな速さで衝撃波面が銀河団中を伝搬していることが示唆されている．ここから衝突に伴う運動エネルギーを見積もると，10^{64} erg 以上という途方もない値が得られ，これは今日知られている宇宙最大級のエネルギー現象である．

　図 5.3 では，X 線で測定された熱的ガスの分布と，弱い重力レンズ効果によって測定された重力質量（ダークマターで占められる）の分布に大きなずれがあり，ガスの方が二つのピークの間隔が狭いことも見てとれる．これは，衝突の際に，電磁相互作用によってガスだけが減速された結果であると理解できる．つまり，ダークマターが重力以外の相互作用をしない（あるいは検知できないほど弱い）ことの直接的な証拠になっていると言える．

　また，右側のガス分布のピーク付近には，「コールドフロント（cold front）」と呼ばれる別の不連続面も観測されており，これは接触不連続面であると考えられている．通常，接触不連続面は衝撃波の下流に形成され，

$$p_\mathrm{u} = p_\mathrm{d} \tag{5.13}$$

$$\rho_\mathrm{u} < \rho_\mathrm{d} \tag{5.14}$$

$$v_\mathrm{u} = v_\mathrm{d} = 0 \tag{5.15}$$

が接触不連続面の静止系で成り立つ．圧力一定なので，不連続面前後での密度の大小と温度の大小が入れ替わることが特徴的である（衝撃波面前後では，密度と温度の大小は互いに一致する）．熱的 X 線の放射率は，ガスの温度よりも密度に強く依存するため，接触不連続面下流の低温・高密度領域が上流に比べて明るく輝く．これが，コールドフロントと呼ばれる理由である．コールドフロントはガス密度のピーク付近に現れることが多いので頻繁に観測される一方で，衝撃波面はより低密度領域に現れることが多いので検出が難しく，観測例は限られている．

　現在までに銀河団中に観測された衝撃波面のマッハ数は，いずれも　$\mathcal{M}_\mathrm{u} = 2 \sim 4$ の比較的低い値である．式（5.10）より，同一の速度に対しても，上流のガ

[*1]　M. Markevitch, A. Vikhlinin, Phys. Rep., 443, 1（2007）.

ス温度が高ければマッハ数は低くなるので，現状では，すでにある程度まで加熱
された銀河団同士の衝突のみが選択的に観測されているとみなせる．一方，銀河
団外縁では，十分に加熱されていないガスが降着し，はるかに高いマッハ数をも
つ衝撃波が生成されている可能性が高い[*2]が，そのような領域の観測は今後の課
題である．

5.1.2 乱流

「乱流（turbulence）」は，空間的にも時間的にも不規則に変化する流れを指し，
流体素片が揃って運動する層流とは対極の状況である．質量降着や衝突によって
銀河団のガスがかきまわされると，乱流が生成すると予想される．また，活動銀
河核からのジェットによっても乱流は生じ得る．乱流が普遍的に存在すると，ガ
スの新たな圧力成分として質量測定に影響したり（式 (4.58)），高エネルギー粒
子の加速の場を提供したりする（5.2 節）可能性がある．乱流の一般的な性質を
基礎方程式に基づいて記述することは非常に難しいので，以下では単純化された
現象論的モデルに基づいて，統計的に一様等方かつ定常[*3]とみなせるような乱流
の振舞いを考察する．また，流れの速さは音速よりも小さく，非圧縮性流体とみ
なせるとする．

位置座標 $\vec{x}$ における流体の速度ベクトルを $\vec{v}(\vec{x})$ と表し，その相関関数を

$$R_{ij}(r) \equiv \langle v_i(\vec{x})v_j(\vec{x}+\vec{r})\rangle \tag{5.16}$$

で定義する．ここで，添字 i,j は空間成分を表し，それぞれ $1,2,3$ いずれかの値
をとる．$\langle\cdots\rangle$ はアンサンブル平均を意味する．また，一様性により R_{ij} は $\vec{x}$ に
は依存せず，等方性により $\vec{r}$ の向きにも依存しない．$R_{ij}(r)$ を 3 次元フーリエ変
換を用いて，

$$R_{ij}(r) = \frac{1}{(2\pi)^3}\int \hat{R}_{ij}(k)e^{i\vec{k}\cdot\vec{r}}d^3k \tag{5.17}$$

と表すと，等方性により $\hat{R}_{ij}(k)$ も $\vec{k}$ の大きさのみの関数となる．これらを用い
て，単位質量あたりの運動エネルギーは

[*2] たとえば，D. Ryu, H. Kang, E. Hallman, T.W. Jones, Astrophys. J., 593, 599 (2003).
[*3] アンサンブル平均が，位置，方向，時間のいずれにもよらないことを意味する．

$$\frac{1}{2}\langle v^2(\vec{x})\rangle = \frac{1}{2}\sum_{i=1}^{3} R_{ii}(0) = \frac{1}{2(2\pi)^3}\sum_{i=1}^{3}\int \hat{R}_{ii}(k)4\pi k^2 dk$$
$$= \int_0^\infty E(k)dk \tag{5.18}$$

と書くことができる．ここで，

$$E(k) \equiv \frac{k^2}{(2\pi)^2}\sum_{i=1}^{3}\hat{R}_{ii}(k) \tag{5.19}$$

は，「乱流のエネルギースペクトル」と呼ばれる．$E(k)$ は，$2\pi/k$ 程度の空間スケールでの流れがどれだけの運動エネルギーを担っているかを表している．

また，非圧縮性（$\nabla\cdot\vec{v}(\vec{x}) = 0$）の乱流では，速度場 $\vec{v}(\vec{x})$ に湧き出し・吸い込みは存在せず，渦度 $\nabla\times\vec{v}(\vec{x})$ のみが存在する．このような場合の乱流は，さまざまなサイズと向きをもった渦の集合として直観的にはとらえることができる．非圧縮性より，

$$\sum_{j=1}^{3}\frac{\partial R_{ij}(r)}{\partial r_j} = \left\langle \sum_{j=1}^{3} v_i(\vec{x})\frac{\partial v_j(\vec{x}+\vec{r})}{\partial r_j}\right\rangle = 0 \tag{5.20}$$

が成り立ち，対称性から

$$\sum_{i=1}^{3}\frac{\partial R_{ij}(r)}{\partial r_i} = \sum_{j=1}^{3}\frac{\partial R_{ij}(r)}{\partial r_j} = 0 \tag{5.21}$$

が満たされる．これと式（5.17）より，

$$\sum_{i=1}^{3} k_i\hat{R}_{ij}(k) = \sum_{j=1}^{3} k_j\hat{R}_{ij}(k) = 0 \tag{5.22}$$

が成り立つ．これを満たす解は，$C(k)$ を任意関数として

$$\hat{R}_{ij}(k) = C(k)\left(\delta_{ij} - \frac{k_i k_j}{k^2}\right) \tag{5.23}$$

の形に書ける．式（5.19）と合わせれば，

$$C(k) = \frac{2\pi^2 E(k)}{k^2} \tag{5.24}$$

の関係にあることがわかる．

乱流の振る舞いには流体の粘性（viscosity）が大きな影響力をもつが，その度合いはレイノルズ（Reynolds）数

$$\mathcal{R} = \frac{LV}{\nu_{\text{vis}}} \tag{5.25}$$

と呼ばれる無次元パラメータにより特徴づけられる．ここで，L は長さスケール，V は流体の速さ，ν_{vis} は動粘性係数であり，$\mathcal{R}$ が大きいほど粘性の影響が小さく，流体の運動エネルギーが散逸せずに乱流が生じやすいことを意味する．銀河団ガスの粘性の大きさは不明だが，衝突など何らかの要因によって，大きさ L_{inj} の範囲で流体に速さ V_{inj} に相当する運動エネルギーの注入（injection）が起こったとすると，このスケールで渦が形成されて乱流が生じるためには

$$\frac{L_{\text{inj}} V_{\text{inj}}}{\nu_{\text{vis}}} \gg 1 \tag{5.26}$$

が必要である．大きな渦は不安定化して小さな渦へと順々に分裂し，運動エネルギーが大スケールから小スケールに受け渡されていく．この過程は「カスケード（cascade）」と呼ばれる．やがて，カスケードが

$$\frac{L_{\text{vis}} V_{\text{vis}}}{\nu_{\text{vis}}} \sim 1 \tag{5.27}$$

を満たす大きさ L_{vis} と速さ V_{vis} にまで行き着くと，粘性によって運動エネルギーが散逸（渦運動が熱運動に転化）して乱流は消滅すると考えられる．

　上の状況が定常的に実現された場合，大スケールから小スケールに単位質量・単位時間あたり受け渡されるエネルギー ϵ は一定であり，かつ特定のスケールでの物理量には依存しないはずである．そこで，単純に次元を考えることで

$$\epsilon \sim \frac{V^3}{L} \tag{5.28}$$

が全スケールで成り立つと仮定し，波数が長さと反比例する（$k \propto L^{-1}$）ことを用いると，

$$V^2 \sim (\epsilon L)^{2/3} \propto \epsilon^{2/3} k^{-2/3} \tag{5.29}$$

であるので，L が大きい（つまり，k が小さい）ほど単位質量あたりの運動エネルギー（$V^2/2$）は確かに大きい（そうでなければ，カスケードを定常的に保つことはできない）．式 (5.18) (5.19) (5.29) を合わせると

$$E(k) \propto V^2 k^{-1} \propto \epsilon^{2/3} k^{-5/3} \qquad \text{コルモゴロフ（Kolmogorov）則} \tag{5.30}$$

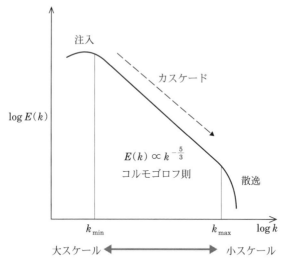

図5.4 乱流のエネルギースペクトルの模式図. 横軸の波数 k が大きいほど, 小さな空間スケールに対応する.

が得られる[*4]. この関係が成立する範囲を $k_{\min} < k < k_{\max}$ と表すと,

$$k_{\min} = \frac{2\pi}{L_{\mathrm{inj}}} \tag{5.31}$$

$$k_{\max} = \frac{2\pi}{L_{\mathrm{vis}}} \sim \frac{2\pi V_{\mathrm{vis}}}{\nu_{\mathrm{vis}}} \tag{5.32}$$

である (図5.4). もし $k_{\max}$ すなわち L_{vis} が測定されれば, 式 (5.28) と合わせ

$$\nu_{\mathrm{vis}} \sim L_{\mathrm{vis}}^{4/3} \epsilon^{1/3} \tag{5.33}$$

によって粘性の大きさを知ることができる. かなり単純化された議論により導かれたにも関わらず, 式 (5.30) のコルモゴロフ則はさまざまな状況下での実験結果を良く説明することが知られている. このように, 乱流のエネルギースペクトルの形状には, 乱流の生成過程と散逸過程, 動粘性係数 ν_{vis} の大きさ, などの情報が反映されることになる.

　本書の執筆時において, 銀河団中で乱流とみなせるガスのランダム運動の速度は, ペルセウス座銀河団の中心領域においてのみ直接測定されている. 3.3.3 節でも触れたように, 図 3.3 に示した高分解能 X 線スペクトルの輝線幅からは,

---

[*4] A.N. Kolmogorov, Dokl. Akad. Nauk SSSR, 30, 301 (1941).

$L \sim 30\,\mathrm{kpc}$ の空間スケールにおけるランダム運動の 1 次元速度分散の大きさ（式（3.113））が $\sigma_{\mathrm{turb}} \sim 100\,\mathrm{km/s}$ であることが示唆されている．より広範囲の空間スケールでの測定が将来実現すれば，乱流のエネルギースペクトルに関するより詳細な研究が可能になると期待される．

5.2 相対論的粒子の加速

非熱的電子によるシンクロトロン放射が数多くの銀河団で観測されている（たとえば，図 1.3）ことから，銀河団内で一定の粒子加速が起こり，高エネルギー粒子が生成されていることは間違いない．しかし，その起源やエネルギー分布について，統一的な描像はまだ得られていない．シンクロトロン放射が観測されている領域のうち，銀河団外縁部に存在する「電波レリック」には，衝撃波に付随するものが複数見つかっていることから，衝撃波が加速源の一つである可能性が高い．ただし，銀河団中心付近に大きく広がった「電波ハロー」の多くを衝撃波と観測的に直接関連づけるのは難しい．

電波で観測されている $\gamma \sim 10^4$ の電子は，10^8 年以下の短時間でエネルギーを失う（式（3.294），（3.295））ので，いかなる機構にせよ，観測されているその場所で生成されなければならない．一方で，現状では検出されていないが，仮に陽子も電子と同程度に加速されているとすると，その寿命ははるかに長く（式（3.294），（3.295）），過去に生成された陽子の大半が存在し続けることが可能である．そこで，非熱的電子の起源として，i) 加速によって高いエネルギーを獲得した非熱的電子が直接観測される，ii) 過去に加速された非熱的陽子が，熱的な陽子と衝突して π 粒子を生成し，それが崩壊して非熱的電子を生成する，などの可能性が考えられているが，決着はついていない．

また，$\gamma \sim 10^4$ の電子以外の高エネルギー粒子がどれだけ存在するのかも不明である．現状では，硬 X 線，ガンマ線をはじめとして，電波以外では信頼性の高い検出報告がない．一般に，荷電粒子が加速されるためには，粒子が直進して天体外に抜け出してしまっては困るので，天体のサイズ R が少なくともラーモア半径 r_{B}（式（3.127））よりも大きくなければならない．このことから，加速モデルの詳細によらない，原理的に到達可能なエネルギーに対する上限として，

$$E < \frac{R}{r_{\mathrm{B}}}(\gamma m c^2) \simeq 9 \times 10^{20} \left(\frac{R}{\mathrm{Mpc}}\right)\left(\frac{q}{e}\right)\left(\frac{B}{\mu\mathrm{G}}\right) \quad \mathrm{eV} \tag{5.34}$$

が得られる．これは「ヒラス（Hillas）条件」[*5]と呼ばれ，あくまで必要条件にすぎないが，現在観測されている宇宙線の最高エネルギー 10^{20} eV を超えていることは興味深い．実は，今日知られているさまざまな天体の中で，上の条件が陽子に対して 10^{20} eV を超えるのは，中性子星，ガンマ線バースト，活動銀河核，銀河団に限られる．つまり，幅広いエネルギーの宇宙線源になり得る希少な天体の一つが銀河団だと言える．

このように，銀河団中の粒子加速には不定性が多く，確立した理論もまだ存在しないが，宇宙物理学の幅広い分野と関連し，今後の進展が期待されるテーマでもあるので，最も代表的なフェルミ（Fermi）加速理論の基本的な考え方を以下に紹介する．

5.2.1 粒子のランダム運動と 2 次フェルミ加速

フェルミ（E. Fermi）によって 1949 年に提唱された粒子加速に関する理論[*6]は，星間ガス雲における加速を念頭においていたが，以下ではそれを銀河団ガスにおきかえて考察しよう．

一様な磁場中では荷電粒子は磁力線に沿って歳差運動するが，乱流などによって磁場に乱れが生じると，荷電粒子の進行方向はさまざまな方向に歪められ，ランダムな運動をするようになる．これは粒子の散乱とみなせ，その平均自由行程 l は，ラーモア半径 r_B（式（3.127））が目安になるが，磁場の乱れ方によってはそれより大きくなる可能性もあるので，以下ではその不定性をパラメータとして取り入れて $l = f_B r_B$（$f_B > 1$）とおく．粒子の平均速さを v とし，散乱は等方的であると仮定すると，N 回のランダムウォークで移動した平均距離は $L_{\mathrm{diff}} = (N/3)^{1/2}l$，所要時間は $t_{\mathrm{diff}} = Nl/v$ なので，N を消去すれば

$$t_{\mathrm{diff}} = \frac{3L_{\mathrm{diff}}^2}{vl}$$
$$\simeq 1.8 \times 10^{16} \left(\frac{L_{\mathrm{diff}}}{\mathrm{Mpc}}\right)^2 \left(\frac{f_B}{100}\right)^{-1} \left(\frac{m}{m_e}\right)^{-1} \left(\frac{q}{e}\right) \left(\frac{B}{\mu\mathrm{G}}\right) \left(\frac{\beta^2\gamma}{10^4}\right)^{-1} \quad \mathrm{yr}$$

$$(5.35)$$

が得られる．これは，「拡散時間（diffusion time）」と呼ばれる．拡散時間が宇宙年

[*5] A.M. Hillas, Annu. Rev. Astron. Astrophys., 22, 425（1984）.
[*6] E. Fermi, Phys. Rev., 75, 1169（1949）.

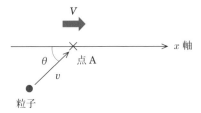

図5.5　ランダム運動による加速を記述するための設定. 点 A の
速さ V と, 粒子の速さ v は, いずれも銀河団の重心に対する速さ
である.

齢よりも長いことは, たとえ光速に近い速さで運動する高エネルギー粒子であっ
ても, 銀河団のサイズを超えて移動することは難しいことを意味する. つまり,
$\gamma \sim 10^4$ の電子は, f_{B} の値が極端に大きくない限り, 観測されているのとほぼ同
一の場所で生成されたと考えられる.

　上のような散乱の 1 回が, 銀河団の重心に対して速さ V で移動する点 A で起
こったとしよう（図 5.5）. 磁場は荷電粒子の大半を占める熱的ガスに付随して,
熱的ガスの大域的運動と同じ速度を持っており, A はそのような磁場中の一点で
ある. ここで, V の方向に x 軸をとっても一般性は失われない. 散乱前の粒子
は, 重心系においてエネルギー E_0 をもち, x 軸から角度 θ の方向に速さ $v\ (\gg$
$V)$ で運動しているとすると, 粒子の 4 元運動量の x 成分は $E_0 v \cos\theta/c^2$ と表さ
れる（式 (A.42)）. 点 A の静止系（以下, A 系と呼ぶ）における同じ粒子のエネ
ルギーは, ローレンツ変換により

$$E_{\mathrm{A}} = E_0 \gamma(V) \left(1 - \frac{V}{c}\frac{v}{c}\cos\theta\right) \tag{5.36}$$

で与えられる. A 系において, この粒子が等方的に弾性散乱されれば, 散乱後の
エネルギーは E_{A} のままであり, 運動量は平均的にはゼロになる. したがって,
これを重心系に逆ローレンツ変換すると,

$$\begin{aligned}
E_1 &= E_{\mathrm{A}}\gamma(V) = E_0 \gamma^2(V)\left(1 - \frac{V}{c}\frac{v}{c}\cos\theta\right) \\
&\simeq E_0 \left[1 - \frac{V}{c}\frac{v}{c}\cos\theta + \left(\frac{V}{c}\right)^2 + \mathcal{O}\left(\frac{V^3}{c^3}\right)\right]
\end{aligned} \tag{5.37}$$

が得られる. V/c の 1 次の項に着目すると, $0 < \theta < \pi/2$（後方散乱）ではエネル
ギーの減少, $\pi/2 < \theta < \pi$（前方散乱）ではエネルギーの増加にそれぞれ寄与する

ことがわかる.

　重心系において散乱前の粒子が一様等方に分布していたとすると,このような
衝突が起きる頻度は相対速さ

$$\sqrt{(v\cos\theta - V)^2 + (v\sin\theta)^2} \simeq v\left[1 - \frac{V}{v}\cos\theta + \mathcal{O}\left(\frac{V^2}{v^2}\right)\right] \tag{5.38}$$

に比例するので,衝突確率の角度分布を

$$P(\cos\theta) = \frac{1}{2}\left(1 - \frac{V}{v}\cos\theta\right), \quad (-1 < \cos\theta < 1) \tag{5.39}$$

と表す.ここで,$\int_{-1}^{1} P(\cos\theta)d(\cos\theta) = 1$ となるように規格化した.これより,1
回の散乱によるエネルギー増加率の平均は,

$$\begin{aligned}
\frac{\Delta E}{E} &= \left\langle \frac{E_1 - E_0}{E_0} \right\rangle \\
&= \int_{-1}^{1}\left[-\frac{V}{c}\frac{v}{c}\cos\theta + \left(\frac{V}{c}\right)^2 + \mathcal{O}\left(\frac{V^2}{c^2}\right)\right]P(\cos\theta)d(\cos\theta) \\
&= \frac{4}{3}\left(\frac{V}{c}\right)^2 + \mathcal{O}\left(\frac{V^3}{c^3}\right)
\end{aligned} \tag{5.40}$$

となる[*7].エネルギー増加率が $(V/c)^2$ に比例する項で決まるので,「2次フェルミ
加速」と呼ばれる.V/c に比例する項が消えるのは,散乱体の運動方向がランダ
ムであることに起因する.なお,$(V/c)^3$ 以上の項を求めるには,式 (5.37) (5.39)
においてより高次の項を考慮する必要がある.

　式 (5.40) に,重心系における散乱の時間間隔が $\Delta t \sim l/v$ 程度であることを加
味すると,粒子のエネルギーは

$$\frac{\Delta E}{\Delta t} \sim \frac{4}{3}\left(\frac{V}{c}\right)^2\left(\frac{v}{l}\right)E \equiv \frac{E}{t_{\mathrm{acc}}} \tag{5.41}$$

に従うので,その解は,

$$E \propto \exp\left(\frac{t}{t_{\mathrm{acc}}}\right) \tag{5.42}$$

の形をとり,典型的に

[*7] 散乱が等方的ではなく,粒子速度の x 成分のみが反転するとした場合には,右辺第一項の係数とし
て 4/3 ではなく 8/3 が得られる.

$$t_{\mathrm{acc}} = \frac{3}{4} \left(\frac{c}{V}\right)^2 \left(\frac{l}{v}\right)$$

$$\simeq 1.2 \times 10^4 \left(\frac{V}{100\ \mathrm{km/s}}\right)^{-2} \left(\frac{f_{\mathrm{B}}}{100}\right) \left(\frac{m}{m_{\mathrm{e}}}\right) \left(\frac{q}{e}\right)^{-1} \left(\frac{B}{\mu\mathrm{G}}\right)^{-1} \left(\frac{\gamma}{10^4}\right) \quad \mathrm{yr} \tag{5.43}$$

程度の時間で粒子が加速されることが示唆される．ただし，式 (5.43) は粒子の
エネルギー（γ）に依存するので，式 (5.42) は t_{acc} がほぼ一定とみなせる限られ
た時間内においてのみ成り立つ近似である．

　さらに，加速された粒子の実質的な寿命，すなわち散逸や冷却などが効き始め
るまでの時間が t_{life} であるとすると，粒子の数 N は

$$\frac{dN}{dt} \sim -\frac{N}{t_{\mathrm{life}}} \tag{5.44}$$

に従うと期待される．これは，放射性崩壊で用いられるのと同じ形の式である．
式 (5.41) と組み合わせて，

$$\frac{dN}{dE} = \frac{dN}{dt}\frac{dt}{dE} \sim -\frac{t_{\mathrm{acc}}}{t_{\mathrm{life}}}\frac{N}{E} \tag{5.45}$$

を変数分離によって解けば，$t_{\mathrm{acc}}/t_{\mathrm{life}}$ が一定とみなせる範囲では，

$$N \propto E^{-t_{\mathrm{acc}}/t_{\mathrm{life}}} \tag{5.46}$$

が得られる．非熱的粒子の分布関数としては，これをエネルギーで微分した量

$$\frac{dN}{dE} \propto E^{-t_{\mathrm{acc}}/t_{\mathrm{life}}-1} \tag{5.47}$$

が良く用いられる．式 (3.16) のもと，式 (5.47) と式 (3.14) は規格化定数を除
いて同じ分布を表しており，べき指数が $p = t_{\mathrm{acc}}/t_{\mathrm{life}} + 1$ で対応する．$t_{\mathrm{acc}} \gg t_{\mathrm{life}}$
ではこの指数が発散し，加速が起きないことが示唆される．ただし，$t_{\mathrm{acc}}/t_{\mathrm{life}}$ が
エネルギーの関数として変化する場合には，N や dN/dE は単純なべき関数には
ならない．

5.2.2　衝撃波による 1 次フェルミ加速

　衝撃波が存在すると，散乱体が一定方向に運動し，前方散乱が選択的に増える
ため，より効率の良い加速が可能となると同時に，べき関数的な粒子の分布関数
も自然に説明される．これを定式化するため，図 5.1 に示した衝撃波の上流の静

止系（u 系と呼ぶ）において，エネルギー E_u をもつ荷電粒子が等方的に分布し
ているとしよう．衝撃波面に垂直に x 軸をとり，粒子の運動方向と x 軸のなす角
度を θ_u とすると，4 元運動量の x 成分は粒子の速さ v を用いて $E_u v \cos\theta_u / c^2$ と
表される（式 (A.42)）．衝撃波の下流の静止系（d 系と呼ぶ）に対して u 系は
$V \equiv v_u - v_d > 0$ の速さで接近しているので，d 系における同じ粒子のエネルギー
は，逆ローレンツ変換により，

$$E_d = E_u \gamma(V) \left(1 + \frac{V}{c}\frac{v}{c}\cos\theta_u\right) \tag{5.48}$$

で与えられる．また，u 系で単位時間あたりに衝撃波面を横切る粒子数は，
$v\cos\theta_u$ に比例するので，衝突確率の角度分布は，

$$P(\cos\theta_u) = 2\cos\theta_u, \quad (0 < \cos\theta_u < 1) \tag{5.49}$$

となる．ここで，$\int_0^1 P(\cos\theta_u) d(\cos\theta_u) = 1$ となるように規格化した．したがっ
て，衝撃波面を横切る粒子のエネルギーは平均的に

$$\begin{aligned}
\left\langle \frac{E_d}{E_u} \right\rangle &= \int_0^1 \gamma(V)\left(1 + \frac{V}{c}\frac{v}{c}\cos\theta_u\right) P(\cos\theta_u) d(\cos\theta_u) \\
&= \gamma(V)\left(1 + \frac{2}{3}\frac{V}{c}\frac{v}{c}\right)
\end{aligned} \tag{5.50}$$

倍に増加する．つねに $V > 0$ であることが，エネルギー増加に大きく寄与してい
ることに着目してほしい．

　次に，d 系において粒子は磁場との相互作用によって等方的に弾性散乱される
と考えると，その一部は再び衝撃波面を横切って u 系に戻ることになる．この過
程は上で考えた状況で系が入れ替わっただけである（u 系から見ると，d 系も速さ
V で近づいてくる）ので，平均的なエネルギー増加率は式 (5.50) に等しくなる．
したがって，粒子が衝撃波面を横切って一往復する間にエネルギーは平均的に

$$\begin{aligned}
\frac{\Delta E}{E} &= \left\langle \frac{E_d}{E_u} \right\rangle^2 - 1 = \gamma^2(V)\left(1 + \frac{2}{3}\frac{V}{c}\frac{v}{c}\right)^2 - 1 \\
&\simeq \frac{4}{3}\frac{V}{c}\frac{v}{c} + \mathcal{O}\left(\frac{V^2}{c^2}\right)
\end{aligned} \tag{5.51}$$

だけ増加する．観測される衝撃波の速さが光速よりも十分に小さいことを考慮し
て V/c によって展開した結果，V/c の 1 次に比例するエネルギー増加率が得られ

た．なお，実際にはエネルギーの増加とともに v もわずかに変化するが，一往復あたりの速度変化 $\Delta v \, (\ll v)$ が $\Delta E/E$ に与える影響は，v そのものによる影響よりも小さいので無視した．また，往復を繰り返した後は，$v \to c$ に収束して v は変化しなくなるので，以下では $v=c$ とおく．

衝撃波面の静止系において，下流に単位面積・単位時間あたり入る粒子数（フラックス）は，

$$F_{\mathrm{in}} = \frac{1}{4\pi} \int_{-v_{\mathrm{d}}/c}^{1} n(c\cos\theta_{\mathrm{d}} + v_{\mathrm{d}}) \, 2\pi d(\cos\theta_{\mathrm{d}}) = \frac{nc}{4}\left(1 + \frac{v_{\mathrm{d}}}{c}\right)^2 \tag{5.52}$$

と表される．ここで，n は定常状態における粒子の数密度であり，$-v_{\mathrm{d}}/c \leqq \cos\theta_{\mathrm{d}} \leqq 1$ に対応する向きに運動する粒子が下流に入ることを用いた．同様に，下流から衝撃波面を単位面積・単位時間あたり通過して出る粒子数は，

$$F_{\mathrm{out}} = \frac{1}{4\pi} \int_{-1}^{-v_{\mathrm{d}}/c} n(c\cos\theta_{\mathrm{d}} + v_{\mathrm{d}}) \, 2\pi d(\cos\theta_{\mathrm{d}}) = -\frac{nc}{4}\left(1 - \frac{v_{\mathrm{d}}}{c}\right)^2 \tag{5.53}$$

で与えられる（マイナス符号は，下流から出る向きが，x 軸の向きとは逆であることを反映している）．したがって，1往復の間で下流から上流に戻らずに失われる粒子数の割合は，

$$\frac{\Delta N}{N} = \frac{|F_{\mathrm{out}}| - |F_{\mathrm{in}}|}{|F_{\mathrm{in}}|} = \frac{(1-v_{\mathrm{d}}/c)^2}{(1+v_{\mathrm{d}}/c)^2} - 1 \simeq -\frac{4v_{\mathrm{d}}}{c} \tag{5.54}$$

となる．したがって，式（5.51）と組み合わせ，

$$\frac{\Delta N}{N} \simeq -\frac{3v_{\mathrm{d}}}{V}\frac{\Delta E}{E} \tag{5.55}$$

の両辺を積分すれば，べき型のエネルギー分布

$$N \propto E^{-3v_{\mathrm{d}}/V} \tag{5.56}$$

あるいはその微分形

$$\frac{dN}{dE} \propto E^{-3v_{\mathrm{d}}/V - 1} \tag{5.57}$$

が得られる．これは，式（3.14）と規格化定数を除いて同じ分布を表しており，べき指数

$$p = \frac{3v_{\mathrm{d}}}{V} + 1 = \frac{v_{\mathrm{u}}/v_{\mathrm{d}} + 2}{v_{\mathrm{u}}/v_{\mathrm{d}} - 1} \tag{5.58}$$

を用いて，$dN/dE \propto E^{-p}$ と書ける．べき指数が衝撃波前後の速度によって決まり，粒子のエネルギー等には依存しない点が，2次フェルミ加速とは大きく異なる．さらに，式（5.8）や式（5.11）を介してべき指数がマッハ数と結びつき，非相対論的理想気体（$\gamma_\mathrm{a} = 5/3$）に対しては，

$$p = \frac{2(\mathcal{M}_\mathrm{u}^2 + 1)}{\mathcal{M}_\mathrm{u}^2 - 1} \tag{5.59}$$

と表される．強い衝撃波の極限 $\mathcal{M}_\mathrm{u} \to \infty$ では，$p \to 2$ すなわち $dN/dE \propto E^{-2}$ が示唆される．一方で，べき型のエネルギー分布をもつ粒子によるシンクロトロン放射スペクトルは $\nu^{-(p-1)/2}$（式（3.211））の周波数依存性をもつ．したがって，マッハ数とシンクロトロン放射スペクトルのそれぞれを測定し，それらが式（5.59）を満たすかどうかを調べれば，この加速機構を検証することが可能となる．

　衝撃波における加速は，エネルギー増加率（式（5.51））が V/c の1次の項に比例することから，「1次フェルミ加速」あるいは「衝撃波統計加速」と呼ばれている．この機構は，べき型のエネルギー分布を指数まで含めて自然に予言できることもあって，さまざまな天体における高エネルギー粒子の起源として有力視され，1970年代後半から活発に研究されている[8]．ただし，銀河団では観測される衝撃波のマッハ数が低いことに加えて，衝撃波との関連が見えない非熱的電子も存在することに注意が必要である．

5.3 ガスと銀河の共進化

　銀河団のバリオンは，ガスと銀河によって占められており，これらは密接にやりとりをしながら進化してきたと考えられる．2.3.2節で見たように，宇宙の構造形成は小スケールから大スケールへと進んできたので，遠方宇宙でまず銀河が形成され，それらがダークマターやガスとともに集積して銀河団に成長したと考えられる．銀河が形成された際には，冷却したガスから多くの星が誕生したはずである．そのような星の内部では核融合反応によって重元素が合成され，その一部

---

[8] たとえば，G.F. Krymsky, Dokl. Akad. Nauk SSSR, 234, 1306（1977）；A.R. Bell, Mon. Not. R. Astron. Soc., 182, 147（1978）；R.D. Blandford, J.P. Ostriker, Astrophys. J., 221, L29（1978）.

は超新星爆発等によって外に放出されて周囲のガスと混合し，そこからさらに次の世代の星が誕生する，という物質循環を繰り返してきたであろう．今日の宇宙に存在する銀河団は，このような物質循環の到達点とみなすことができる．

5.3.1　ガスの冷却可能性

　銀河と銀河団とを分ける物理的要因は，ガス冷却および星形成の効率の違いであり，銀河では効率良くガスが冷却して星が形成されたが，銀河団ではそれが起きずにガスが高温状態を保っているとみなせる[*9]．このことは，銀河団中の熱的ガスの冷却時間（式（3.292））が，銀河団の典型的な密度（$\sim 10^{-3}\,\mathrm{cm}^{-3}$）と温度（$\sim 10^8\,\mathrm{K}$）に対しては宇宙年齢と同程度に長いことに反映されている．ただし，銀河団の中心部では，電子密度が $n_\mathrm{e} > 10^{-2}\,\mathrm{cm}^{-3}$，温度が $T < 2 \times 10^7\,\mathrm{K}$ となって，冷却時間が 10^9 年を下回ることも多い．この場合，単純には，冷却したガスが銀河団の重力によって中心部に落下 → ガスの密度が上昇 → 冷却時間がさらに低下 → ガスがさらに落下 → ガスの密度がさらに上昇 → $\cdots$ というスパイラルが生じることが予想される．このようなガスの過剰な冷却とそれに伴う中心部への落下は，「クーリングフロー（cooling flow）」と呼ばれる[*10]．この結果，単位時間あたりに冷却すると期待されるガス質量は，

$$\dot{M}_\mathrm{gas} \sim \frac{M_\mathrm{gas}}{t_\mathrm{cool}} \sim \rho_\mathrm{gas} V \frac{n_\mathrm{gas}^2 \Lambda(T)}{n_\mathrm{gas} k_\mathrm{B} T} \sim \frac{m_\mathrm{p} L}{k_\mathrm{B} T}$$

$$\sim 2000 \left(\frac{L}{10^{44}\,\mathrm{erg\,s^{-1}}}\right)\left(\frac{T}{10^7\,\mathrm{K}}\right)^{-1} M_\odot \quad \mathrm{yr}^{-1} \qquad (5.60)$$

程度と見積れる．ここで，V は銀河団の体積，$\Lambda(T)$ は冷却関数，$t_\mathrm{cool} \sim n_\mathrm{gas} k_\mathrm{B} T / n_\mathrm{gas}^2 \Lambda(T)$ は冷却時間，$L \sim n_\mathrm{gas}^2 \Lambda(T) V$ は光度であり，熱的ガスの主成分が水素であることからガス密度が $\rho_\mathrm{gas} \sim m_\mathrm{p} n_\mathrm{gas}$ となることを用いた．クーリングフローが起これば，冷却したガスから大量の星が形成されることも期待される．しかし実際には，式（5.60）で予想されるような大量の冷たいガスや劇的な星形成はほとんど観測されていない．本書の執筆時においては，$z = 0.6$ に存在するフェニックス座銀河団（SPT-CL J2334-4243）が，クーリングフローの実

[*9]　M.J. Rees, J.P. Ostriker, Mon. Not. R. Astron. Soc., 179, 541（1977）.

[*10]　A.C. Fabian, Annu. Rev. Astron. Astrophys., 32, 277（1994）.

質的に唯一の候補である[11]．4.1.5 節で見たように，多くのクールコア銀河団では，中心に向かってガス温度は確かに低下する（図 4.6）が，その度合いはクーリングフローにより期待されるよりもはるかに小さい．

したがって，銀河団中心部では，何らかの要因でガスの冷却が阻害されている可能性が非常に高い．その具体的な機構については，活動銀河核からのエネルギー放出（「フィードバック」と呼ばれる），ガスの熱伝導，銀河の運動エネルギーの散逸など，さまざまな説が提唱されているが現在も未解決である．たとえば，多くの銀河団の中心部には活動銀河核が存在し，周囲のガスに一定の影響を及ぼしていることは間違いないが，その度合いや頻度が問題となる．特に高精度の X 線データが揃っているペルセウス座銀河団では，中心の活動銀河核からさざ波のように円弧状に広がるガスの密度ゆらぎが観測されている（図 5.6）．一方で，この領域の中心から 5′（約 100 kpc）以内では，図 3.3 に示した高分解能 X 線スペクトルから，ガスの運動エネルギーは熱エネルギーの 1 割に満たないことが明らかになっている[12]．これらは，活動銀河核のエネルギーの一部はガスに受け渡されているものの，現状観測されている程度ではガスの冷却を阻害するには十分でないことを示唆している．

5.3.2　銀河形態と星形成

銀河団は，宇宙の平均よりも物質密度が高い領域であるため，そこに存在する銀河の性質には，銀河団以外の低密度領域（フィールド）に存在する銀河とは大きく異なる特徴がある．

まず，銀河はその形状（あるいは形態）により，楕円体に近い早期型（Early type）とそうでない晩期型（Late type）に大別され，前者はさらに楕円銀河（E で略記される）やレンズ状銀河（S0），後者は渦巻銀河（S）や不規則銀河（I）などに分類される[13]．これらがいつ，どのように分岐したかには未解明の謎が多く残されているが，銀河団銀河を調べることで重要な手掛かりが得られている．近

---

[11]　M. McDonald *et al.*, Nature, 488, 349（2012）；T. Kitayama *et al.*, Publ. Astron. Soc. Japan, 72, 33（2020）.

[12]　Hitomi collaboration, Nature 551, 478（2017）；Hitomi collaboration, Publ. Astron. Soc. Japan, 70, 9（2018）.

[13]　詳しくは，谷口義明，岡村定矩，祖父江義明（編），『銀河 I』第 2 版（シリーズ現代の天文学 4），日本評論社（2018），第 1 章など.

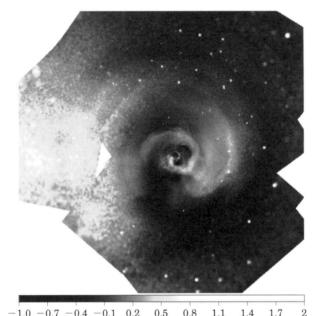

$$-1.0 \quad -0.7 \quad -0.4 \quad -0.1 \quad 0.2 \quad 0.5 \quad 0.8 \quad 1.1 \quad 1.4 \quad 1.7 \quad 2$$

図5.6　ペルセウス座銀河団中心部における X 線強度のゆらぎ.
チャンドラ衛星によって測定された, 現在最も高感度かつ高解像度
の銀河団 X 線画像である. 濃淡は, 各地点における平均的な X 線
強度からのずれ（熱的ガスの密度ゆらぎに相当する）の比率を示
す. 1 辺の長さは 25.6′（約 500 kpc）で, 最も中心には活動銀河
核が存在する. A.C. Fabian *et al*, Mon. Not. R. Astron. Soc.,
418, 2154（2011）より転載.

傍宇宙では, 高密度領域ほど早期型銀河の存在比率が高く, 逆に低密度領域では
晩期型銀河の比率が上がるという顕著な傾向があり, 「形態‒密度関係」と呼ばれ
る（図 5.7）[*14]. すなわち, 近傍銀河団の中心付近では銀河の 9 割以上が早期型
だが, 外縁部に向かってその比率は徐々に減少し, フィールドでは 2 割程度とな
る. 一方で, 遠方に存在する銀河の形態を正確に判別するのは難しいが, ハッブ
ル宇宙望遠鏡を用いた観測により, $z \sim 1$ から現在にかけて, 銀河団中の早期型
銀河の比率が増加してきたことが指摘されている. これらの結果は, 銀河団領域
において, 晩期型から早期型への形態進化が起きたことを示唆している.

[*14]　たとえば, A. Dressler, Astrophys. J., 236, 351（1980）.

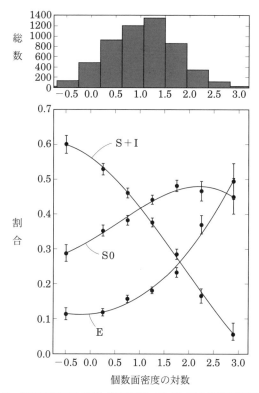

図5.7　銀河団銀河の形態–密度関係．計55個の近傍銀河団中に存在する楕円銀河（E），レンズ状銀河（S0），渦巻銀河（S），不規則銀河（I）の割合（下図），およびそれらの総数（上図）を示している．横軸は天球面上に投影された銀河の局所的な個数面密度を表し，右端が銀河団中心部，左端が外縁部にそれぞれ対応する（横軸は常用対数をとっているので，右端と左端の面密度は3.5桁（約3000倍）異なる）．R.C.W. Houghton *et al.*, Mon. Not. R. Astron. Soc., 451, 3427（2015）より転載．

また，銀河の色は，銀河を構成する星の性質を反映しており，色が青い（赤い）ほど，表面温度が高く（低く），絶対光度が大きく（小さく），質量が重く（軽く），寿命が短い（長い）星が多いことを意味する．つまり，総体として，青い銀河は形成されて間もない星を多く含む若い銀河であり，赤い銀河は寿命の短い星が失われた後の古い銀河であると考えられる．実際に，銀河団に属する銀河の色を調べると，近傍宇宙では赤い銀河が大半を占めるのに対し，遠方では青い

銀河の割合が増加することが知られている. この傾向は,「ブッチャー–エムラー–(Butcher–Oemler) 効果」[*15]と呼ばれ, 銀河団領域における星形成活動が, 過去の宇宙では高かったものの, 時間とともに低下してきたことを示唆する. また, 早期型銀河は赤い色, 晩期型銀河は青い色をしたものが多いので, 前段落で述べた銀河形態の進化ともよく整合している.

さらに, より詳細な分光観測からも, $z \gtrsim 0.5$ に存在する銀河団では, 近傍銀河団に比べて星形成が活発だったことが示されている. 特に, 見かけ上は赤い早期型銀河でも, 寿命が 5–10 億年程度の A 型星を多く含むものが見つかっている[*16]. このような銀河は, 観測された時点では星形成が止んでいるが, その 5–10 億年ほど前に激しい星形成が起っていたと考えられる.

これらの観測事実は, 銀河団銀河が形態および星形成活動の両面において顕著な進化を遂げてきたことを示している. 現在観測される早期型銀河の少なくとも一部は, 銀河団領域において晩期型銀河が変化したものであり, その過程で星形成活動も終了した可能性が高い. このような進化を引き起こす物理機構としては, 銀河同士の相互作用(衝突および合体)や, 銀河と銀河団ガスの相互作用(動圧による銀河からのガスのはぎとり)などが考えられるが, その詳細は解明されておらず, 精力的に研究が進められている.

5.3.3 ガス組成とその進化

銀河団の熱的ガスに含まれる重元素は, 恒星内部や超新星爆発などにおいて合成された重元素が放出されたものであると考えられる. 超新星爆発は, 観測的されるスペクトルの特徴や光度の時間変化の様子によって, Ia, Ib, Ic, IIP, IIL 型などに分類される. このうち, Ia 型 は白色矮星で核融合反応が暴走するために起こり, それ以外の型は大質量星の急激な重力収縮によって起こると考えられている[*17]. このため, Ia 型以外の超新星は, 総称して, 重力崩壊型 と呼ばれる. 銀河団ガス中の主な重元素のうち, O, Ne, Mg などはほぼすべてが重力崩壊型超新星から放出され, より原子量の大きな Si, S, Ar, Ca, Fe, Ni などは Ia 型と重力崩壊型超新星の両方から放出されたと考えられる. したがって, さまざまな重元素

[*15] H. Butcher, A. Oemler, Jr., Astrophys. J., 219, 18(1978).

[*16] たとえば, A. Dressler, Astrophys. J., 617, 867(2004).

[*17] たとえば, 山田章一,『超新星』(新天文学ライブラリー 4), 日本評論社(2016), 第1章.

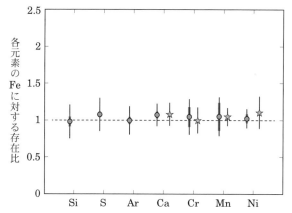

図5.8　X 線衛星ひとみによってペルセウス座銀河団中心領域に
おいて測定された重元素の Fe に対する存在比（丸印）．太陽組成
比を 1 としている．比較のため，星印は可視光で測定された早期
型銀河中の星の重元素組成を示している．Hitomi Collaboration,
Nature, 551, 478（2017）より転載.

の存在量は，過去に起きた超新星爆発やそれを引き起した星の総量を知るための
手がかりとなる．

　図 5.8 は，ひとみ衛星が取得したペルセウス座銀河団（$z = 0.017$）の X 線スペ
クトル（図 3.3）を用いて測定された重元素の存在比を示している．検出器のエ
ネルギー分解能が向上し，それぞれの輝線（3.3.1 節）を分離して観測できるよう
になった結果，測定されたすべての重元素の組成比が太陽と良く一致しているこ
とが明らかになった．この結果は，過去に起きたすべての超新星爆発に占める重
力崩壊型の割合が，60–90% であれば良く説明される．ひとみ衛星では，検出器
のエネルギー帯域による制約のため，Si よりも軽い元素の量は測定できなかった
が，将来の衛星観測により，重力崩壊型超新星のみに起因する O, Ne, Mg の量が
測定されれば，より正確に重力崩壊型と Ia 型の比率を決定できると期待される．

　また，より遠方の銀河団における重元素量の進化は，現状では Fe について $z \sim$
1（宇宙誕生から約 60 億年後）まで測定されているが，近傍銀河団と比べて有意
な変化は認められていない．このことは，銀河団ガスへの重元素の放出の大部分
が $z \sim 1$ よりも遠方（すなわち過去）の宇宙で起こったことを示唆している．

5.4　宇宙論への応用

　これまで見てきたように，銀河団は宇宙全体の進化との関連が非常に強い天体である．この特徴を利用し，銀河団の観測をもとに，宇宙論パラメータなどを決定する研究が行われている．これらは前節までの内容の自然な応用になっているので，以下ではその代表的な方法論を紹介する．

5.4.1　個数分布

　銀河団は，宇宙の構造形成が小さい質量スケールから徐々に進んだ結果，現在までに到達した質量スケールにちょうど対応する（2.3 節）．つまり，銀河団の質量は，宇宙の進化によって本質的に決定され，時間とともに徐々に増加している．このため，どのような質量をもつ銀河団が宇宙にどれだけ存在するかを調べることで，密度ゆらぎの成長に関する直接の手がかりを得ることができる．

　この方法のユニークな点は，観測される銀河団の「絶対数」を理論的に説明し，そこから宇宙論パラメータへの制限を導くことにある．宇宙にはさまざまな天体が存在するが，その数を高い信頼度で理論予言し，観測データと直接比較できるのは，現状では銀河団に対してのみである．

（1）観測される統計量の構築

　一般に，銀河団をはじめとする天体の統計量は，天球面上の一定の広さ（立体角 A）に存在する一定の明るさ（フラックス S）以上の天体を網羅したサーベイ観測によって構築されることが多い．銀河団に対しては，現状では X 線および SZ 効果によるサーベイが良く用いられる．ただし，広域にわたるサーベイ領域の各地点における観測条件を厳密に均一化することは困難であるので，現実には与えられた S ごとに対応する A の大きさは異なる．暗い天体を観測できた領域では，より明るい天体も観測可能であるため，A は S の単調増加関数となる．今，A と S の対応関係がわかっているサーベイによって，$S_1, S_2, \cdots$ をもつ天体が観測されたとすると，天球面上の単位立体角あたりにフラックス S 以上で観測される天体数は，

$$N(>S) = \sum_{S_i > S} \frac{1}{A(S_i)} \tag{5.61}$$

と表すことができる．ここで，$\sum_{S_i>S}$ は，$S_i > S$ を満たすすべての $i = 1, 2, \cdots$ について和をとることを意味している．このようにして構築された統計量は，慣用的に対数で表した N と S の関係として表示されるので，「$\log N$–$\log S$ 関係」と呼ばれる．

次に，各天体の赤方偏移 $z_1, z_2, \cdots$ も測定されれば，任意の赤方偏移の範囲 $[z_l, z_u]$ にフラックス S 以上で単位立体角あたり観測される天体数

$$N(> S, z_l, z_u) = \sum_{S_i > S,\ z_l < z_i < z_u} \frac{1}{A(S_i)} \tag{5.62}$$

が直ちに得られる．右辺の和は，$S_i > S$ かつ $z_l < z_i < z_u$ を満たすすべての $i = 1, 2, \cdots$ についてとる．この量は観測データから直接構築しやすいという利点があるが，天体が存在する領域の体積が z_l, z_u とともに変化することに加えてフラックス S は見かけの量なので，天体の進化の効果を直観的に把握しにくいという欠点もある．

そこで，より広く用いられているのが，各天体のフラックスを光度に変換し，かつ赤方偏移 z における共動座標系での平均数密度に焼き直した「光度関数」と呼ばれる量で

$$n(> L, z) = \sum_{L_i > L,\ z - \Delta z < z_i < z + \Delta z} \frac{1}{\Delta V(L_i, z)} \tag{5.63}$$

$$\Delta V(L_i, z) \equiv \int_{z - \Delta z}^{z + \Delta z} A(S[L_i, z]) \frac{dV}{d\Omega dz} dz \tag{5.64}$$

によって定式化できる[18]．ここで，$\Delta V(L_i, z)$ は，光度 L_i の天体を赤方偏移の範囲 $[z - \Delta z, z + \Delta z]$ で検出するために掃査した体積を表す．S と L, z の関係は式 (2.54)，$dV/d\Omega dz$ は式 (2.64) によりそれぞれ与えられる（慣用に従い，ここではフラックスを F ではなく S で表している）が，これらはいずれも宇宙論パラメータに依存することに注意しよう．つまり，光度関数の "観測データ" は，どのような宇宙論パラメータを仮定するかで変化する（このことは，光度関数の定式化の詳細にはよらず，また，以下で述べる質量関数や温度関数に対しても同様にあてはまる）．

さらに，温度 T や質量 M といった他の観測量が直接測定されるか，あるいは

---

[18] 光度関数の定式化にはいくつか方法があり，ここで示したのはその一例である．

光度 L との相関関係（4.6 節参照）が定まれば，適宜それらを変数とした統計量を得ることができる．これらは，変数に何を用いるかによって，「温度関数」や「質量関数」などと呼ばれる．

(2) 理論との比較

前項（1）で述べた統計量から物理的な情報を引き出すために，同じ統計量に対する理論予言を定式化しよう．

最も単純化された例として，仮に天体がつねに単一の光度 L_0 をもって宇宙空間全体に一様に分布しているとすると，光度関数 $n(>L, z)$ は

$$n(>L, z) = \begin{cases} \text{定数} & (L < L_0) \\ 0 & (L > L_0) \end{cases} \tag{5.65}$$

となり，z には依存しない．このとき，式（2.54）より，観測されるフラックスは $S_0 = L_0/(4\pi d_{\mathrm{L}}^2)$ なので，観測のしきい値 S よりも大きなフラックスをもつ（$S_0 > S$）天体が存在するのは

$$d_{\mathrm{L}} < \sqrt{\frac{L_0}{4\pi S}} \equiv d_{\mathrm{L}}^{\max} \tag{5.66}$$

を満たす範囲内である．さらに宇宙空間がユークリッド的であれば，

$$N(>S) \propto (d_{\mathrm{L}}^{\max})^3 \propto S^{-3/2} \tag{5.67}$$

の関係が成り立つ．もちろん実際には，天体の光度にばらつきがあることや，天体の数が時間変化すること，一般相対論的な効果により宇宙空間がユークリッド的でなくなること，などによって式（5.67）からはずれが生じる．銀河団に対しては，2 章の結果をもとに，これらを定式化することができる．

まず，任意の時刻 z に質量 M をもつダークマターハローの数密度，すなわち質量関数は，解析的表式（式（2.198））ないし数値シミュレーションの結果により，宇宙論パラメータへの依存性も含めて理論的に与えられる（図 2.10 参照）．次に，銀河団の質量はジーンズ質量（式（2.138））よりもはるかに大きいため，バリオンとダークマターの密度ゆらぎは一緒に成長し，それぞれのダークマターハローに対応して観測される銀河団が一つずつ形成されたと考える．すると原理的には，観測される銀河団の質量関数が精度よく構築されれば，理論的な質量関

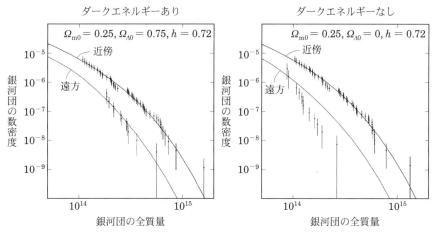

図 5.9 銀河団の質量関数. 横軸は銀河団の全質量, 縦軸はその質量よりも重い銀河団の数密度を表し, X 線による観測データ (誤差棒) と理論予言 (実線) が描かれている. 左図はダークエネルギーが存在する平坦な宇宙, 右図はダークエネルギーが存在しない開いた宇宙に対し, 近傍 ($z < 0.25$) と遠方 ($0.55 < z < 0.9$) における結果を対比させている. A. Vikhlinin *et al.*, Astrophys. J., 692, 1060 (2009) より転載.

数と比較することができる. 図 5.9 は, 式 (5.63) の光度関数に対してさらに光度 L と質量 M の相関関係を用いて構築された質量関数の観測結果を理論モデルと比較している. 近傍の銀河団だけに限れば, ダークエネルギーの有無によらず観測データを理論的に説明することが可能であるが, 遠方の銀河団も組み合わせると, ダークエネルギー無しではデータを説明することは困難になる.

その理由は, 次のように理解できる. 理論的な質量関数 (式 (2.198)) を決める要素は, 影響力の強い順に, (1) 密度ゆらぎの絶対値 (式 (2.153)), (2) 平均物質密度 (式 (2.32)), (3) 密度ゆらぎの成長率 (式 (2.115)) であり, このうちダークエネルギーに依存するのは (3) である (図 2.4). したがって, 近傍の質量関数だけであれば, 主に (1) (2) の情報源となる. 一方, 近傍と遠方の質量関数の「比」をとると, (1) (2) がほぼ消去される (式 (2.198)) ため, (3) の情報源となる. その上でダークエネルギーが存在しない開いた宇宙では, 密度ゆらぎの成長が強く抑制される (図 2.4) ので, 質量関数の時間変化が小さくなり, データと合わなくなる (図 5.9 (右)). このようにして, 複数の宇宙論パラメータを探

ることが可能となる.

 ただし,前節でも述べたように,質量関数の "観測データ" そのものが宇宙論パラメータに依存して変化することが図 5.9 の左右を比較すると明らかである.また,サーベイ観測における銀河団の選択条件は,一般には質量ではなくフラックスで決まるため,観測的な質量関数の構築には理論モデルに依存したかなり複雑な加工が必要となる.一般に,そのような加工は,観測データではなく理論予言の側にまとめて取り入れる方が容易であり,見通しも良くなる.たとえば,式(5.63)に対応する理論モデルは,

$$n(>L,z) = \int_L^\infty dL' \frac{dn(M,z)}{dM}\frac{dM}{dL'}\bigg|_{M=M(L',z)} \tag{5.68}$$

と書くことができる.ここで,$dn(M,z)$ は赤方偏移 z において質量 $M \sim M + dM$ をもつ銀河団の共動座標系での数密度を表し,dM/dL は質量 M と光度 L の相関関係から求める.同様に,式(5.62)に対応する量は,

$$N(>S,z_\mathrm{l},z_\mathrm{u}) = \int_{z_\mathrm{l}}^{z_\mathrm{u}} dz \frac{dV}{d\Omega dz} \int_S^\infty dS' \frac{dn(M,z)}{dM}\frac{dM}{dS'}\bigg|_{M=M(S',z)} \tag{5.69}$$

と表せ,さらに $z_\mathrm{l} \to 0, z_\mathrm{u} \to \infty$ とすれば式(5.61)に対応する.ここで,$dV/d\Omega dz$ には式(2.64),dM/dS には M と L の相関関係と式(2.54)が用いられる.

5.4.2 バリオン比

 現在の宇宙全体の物質構成を直接知ることは困難であるが,それに最も近い環境で観測データが揃っているのが銀河団である.また,銀河団ほどの大きなスケールにおいて,バリオンとダークマターの存在比に著しい影響を与え得る物理過程は知られていない.そこで,銀河団の物質構成比をもとに,宇宙論パラメータを推定することが行われている.

 銀河団中のバリオン質量 M_b は,熱的ガスの質量 M_gas と若干の星質量 M_star によって占められており,ダークマター質量 M_dm を含めた全質量 M_tot に対する比率

$$f_\mathrm{b} \equiv \frac{M_\mathrm{b}}{M_\mathrm{tot}} = \frac{M_\mathrm{gas} + M_\mathrm{star} + \cdots}{M_\mathrm{dm} + M_\mathrm{gas} + M_\mathrm{star} + \cdots} \tag{5.70}$$

が宇宙の平均値と等しければ,

$$f_{\mathrm{b}} = \frac{\Omega_{\mathrm{b}0}}{\Omega_{\mathrm{m}0}} \tag{5.71}$$

が期待される．ここで，式 (5.70) の … は，非熱的ガスや宇宙塵など，現状では質量が個別に測定されていない追加成分を示す．追加成分の寄与は小さいと考えられるので M_{b} の測定では無視されるが，重力相互作用の強さを用いた M_{tot} の測定 (4.3-4.5 節) には自動的に含まれる．仮に追加成分の寄与が無視できない場合は，現状測定されている f_{b} は式 (5.71) の代わりに $\Omega_{\mathrm{b}0}/\Omega_{\mathrm{m}0}$ の下限値を与えることになる．

また，仮に銀河団のバリオン比が式 (5.71) を厳密には満たしていなくても，赤方偏移によらず一定値をとり続ければ，以下に述べる方法によって宇宙論パラメータの測定に利用することができる[19]．まず，X 線観測からは，電子温度，重元素量，および電子数密度が得られるが，このうちはじめの二つは，スペクトルの形をもとに，銀河団までの距離によらずに測定される．電子数密度 n_{e} は，観測量である X 線輝度 I_{X} と式 (4.19) によって

$$I_{\mathrm{X}} \propto \frac{1}{(1+z)^4} \int n_{\mathrm{e}}^2 dl \propto \frac{n_{\mathrm{e}}^2 d_{\mathrm{A}}(z)}{(1+z)^4} \tag{5.72}$$

で関連しているので，観測量を固定すると，

$$n_{\mathrm{e}} \propto (1+z)^2 d_{\mathrm{A}}^{-1/2}(z) \tag{5.73}$$

の距離依存性をもつ．ここで，比例関係では赤方偏移に依存する量のみを示し，視線に平行な方向の天体の大きさは，視線に垂直な方向の大きさと同様に角径距離に比例するとした．つまり，z に加えて d_{A} の算出に必要な宇宙論パラメータを指定しなければ，n_{e} を観測的に決定することはできない．この結果，X 線により測定されるガス質量も

$$M_{\mathrm{gas,X}} \propto \int n_{\mathrm{e}} dV \propto (1+z)^2 d_{\mathrm{A}}^{5/2}(z) \tag{5.74}$$

という距離依存性をもつことになる．

あるいは，SZ 効果観測を用いた場合は，式 (4.25) より，

$$y \propto \int n_{\mathrm{e}} dl \propto n_{\mathrm{e}} d_{\mathrm{A}}(z) \tag{5.75}$$

---

[19] S. Sasaki, Publ. Astron. Soc. Japan, 48, L119 (1996)；U. Pen, New Astron., 2, 309 (1997).

であり，y は観測量なので，

$$n_e \propto d_A^{-1}(z) \tag{5.76}$$

が成り立ち，SZ 効果により測定されるガス質量の距離依存性は，

$$M_{gas,SZ} \propto \int n_e dV \propto d_A^2(z) \tag{5.77}$$

となる．

一方，式（4.49）（4.56）（4.93）で与えられる全質量はいずれも

$$M_{tot} \propto d_A(z) \tag{5.78}$$

の距離依存性をもつ[*20]．式（5.74）（5.77）（5.78）より，ガス質量と全質量の比は，X 線と SZ 効果それぞれに対して

$$f_{gas,X} = \frac{M_{gas,X}}{M_{tot}} \propto (1+z)^2 d_A^{3/2}(z) \tag{5.79}$$

$$f_{gas,SZ} = \frac{M_{gas,SZ}}{M_{tot}} \propto d_A(z) \tag{5.80}$$

と表される．

図 5.10 は，X 線により測定されたガス質量と全質量の比を示している．この比には，式（5.79）のような距離依存性が内在しているので，同一の観測データを用いたとしても，採用される宇宙論パラメータによって結果が大きく変化する．したがって，もし本来のガス質量比が赤方偏移によらず一定ならば，そのような結果を与えない宇宙論パラメータの値を棄却することができる．この仮定のもとで，図 5.10 は，ダークエネルギーが存在する平坦な宇宙は許される一方で，ダークエネルギーが存在しない平坦な宇宙が棄却されることを示している．もちろん，星質量の寄与も含めて，何らかの赤方偏移依存性が存在していた場合には，その分だけ系統誤差が生じることになる．なお，式（5.79）と式（5.80）の赤方偏移依存性が違うことは，異なる観測データを用いることで，独立な測定が可能になることを示しており，そのような組み合わせはこの方法論の妥当性を検証したり，系統誤差を排除したりするための有効な手段となる．

[*20] 厳密には，重力レンズ効果による質量は，観測者からレンズ天体までの距離だけでなく，観測者からソース天体までの距離やレンズ天体からソース天体までの距離にも依存するが，後者二つの影響は互いに相殺し，無視できることが多い．

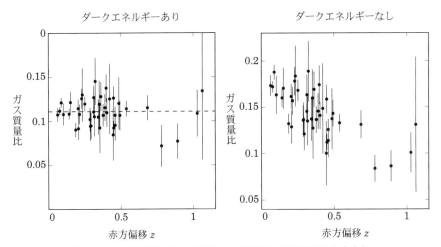

図5.10 X線観測によって得られた銀河団のガス質量比と赤方偏移の関係. 左図はダークエネルギーが存在する平坦な宇宙（$\Omega_{m0} = 0.3$, $\Omega_{\Lambda 0} = 0.7$, $h = 0.7$）に対する結果であり，測定されたガス質量比はほぼ一定となっている．一方，右図はダークエネルギーが存在しない平坦な宇宙（$\Omega_{m0} = 1.0$, $\Omega_{\Lambda 0} = 0$, $h = 0.5$）に対する結果であり，ガス質量比は大きく変化している．S.W. Allen *et al.*, Mon. Not. R. Astron. Soc., 383, 879（2008）より転載.

5.4.3　X線放射とSZ効果の組み合わせ

　同一の銀河団に対して，X線とSZ効果のデータがともに取得でき，かつ銀河団の平均的な形状が球によって近似できる場合には，幾何学的な考察のみによって，5.4.1節や5.4.2節で述べた手法とは独立に宇宙論パラメータを測定することが可能となる[*21]．以下では，将来の観測に対する拡張性をもたせるため，4.1.3節のモデルを一般化した任意のガス分布に対してそれを示そう．

　ガス分布に対して球対称性のみを仮定した場合のX線輝度の2次元分布は，式（4.19）（4.15）より

$$I_{[E_1, E_2]}(\theta) = \frac{2}{4\pi(1+z)^4} \int_{d_A \theta}^{\infty} n_e^2(r) \Lambda_{[E_1', E_2']}[T_e(r), Z(r)] \frac{r\,dr}{\sqrt{r^2 - d_A^2 \theta^2}} \quad (5.81)$$

[*21]　A. Cavaliere, L. Danese, G. de Zotti, Astrophys. J., 217, 6（1977）; J. Silk, S.D.M. White, Astrophys. J., 226, 103（1978）.

$$= \frac{d_{\mathrm{A}} n_{\mathrm{norm}}^2}{(1+z)^4} K_{[E_1', E_2']}(\theta) \tag{5.82}$$

と表せる．ここで，電子密度の 3 次元分布を $n_{\mathrm{e}}(r) = n_{\mathrm{norm}} f_n(r)$ のように大きさを指定するパラメータ n_{norm} と形を指定する無次元関数 $f_n(r)$ に分離して表し[*22]，$r = d_{\mathrm{A}}\phi$ の変数変換を施すと，

$$K_{[E_1', E_2']}(\theta) \equiv \frac{1}{2\pi} \int_\theta^\infty f_n^2(\phi) \Lambda_{[E_1', E_2']}[T_{\mathrm{e}}(\phi), Z(\phi)] \frac{\phi d\phi}{\sqrt{\phi^2 - \theta^2}} \tag{5.83}$$

は X 線輝度およびスペクトルから直接測定される量であり（4.1.4 節），天体までの距離にはよらない[*23]．一方，同じ仮定のもとで SZ 効果の強さは，式 (4.25) より

$$y(\theta) = d_{\mathrm{A}} n_{\mathrm{norm}} K_{\mathrm{SZ}}(\theta), \tag{5.84}$$

$$K_{\mathrm{SZ}}(\theta) \equiv \frac{2\sigma_{\mathrm{T}} k_{\mathrm{B}}}{m_{\mathrm{e}} c^2} \int_\theta^\infty f_n(\phi) T_{\mathrm{e}}(\phi) \frac{\phi d\phi}{\sqrt{\phi^2 - \theta^2}} \tag{5.85}$$

と表せる．式 (5.82) (5.84) より n_{norm} を消去すると，

$$d_{\mathrm{A}} = \frac{y^2(\theta)}{(1+z)^4 I_{[E_1, E_2]}(\theta)} \frac{K_{[E_1', E_2']}(\theta)}{K_{\mathrm{SZ}}^2(\theta)}, \tag{5.86}$$

となり，右辺は観測量のみで書かれているので，左辺の角径距離を測定することが可能となる．角径距離と赤方偏移の関係は宇宙論パラメータに依存する（式 (2.55), (2.61)）ので，赤方偏移がわかっている銀河団に対して上の測定が実現すれば，宇宙論パラメータについての情報が得られることになる．

　図 5.11 は，この方法によって測定された 38 個の銀河団の距離と赤方偏移の関係を示している．個々の銀河団に関しては，データの統計誤差に加えて，球対称性からのずれなどの系統誤差によってばらつきが大きいが，多数の銀河団について平均すると，標準的な宇宙論パラメータと整合する結果が得られている．天文学的な距離の測定には，複数の異なる経験則を近傍から遠方へと順次つなぎあわせる「距離はしご（distance ladder）」と呼ばれる方法が用いられることが多く，

[*22]　たとえば，式 (4.13) の β モデルは，$n_{\mathrm{norm}} = n_{\mathrm{e}0}$, $f_n(r) = [1 + (r/r_c)^2]^{-3\beta/2}$ に相当する．

[*23]　ϕ は r が天球面上に現れる際の角度に等しいので，観測的には，$T_{\mathrm{e}}(\phi), Z(\phi), f_n(\phi)$ がまず得られ，それらを $T_{\mathrm{e}}(r), Z(r), f_n(r)$ に換算するために距離の情報が必要となる．

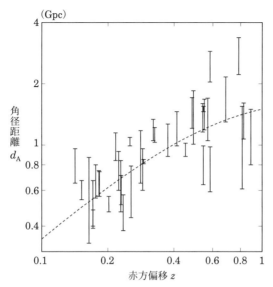

図5.11 X線とSZ効果の組み合わせによって求められた38個の銀河団の角径距離と赤方偏移の関係*24. 破線は観測を最も良く再現する宇宙論パラメータの組み合わせ（$\Omega_{m0} = 0.3$, $\Omega_{\Lambda0} = 0.7$, $w = -1$, $h = 0.77$）に対する理論予言を示す.

そのような方法では，用いられている経験則のいずれかに不備が潜んでいると全体が影響を受けかねないという制約が存在する．一方，ここで紹介した方法は，多数の銀河団についての平均が必要になるものの，経験則を一切用いずに，$z = 1$ 程度までの距離を直接測定できるという稀有な特徴を持っている.

5.5 まとめと展望

以上のように，銀河団の進化は宇宙の構造形成や宇宙論パラメータなどについての豊かな情報源となっている．特に $z \sim 1$ という時期は，宇宙膨張が減速から加速に転じた時期（式（2.45））にほぼ対応するため，その前後での銀河団進化は未知のダークエネルギーについて探るための貴重な手段となる．また，宇宙の階層構造の主要構成要素である銀河と銀河団の間には，質量やサイズの単なる大小だけではない質的なギャップがあると考えられる（5.3.1節）が，それを生み出

*24 M. Bonamente *et al.*, Astrophys. J., 647, 25（2006）より作成.

している具体的機構を明らかにする上でも有用な手がかりになると期待される．このような特性を最大限に活かすために，さまざまな観測プロジェクトが現在進行しつつあると同時に新たに計画もされている．そこで，これらによって今後どのような研究の進展が期待されるかを展望してみたい[*25]．

まず，5.4 節で述べた宇宙論への応用を含めた銀河団進化の研究では，近傍（現在）から遠方（過去）の宇宙まで，できるだけ多くの銀河団を見つけることが単純明快かつ強力な手段となる．たとえば，2019 年に打ち上げられた SRG 衛星は，X 線 CCD 検出器 eROSITA[*26] を用いた 全天サーベイ観測によって，現状で 1000 個程度の X 線銀河団（1.3 節）を 10^5 個程度にまで増加させると期待されている．単純には，サンプルの数が 100 倍になれば，統計精度は $\sqrt{100} = 10$ 倍程度に向上すると見込まれるので，1990 年に打ち上げられて全天サーベイを行った ROSAT 衛星から約 30 年を経ての画期的な進歩となり得る．

大規模なサーベイ観測は，X 線以外の波長でも行われている．熱的 SZ 効果を用いた電波での銀河団サーベイは，同効果の強度が遠方宇宙においても減少しない（3.5.5 (3) 節）というユニークな特性を最大限に活かし，South Pole Telescope（SPT）[*27]，Atacama Cosmology Telescope（ACT）[*28]，プランク衛星[*29]などによって過去 10 年の間に躍進を遂げた．このうち，すでに運用を終了しているプランク衛星以外は，検出器などをアップグレードしながら今後もさらに観測が進められる予定である．

可視光では，すばる望遠鏡に搭載された超広視野主焦点カメラ Hyper Suprime-Cam[*30] などによる広域撮像観測が行われており，銀河の密集地域の同定や重力レンズ効果などによって新しい銀河団が続々と発見されている[*31]．今後はさらに，サーベイ専用に開発されている Vera C. Rubin Observatory（VRO，旧名

[*25] 将来の観測計画の状況は流動的に変化するので，ここではすでに予算の多くが確保されているなど，本書の執筆時において実現性が高いと思われるもののみ具体名を上げる．

[*26] https://www.mpe.mpg.de/eROSITA

[*27] Z. Staniszewski *et al.*, Astrophys. J., 701, 32（2009）.

[*28] A. D. Hincks *et al.*, Astrophys. J. Suppl., 191, 423（2010）.

[*29] Planck Collaboration, Astron. Astrophys., 536, A8（2011）.

[*30] https://hsc.mtk.nao.ac.jp/ssp/

[*31] M. Oguri *et al.*, Publ. Astron. Soc. Japan, 70, S20（2018）; S. Miyazaki *et al.*, Publ. Astron. Soc. Japan, 70, S27（2018）.

LSST) [32] などによって，大規模な撮像サーベイは急速に進むであろう．加えて，個々の銀河の赤方偏移を正確に測定したり，星形成史を明らかにしたりする上では，広域分光観測も合わせて重要となるが，すばる望遠鏡に搭載が計画されている超広視野分光器 Prime Focus Spectrograph（PFS）[33] などはまさにこの目的に適した装置と言える．

　サーベイ観測では，上述した統計精度を上げるという（事前から予想される）利点の他に，従来知られていなかった新しい性質をもつ天体の（予想外の）発見も期待される．たとえば，5.3.1 節で述べたように，ほとんどの銀河団ではガスの冷却は何らかの要因により阻害されているが，例外的に激しい冷却が起きていると考えられるフェニックス座銀河団も見つかっている．実は，この天体は現在知られている全銀河団中で最大の X 線光度をもつにもかかわらず，X 線放射があまりに狭い領域に集中していたために，ROSAT による全天サーベイでは見落とされ，その後の SPT による熱的 SZ 効果サーベイで初めて銀河団であることが判明した[34]．このことは，複数の観測手段を組み合わせることが科学的な発見の精度を上げるのに有用であり，特に予想外の発見につながりやすいことを教訓として物語っている．

　また，銀河団そのものの性質にも未解明の点が多く残されているので，宇宙の進化についての情報を引き出すには，単に天体数と統計精度を上げるだけでは不十分である．そこで，サーベイ観測とは別に，あるいはそのフォローアップとして，個々の銀河団を精密に調べることが必要となる．たとえば，図3.3 と図5.8 などに示した高エネルギー分解能 X 線分光は，高温ガスの速度や組成を正確に測定するのに極めて有用であるが，2016 年に打ち上げられたひとみ衛星が事故によって運用停止となったために，現状のデータは限られている．そこで，次世代の X 線衛星計画である X 線分光撮像衛星（XRISM）[35]や Athena 衛星[36] などによって，特に銀河団の外縁部や遠方までを含めてガス運動や組成を俯瞰的に解明することが期待される．ガスの速度の測定に関しては，運動学的 SZ 効果（3.5.5 節の

---

[32] https://www.vro.org/
[33] https://pfs.ipmu.jp/
[34] M. McDonald *et al.*, Nature, 488, 349（2012）.
[35] http://xrism.isas.jaxa.jp/
[36] https://www.the-athena-x-ray-observatory.eu/

(2)）も新たな観測手段となり得る.

　非熱的粒子の性質や起源の解明も今後の重要な課題である. シンクロトロン放射の電波観測は, Very Large Array（VLA）[37], Low Frequency Array（LO-FAR）[38], Murchison Widefield Array（MWA）[39], Giant Metrewave Radio Telescope（GMRT）[40]等によって近年急速に精度が向上しており, 将来的にも Square Kilometre Array（SKA）[41]計画などでさらなる進展が見込まれる[42]. また, 現状では観測されていない逆コンプトン散乱の検出も硬 X 線などで期待される.

　さらに, 理論研究にも大きな課題がある. 言うまでもなく, 重力相互作用のみを考慮した N 体計算では, ガスや銀河を含めた性質を理解するには不十分である. しかし, ガスの冷却, 星の形成・進化, 超新星爆発や活動銀河核からのフィードバックなどをすべて整合的に取り込んで解くことは, 現在のコンピュータ能力では不可能である. また, クーロン散乱によるガスの平均自由行程（式（3.24））よりも小さな空間スケールでは, 磁場の影響が無視できなくなると考えられるが, これもさらに困難な課題である. そこで, 本質的となる物理過程を適切に抽出した研究を多角的に組み合わせ, さまざまな観測データと比較していくことが必要であると考えられる. これらは銀河団そのものの性質に限らず, 銀河や活動銀河核などを含めた宇宙の構造形成全体を解明する上でも重要な役割を果たすであろう.

　このような観測と理論の両面における今後の研究の発展に, 本書が少しでも役立つことを願ってやまない.

---

[37] https://public.nrao.edu/telescopes/vla/

[38] http://www.lofar.org/

[39] http://www.mwatelescope.org/

[40] http://www.gmrt.ncra.tifr.res.in/

[41] https://www.skatelescope.org/

[42] R.J. van Weeren *et al.*, Space Sci. Rev. 215, 16（2019）.

◆付録◆

A.1 フーリエ変換

A.1.1 1次元の場合

　本書では，関数 $f(t)$ のフーリエ（Fourier）変換およびその逆変換として次の定義を用いる．

$$\hat{f}(\omega) = \int_{-\infty}^{\infty} f(t)e^{-i\omega t}dt \tag{A.1}$$

$$f(t) = \frac{1}{2\pi}\int_{-\infty}^{\infty} \hat{f}(\omega)e^{i\omega t}d\omega \tag{A.2}$$

これより直ちに，

$$\begin{aligned}
\int_{-\infty}^{\infty}|f(t)|^2 dt &= \frac{1}{(2\pi)^2}\int_{-\infty}^{\infty}dt\int_{-\infty}^{\infty}d\omega\int_{-\infty}^{\infty}d\omega'\hat{f}(\omega)\hat{f}^*(\omega')e^{i(\omega-\omega')t}\\
&= \frac{1}{2\pi}\int_{-\infty}^{\infty}d\omega\int_{-\infty}^{\infty}d\omega'\hat{f}(\omega)\hat{f}^*(\omega')\delta_{\mathrm{D}}(\omega-\omega')\\
&= \frac{1}{2\pi}\int_{-\infty}^{\infty}|\hat{f}(\omega)|^2 d\omega\\
&\equiv \frac{1}{2\pi}\int_{-\infty}^{\infty}P(\omega)d\omega \quad \text{パーセバル（Parseval）の等式} \tag{A.3}
\end{aligned}$$

が導かれる．ここで，上つき添字 $*$ は複素共役を表し，$P(\omega)$ は「パワースペクトル」と呼ばれる．途中の式変形では，

$$\delta_{\mathrm{D}}(\omega) = \frac{1}{2\pi}\int_{-\infty}^{\infty}e^{i\omega t}dt \quad \text{ディラック（Dirac）のデルタ関数} \tag{A.4}$$

を用いた．また，関数 $f(t)$ と $g(t)$ のたたみこみ（合成積）は，

$$\begin{aligned}
f(t)*g(t) &\equiv \int_{-\infty}^{\infty}f(t-t')g(t')dt'\\
&= \frac{1}{(2\pi)^2}\int_{-\infty}^{\infty}dt'\left[\int_{-\infty}^{\infty}d\omega\hat{f}(\omega)e^{i\omega(t-t')}\right]\left[\int_{-\infty}^{\infty}d\omega'\hat{g}(\omega')e^{i\omega't'}\right]\\
&= \frac{1}{2\pi}\int_{-\infty}^{\infty}d\omega\int_{-\infty}^{\infty}d\omega'\delta_{\mathrm{D}}(\omega'-\omega)\hat{f}(\omega)\hat{g}(\omega')e^{i\omega t}\\
&= \frac{1}{2\pi}\int_{-\infty}^{\infty}\hat{f}(\omega)\hat{g}(\omega)e^{i\omega t}d\omega \tag{A.5}
\end{aligned}$$

により，$\hat{f}(\omega)\hat{g}(\omega)$ の逆フーリエ変換で与えられる．これを用いると，$f(t)$ の「自己相関関数」は

$$\xi(t) \equiv f^*(-t) * f(t)$$
$$= \int_{-\infty}^{\infty} f^*(t'-t)f(t')dt' = \int_{-\infty}^{\infty} f^*(t')f(t'+t)dt'$$
$$= \frac{1}{2\pi} \int_{-\infty}^{\infty} P(\omega)e^{i\omega t}d\omega \quad \text{ウィーナー–ヒンチン（Wiener–Khinchin）の定理} \tag{A.6}$$

のように，パワースペクトルのフーリエ逆変換となっている．ここで，$f^*(-t)$ のフーリエ変換が $\hat{f}^*(\omega)$ であることを用いた．

特に $f(t)$ が実数値関数（$f^*(t) = f(t)$）の場合には，式（A.1）より

$$\hat{f}^*(\omega) = \hat{f}(-\omega) \tag{A.7}$$

$$P(\omega) = P(-\omega) \tag{A.8}$$

であるので，式（A.3）を $\omega > 0$ のみの積分で書くこともできる．

$$\int_{-\infty}^{\infty} f^2(t)dt = \frac{1}{\pi} \int_0^{\infty} |\hat{f}(\omega)|^2 d\omega = \frac{1}{\pi} \int_0^{\infty} P(\omega)d\omega \tag{A.9}$$

A.1.2 3次元の場合

前小節と同様に，3次元ベクトル $\vec{x}$ を変数にもつ関数 $f(\vec{x})$ のフーリエ変換およびその逆変換の表式として

$$\hat{f}(\vec{k}) = \int f(\vec{x})e^{-i\vec{k}\cdot\vec{x}}d^3x \tag{A.10}$$

$$f(\vec{x}) = \frac{1}{(2\pi)^3} \int \hat{f}(\vec{k})e^{i\vec{k}\cdot\vec{x}}d^3k \tag{A.11}$$

を用いると，

$$\int |f(\vec{x})|^2 d^3\vec{x} = \frac{1}{(2\pi)^3} \int |\hat{f}(\vec{k})|^2 d^3k$$
$$= \frac{1}{(2\pi)^3} \int P(\vec{k})d^3k \quad \text{パーセバルの等式} \tag{A.12}$$

$$\delta_{\mathrm{D}}(\vec{x}) = \frac{1}{(2\pi)^3} \int e^{i\vec{k}\cdot\vec{x}} d^3k \qquad \text{ディラックのデルタ関数} \tag{A.13}$$

$$f(\vec{x}) * g(\vec{x}) \equiv \int f(\vec{x} - \vec{x}') g(\vec{x}') d^3x'$$

$$= \frac{1}{(2\pi)^3} \int \hat{f}(\vec{k}) \hat{g}(\vec{k}) e^{i\vec{k}\cdot\vec{x}} d^3k \qquad \text{たたみこみ} \tag{A.14}$$

$$\xi(\vec{x}) \equiv f^*(-\vec{x}) * f(\vec{x})$$

$$= \int f^*(\vec{x}' - \vec{x}) f(\vec{x}') d^3x' = \int f^*(\vec{x}') f(\vec{x}' + \vec{x}) d^3x'$$

$$= \frac{1}{(2\pi)^3} \int P(\vec{k}) e^{i\vec{k}\cdot\vec{x}} d^3k \qquad \text{ウィーナー–ヒンチンの定理} \tag{A.15}$$

とそれぞれ表される. $f(\vec{x})$ が実数値関数の場合には,

$$\hat{f}^*(\vec{k}) = \hat{f}(-\vec{k}) \tag{A.16}$$

$$P(\vec{k}) = P(-\vec{k}) \tag{A.17}$$

が成り立つ.

また, 自己相関関数 $\xi(\vec{x})$ が方角によらず $x = |\vec{x}|$ のみの関数の場合には, 式 (A.15) より $P(\vec{k})$ は $k = |\vec{k}|$ のみの関数となり,

$$\xi(x) = \frac{1}{2\pi^2} \int_0^\infty \frac{\sin(kx)}{kx} P(k) k^2 dk \tag{A.18}$$

$$P(k) = 4\pi \int_0^\infty \frac{\sin(kx)}{kx} \xi(x) x^2 dx \tag{A.19}$$

が成り立つ.

A.2 アーベル変換

関数 $f(r)$ に対するアーベル（Abel）変換を

$$\check{f}(x) = 2\int_x^\infty \frac{f(r)rdr}{\sqrt{r^2-x^2}} \tag{A.20}$$

によって定義するとき，その逆変換は

$$f(r) = -\frac{1}{\pi}\int_r^\infty \frac{d\check{f}(x)}{dx}\frac{dx}{\sqrt{x^2-r^2}} \tag{A.21}$$

で与えられる．ここで，$f(r)$ は無限大で $1/r$ よりも速くゼロに近づく関数とする．この関係式は，3 次元空間において球対称ないし軸対称な関数 f とそれを 2 次元面上に投影した関数 $\check{f}$ を結びつける際によく用いられる．

式（A.21）を証明するには，式（A.20）を部分積分した

$$\check{f}(x) = -2\int_x^\infty \frac{df(r)}{dr}\sqrt{r^2-x^2}dr \tag{A.22}$$

をさらに x で形式的に微分し，変数を r から s に書き換えた

$$\frac{d\check{f}(x)}{dx} = 2x\int_x^\infty \frac{df(s)}{ds}\frac{1}{\sqrt{s^2-x^2}}ds \tag{A.23}$$

を式（A.21）右辺に代入すれば，

$$\begin{aligned}
&-\frac{2}{\pi}\int_x^\infty ds\int_r^\infty dx\frac{df(s)}{ds}\frac{x}{\sqrt{(x^2-r^2)(s^2-x^2)}}\\
&= -\frac{2}{\pi}\int_r^\infty ds\int_r^s dx\frac{df(s)}{ds}\frac{x}{\sqrt{(x^2-r^2)(s^2-x^2)}}\\
&= -\int_r^\infty ds\frac{df(s)}{ds}\\
&= f(r)
\end{aligned} \tag{A.24}$$

を得る．ここで，2 行目から 3 行目にかけては，積分公式

$$\int_a^b \frac{du}{\sqrt{(u-a)(b-u)}} = \pi \qquad (a < b) \tag{A.25}$$

を用いた．

A.3 ローレンツ変換

慣性系 S に対して一定速度 $\vec{V}$ で運動する系 S' を考え，$\vec{V}$ の方向に x 軸をとる．S 系における 4 次元位置座標 $[ct, x, y, z]$ を $[x^0, x^1, x^2, x^3]$ と表すと，S' 系における同じベクトルの成分は，ローレンツ（Lorentz）変換により

$$\begin{bmatrix} x'^0 \\ x'^1 \\ x'^2 \\ x'^3 \end{bmatrix} = \begin{bmatrix} \gamma(V) & -\beta(V)\gamma(V) & 0 & 0 \\ -\beta(V)\gamma(V) & \gamma(V) & 0 & 0 \\ 0 & 0 & 1 & 0 \\ 0 & 0 & 0 & 1 \end{bmatrix} \begin{bmatrix} x^0 \\ x^1 \\ x^2 \\ x^3 \end{bmatrix} \tag{A.26}$$

で与えられる．ここで，

$$\beta(V) = \frac{V}{c}, \quad \gamma(V) = \frac{1}{\sqrt{1 - \beta^2(V)}} \tag{A.27}$$

である．また，逆ローレンツ変換は，$V \to -V$ と置き換えた表式に等しく，

$$\begin{bmatrix} x^0 \\ x^1 \\ x^2 \\ x^3 \end{bmatrix} = \begin{bmatrix} \gamma(V) & \beta(V)\gamma(V) & 0 & 0 \\ \beta(V)\gamma(V) & \gamma(V) & 0 & 0 \\ 0 & 0 & 1 & 0 \\ 0 & 0 & 0 & 1 \end{bmatrix} \begin{bmatrix} x'^0 \\ x'^1 \\ x'^2 \\ x'^3 \end{bmatrix} \tag{A.28}$$

と表される．

A.3.1　4元ベクトル

$[ct, x, y, z]$ に限らず，式（A.26）（A.28）に従って変換されるベクトルを「4元ベクトル」と呼び，後述するようにさまざまな量がある．本書では，2 次元および 3 次元のベクトルは $\vec{x}$ のように太文字ないし矢印で表し，4 元ベクトルは

$$x^\mu = [x^0, x^1, x^2, x^3] = [x^0, \vec{x}] \tag{A.29}$$

のように，ギリシャ文字の添字を上につけて表す．また，4 元ベクトルの成分を表示する [ ] 内は，時間成分（$\mu = 0$），空間成分（$\mu = 1, 2, 3$）の順に並ぶようにとり，必要に応じて後者は 3 次元ベクトルとしてまとめて表す．

任意の 4 元ベクトル x^μ に対し，

$$s^2 = -(x^0)^2 + (x^1)^2 + (x^2)^2 + (x^3)^2 \tag{A.30}$$

$$d^4x = dx^0 dx^1 dx^2 dx^3 \qquad 4\text{ 次元体積要素} \tag{A.31}$$

は，いずれもローレンツ変換によって変化しない不変量となる．式（A.30）は，

$$
\begin{aligned}
s'^2 &= -(x'^0)^2 + (x'^1)^2 + (x'^2)^2 + (x'^3)^2 \\
&= -\gamma^2(x^0 - \beta x^1)^2 + \gamma^2(-\beta x^0 + x^1)^2 + (x^2)^2 + (x^3)^2 \\
&= -(x^0)^2 + (x^1)^2 + (x^2)^2 + (x^3)^2 \; = \; s^2
\end{aligned}
\tag{A.32}
$$

によって示される．式（A.31）は，ヤコビアン（Jacobian）

$$
J = \frac{\partial(x'^0, x'^1, x'^2, x'^3)}{\partial(x^0, x^1, x^2, x^3)} =
\begin{vmatrix}
\gamma(V) & -\beta(V)\gamma(V) & 0 & 0 \\
-\beta(V)\gamma(V) & \gamma(V) & 0 & 0 \\
0 & 0 & 1 & 0 \\
0 & 0 & 0 & 1
\end{vmatrix}
= 1
$$

$$\tag{A.33}$$

を用いて，$d^4x' = |J|d^4x = d^4x$ により示される．

A.3.2 粒子の運動

慣性系 S において，3 次元速度 $\vec{v} = d\vec{x}/dt$ で運動する粒子を考える．微小時間 dt にこの粒子が微小距離 $d\vec{x}$ を移動すると，$[cdt, dx, dy, dz]$ は 4 元ベクトルであるので，式（A.30）に対応する

$$
\begin{aligned}
ds^2 &= -(cdt)^2 + (dx)^2 + (dy)^2 + (dz)^2 \\
&= -(cdt)^2 \left[1 - \frac{\vec{v}^2}{c^2}\right] = -c^2 d\tau^2
\end{aligned}
\tag{A.34}
$$

はローレンツ不変量となる．ここで，

$$d\tau \equiv dt\sqrt{1 - \beta^2(v)} = \frac{dt}{\gamma(v)} \tag{A.35}$$

は，粒子にはりついた時計の示す固有時間である．慣用的に同じ記号が用いられるため混乱しやすいが，ここでの $\beta(v), \gamma(v)$ はいずれも粒子の運動に対する量であり，式（A.26）（A.28）の $\beta(V), \gamma(V)$ とは本来異なる意味をもつ速度に対して用いられることに注意してほしい．特殊相対論では，$\vec{V}$ はつねに一定だが，$\vec{v}$ は変化し得る．本書では特に断らない限り，単に β, γ と表した場合は，粒子の運動

（あるいはそれと等しい速度でのローレンツ変換）に対する量を意味する.

固有時間による微分は，ローレンツ変換に影響しないので，

$$u^\mu = \frac{dx^\mu}{d\tau} = \gamma \frac{dx^\mu}{dt} = [\gamma c, \ \gamma \vec{v}] \quad \text{4元速度} \tag{A.36}$$

$$b^\mu = \frac{d^2 x^\mu}{d\tau^2} = \gamma \frac{d}{dt}\left(\gamma \frac{dx^\mu}{dt}\right)$$

$$= \left[\gamma^4 \vec{\beta} \cdot \vec{a}, \ \gamma^2 \vec{a} + \gamma^4 (\vec{\beta} \cdot \vec{a})\vec{\beta}\right] \quad \text{4元加速度} \tag{A.37}$$

はいずれも4元ベクトルであり，式（A.30）に対応して

$$-(u^0)^2 + (u^1)^2 + (u^2)^2 + (u^3)^2 = -c^2 \tag{A.38}$$

$$-(b^0)^2 + (b^1)^2 + (b^2)^2 + (b^3)^2 = \gamma^4 \left\{\vec{a}^2 + \gamma^2 (\vec{\beta} \cdot \vec{a})^2\right\} \tag{A.39}$$

が不変量となる．ここで，$\vec{a} = d\vec{v}/dt$ である.

（1）質量をもつ粒子

静止質量 m の粒子に対しては，

$$p^\mu = m\frac{dx^\mu}{d\tau} = [m\gamma c, \ m\gamma \vec{v}] = \left[\frac{E}{c}, \ \vec{p}\right] \quad \text{4元運動量} \tag{A.40}$$

が，式（A.30）に対応して，エネルギーの関係式

$$E^2 = (p^0 c)^2 = (\vec{p}c)^2 + (mc^2)^2 \tag{A.41}$$

を満たす．ここで，$E = \gamma mc^2$, $\vec{p} = m\gamma \vec{v}$ であるので，

$$\frac{\vec{v}}{c} = \frac{\vec{p}c}{E} \tag{A.42}$$

が成り立つ．また，相対論的運動方程式は，

$$\frac{dp^\mu}{d\tau} = \gamma \frac{d(mu^\mu)}{dt} = f^\mu \tag{A.43}$$

の形に書くことができる．4元力 $f^\mu = [f^0, \vec{f}]$ は，式（A.41）の第2辺と第3辺を τ で微分した式と合わせると，

$$p^0 \frac{dp^0}{d\tau} = \vec{p} \cdot \frac{d\vec{p}}{d\tau}$$

$$f^0 = \frac{1}{c}\vec{v} \cdot \vec{f} \tag{A.44}$$

を満たすので,

$$f^\mu = \gamma \left[\frac{1}{c}\vec{v}\cdot\vec{F}, \ \vec{F} \right] \qquad 4\text{元力} \tag{A.45}$$

と書ける. ここで, $\vec{F} \equiv \vec{f}/\gamma$ は, $d\vec{p}/dt = \vec{F}$ を満たす古典的な力に対応し, たとえば, 電場 $\vec{E}$ と磁場 $\vec{B}$ が電荷 q の粒子におよぼすローレンツ力に対しては,

$$\vec{F} = q \left(\vec{E} + \frac{\vec{v}}{c} \times \vec{B} \right) \tag{A.46}$$

と表せる.

(2) 質量をもたない粒子

$m \to 0$ では, 式 (A.40) で E が有限になるには $v \to c$ が必要であり, 4元運動量は

$$p^\mu = \frac{E}{c} [1, \ \vec{n}] \qquad 4\text{元運動量} \ (m=0) \tag{A.47}$$

となる. ここで, $\vec{n}$ は粒子の運動方向の単位ベクトルである. 式 (A.42) は m によらないので, $\vec{v} = c\vec{n}$ とすれば, $m=0$ でも成り立つ. $\vec{n}$ と x 軸のなす角を θ, x 軸のまわりの角を φ とおいて

$$\vec{n} = (\cos\theta, \ \sin\theta\cos\varphi, \ \sin\theta\sin\varphi) \tag{A.48}$$

のように極座標表示すれば, ローレンツ変換

$$\frac{E'}{c}\begin{bmatrix} 1 \\ \cos\theta' \\ \sin\theta'\cos\varphi' \\ \sin\theta'\sin\varphi' \end{bmatrix} = \frac{E}{c}\begin{bmatrix} \gamma(V) & -\beta(V)\gamma(V) & 0 & 0 \\ -\beta(V)\gamma(V) & \gamma(V) & 0 & 0 \\ 0 & 0 & 1 & 0 \\ 0 & 0 & 0 & 1 \end{bmatrix}\begin{bmatrix} 1 \\ \cos\theta \\ \sin\theta\cos\varphi \\ \sin\theta\sin\varphi \end{bmatrix} \tag{A.49}$$

によって, 相対論的ドップラー効果 の関係式

$$E' = \gamma(V)[1 - \beta(V)\cos\theta]E \tag{A.50}$$

$$\cos\theta' = \frac{\cos\theta - \beta(V)}{1 - \beta(V)\cos\theta}, \quad \sin\theta' = \frac{\sin\theta}{\gamma(V)[1 - \beta(V)\cos\theta]} \tag{A.51}$$

$$\varphi' = \varphi \tag{A.52}$$

が導かれる．′のついている量とついていない量を入れ替え，$\beta(V) \to -\beta(V)$ と置き換えれば，逆変換が得られる．

A.3.3　電磁場

電磁場に対するマックスウェル（Maxwell）方程式

$$\nabla \cdot \vec{E} = 4\pi\rho_q \tag{A.53}$$

$$\nabla \cdot \vec{B} = 0 \tag{A.54}$$

$$\nabla \times \vec{B} = \frac{4\pi}{c}\vec{j} + \frac{1}{c}\frac{\partial \vec{E}}{\partial t} \tag{A.55}$$

$$\nabla \times \vec{E} = -\frac{1}{c}\frac{\partial \vec{B}}{\partial t} \tag{A.56}$$

は，4 元ベクトル

$$A^\mu = \left[\phi, \ \vec{A}\right] \quad 4\,\text{元ベクトルポテンシャル} \tag{A.57}$$

$$j^\mu = \left[c\rho_q, \ \vec{j}\right] \quad 4\,\text{元電流密度ベクトル} \tag{A.58}$$

を用いると

$$\Box A^\mu = -\frac{4\pi}{c}j^\mu \tag{A.59}$$

$$B^i = \frac{\partial A^k}{\partial x^j} - \frac{\partial A^j}{\partial x^k} \quad (i,j,k)\ \text{は}\ (1,2,3)\ \text{の順を保つ} \tag{A.60}$$

$$E^i = -\left(\frac{\partial A^0}{\partial x^i} + \frac{\partial A^i}{\partial x^0}\right) \tag{A.61}$$

と書くことができる．ここで，

$$\Box = \left(-\frac{1}{c^2}\frac{\partial^2}{\partial t^2} + \nabla^2\right) = \sum_{\mu=0}^{3}\left(\frac{\partial}{\partial x^\mu}\right)^2 \quad \text{ダランベルシアン} \tag{A.62}$$

であり，

$$\sum_{\mu=0}^{3}\frac{\partial A^\mu}{\partial x^\mu} = 0 \quad \text{ローレンス（Lorenz）条件} \tag{A.63}$$

を課している．また，電荷保存則は，

$$\sum_{\mu=0}^{3}\frac{\partial j^\mu}{\partial x^\mu} = 0 \tag{A.64}$$

と表せる.

式 (A.59) – (A.64) はいずれもローレンツ変換によって形を変えない. 式 (A.60) (A.61) を S 系と S' 系でそれぞれ書き下した上で, A'^μ と A^μ の関係は式 (A.57) に対するローレンツ変換により与えられることを用いると, $\vec{E}, \vec{B}$ に対する変換式

$$\vec{E}'_{/\!/} = \vec{E}_{/\!/}, \qquad \vec{E}'_\perp = \gamma(\vec{E}_\perp + \vec{\beta} \times \vec{B}_\perp) \tag{A.65}$$

$$\vec{B}'_{/\!/} = \vec{B}_{/\!/}, \qquad \vec{B}'_\perp = \gamma(\vec{B}_\perp - \vec{\beta} \times \vec{E}_\perp) \tag{A.66}$$

が得られる. ここで, 添字の $_{/\!/}$ は $\vec{V}$ に平行な成分, $_\perp$ は $\vec{V}$ に垂直な成分を表す.

A.3.4 位相空間

まず, 3 次元位置と 3 次元運動量によって構成される位相空間の微小体積 $d^3\vec{x}d^3\vec{p} = dxdydzdp_xdp_ydp_z$ は, ローレンツ変換に対して不変な量となることを示す. 式 (A.31) が不変量であることから,

$$dtd^3\vec{x} = 不変量 \tag{A.67}$$

である. $d^3\vec{p}$ に対するヤコビアンは,

$$
\begin{aligned}
J &= \frac{\partial(p'^1, p'^2, p'^3)}{\partial(p^1, p^2, p^3)} \\
&= \begin{vmatrix}
\gamma(V)\left[1 - \beta(V)\dfrac{\partial p^0}{\partial p^1}\right] & -\gamma(V)\beta(V)\dfrac{\partial p^0}{\partial p^2} & -\gamma(V)\beta(V)\dfrac{\partial p^0}{\partial p^3} \\
0 & 1 & 0 \\
0 & 0 & 1
\end{vmatrix} \\
&= \frac{p'^0}{p^0}
\end{aligned} \tag{A.68}
$$

となる. ここで, p^μ は式 (A.26) によるローレンツ変換に従うことと, p^0 は式 (A.41) によって p^1, p^3, p^3 の関数として表せることを用いた. したがって,

$$\frac{d^3\vec{p}}{p^0} = 不変量 \tag{A.69}$$

である. さらに, 式 (A.42) を用いて 4 元運動量の成分を

$$[p^0,\ \vec{p}] = \left[p^0,\ p^0\frac{\vec{v}}{c}\right] = \left[p^0,\ \frac{p^0}{c}\frac{d\vec{x}}{dt}\right] = \frac{p^0}{cdt}[cdt,\ d\vec{x}] \tag{A.70}$$

と書き換えると，$[cdt,\ d\vec{x}]$ も 4 元ベクトルなので，

$$\frac{p^0}{dt} = \text{不変量} \tag{A.71}$$

となる．ここで，式（A.42）は質量ゼロの場合も成立する．式（A.67）（A.69）（A.71）より，

$$d^3\vec{x}\ d^3\vec{p} = \text{不変量} \tag{A.72}$$

が示された．

次に，全光子数は，位相空間での積分を用いて

$$N = \int \frac{2d^3\vec{x}d^3\vec{p}}{h_{\mathrm{P}}^3}\mathcal{N}_{\mathrm{ph}} \tag{A.73}$$

と表される．ここで，$\mathcal{N}_{\mathrm{ph}}$ は量子状態あたりの光子数（占有数と呼ばれる），$2d^3\vec{x}d^3\vec{p}/h_{\mathrm{P}}^3$ はこの体積中の量子状態数であり，光子が二つの偏光状態をもつことを考慮している．N はどの観測者に対しても同じはずなので，$d^3\vec{x}d^3\vec{p}$ がローレンツ不変であることから，占有数も不変量である．

また，単位体積あたりの光子のエネルギー密度は，

$$U = \int \frac{2d^3\vec{p}}{h_{\mathrm{P}}^3}h_{\mathrm{P}}\nu\mathcal{N}_{\mathrm{ph}} = \int d\nu d\Omega\frac{2h_{\mathrm{P}}\nu^3}{c^3}\mathcal{N}_{\mathrm{ph}} \tag{A.74}$$

で与えられる．ここで，$d^3\vec{p} = p^2dpd\Omega,\ p = h_{\mathrm{P}}\nu/c$ を用いた．一方，放射強度 I_ν とは

$$U = \frac{1}{c}\int I_\nu d\nu d\Omega \tag{A.75}$$

で関連しているので，

$$I_\nu = \frac{2h_{\mathrm{P}}\nu^3}{c^2}\mathcal{N}_{\mathrm{ph}} \tag{A.76}$$

と表され，

$$\frac{I_\nu}{\nu^3} = \text{不変量} \tag{A.77}$$

が示される．

A.4 ビリアル定理

系の運動が有界な領域に限られている場合には，運動エネルギーの時間平均などに対してビリアル定理と呼ばれる簡単な関係式が成り立つ．

N 個の古典粒子からなる系において，i 番目の粒子に対する運動方程式，および系の全運動エネルギーは

$$m_i\ddot{\vec{r}}_i = \vec{F}_i, \tag{A.78}$$

$$K = \frac{1}{2}\sum_i^N m_i\dot{\vec{r}}_i^2, \tag{A.79}$$

でそれぞれ与えられる．今，

$$Q \equiv \sum_i^N m_i\dot{\vec{r}}_i \cdot \vec{r}_i \tag{A.80}$$

という量に着目すると，その時間微分

$$\dot{Q} = \sum_i^N m_i\ddot{\vec{r}}_i \cdot \vec{r}_i + \sum_i^N m_i\dot{\vec{r}}_i^2 = \sum_i^N \vec{F}_i \cdot \vec{r}_i + 2K \tag{A.81}$$

とさらにその長時間平均は，

$$\overline{\dot{Q}} \equiv \lim_{\tau\to\infty}\frac{1}{\tau}\int_0^\tau \dot{Q}dt = \lim_{\tau\to\infty}\frac{1}{\tau}[Q(\tau) - Q(0)] \tag{A.82}$$

$$= \overline{\sum_i^N \vec{F}_i \cdot \vec{r}_i} + 2\overline{K} \tag{A.83}$$

となる．運動が有界な領域に限られているならば式（A.82）はゼロになるので，

$$\overline{K} = -\frac{1}{2}\overline{\sum_i^N \vec{F}_i \cdot \vec{r}_i} \tag{A.84}$$

が成り立つ．これをビリアル定理と呼ぶ．

特に，粒子間に働く力が保存力

$$\vec{F}_i = -\frac{\partial U}{\partial \vec{r}_i} \tag{A.85}$$

で[*1]，ポテンシャル U が任意の定数 α に対して

[*1] スカラー関数 $f(\vec{u})$ のベクトル $\vec{u}$ による導関数は，$\dfrac{\partial f}{\partial \vec{u}} = \sum_k \dfrac{\partial f}{\partial u_k}\vec{e}_k = \nabla_{\vec{u}}f$ を意味する．ここで，$\vec{e}_k$ は基底ベクトル，$\vec{u} = \sum_k u_k\vec{e}_k$ である．

$$U(\alpha\vec{r}_1, \alpha\vec{r}_2, \cdots, \alpha\vec{r}_N) = \alpha^k U(\vec{r}_1, \vec{r}_2, \cdots, \vec{r}_N) \tag{A.86}$$

を満たす場合[*2]を考えよう.式 (A.86) より,

$$\frac{\partial U(\alpha\vec{r}_1, \cdots, \alpha\vec{r}_N)}{\partial\alpha} = k\alpha^{k-1} U(\vec{r}_1, \cdots, \vec{r}_N) \tag{A.87}$$

が成り立つが,この左辺は,

$$\frac{\partial U(\alpha\vec{r}_1, \cdots, \alpha\vec{r}_N)}{\partial\alpha} = \frac{\partial U(\alpha\vec{r}_1, \cdots)}{\partial(\alpha\vec{r}_1)}\frac{\partial(\alpha\vec{r}_1)}{\partial\alpha} + \cdots + \frac{\partial U(\alpha\vec{r}_1, \cdots)}{\partial(\alpha\vec{r}_N)}\frac{\partial(\alpha\vec{r}_N)}{\partial\alpha}$$

$$= \frac{\partial U(\alpha\vec{r}_1, \cdots)}{\partial(\alpha\vec{r}_1)}\vec{r}_1 + \cdots + \frac{\partial U(\alpha\vec{r}_1, \cdots)}{\partial(\alpha\vec{r}_N)}\vec{r}_N \tag{A.88}$$

とも書けるので,両辺で $\alpha = 1$ とおくと

$$\frac{\partial U(\vec{r}_1, \cdots, \vec{r}_N)}{\partial\vec{r}_1}\vec{r}_1 + \cdots + \frac{\partial U(\vec{r}_1, \cdots, \vec{r}_N)}{\partial\vec{r}_N}\vec{r}_N = kU(\vec{r}_1, \cdots, \vec{r}_N) \tag{A.89}$$

である.このとき,式 (A.84) は

$$\overline{K} = \frac{k}{2}\overline{U} \tag{A.90}$$

と書ける.たとえば,万有引力の場合は,U が粒子間の距離に反比例することから $k = -1$ であり,

$$\overline{K} = -\frac{1}{2}\overline{U} \tag{A.91}$$

となる.また,調和振動子の場合は,$k = 2$ なので,

$$\overline{K} = \overline{U} \tag{A.92}$$

である.

[*2] 同次関数と呼ばれる.

A.5 ジーンズ方程式

A.5.1 無衝突ボルツマン方程式

　質量 m をもつ N 個の同種粒子からなる系を考える．粒子の分布関数 f を，時刻 t において，位置 $\vec{x} \sim \vec{x} + d\vec{x}$，速度 $\vec{v} \sim \vec{v} + d\vec{v}$ をもつ粒子数 $f(\vec{x}, \vec{v}, t)d^3x\,d^3v$ として定義すると，

$$N = \int f(\vec{x}, \vec{v}, t)d^3x\,d^3v \quad \text{全粒子数} \tag{A.93}$$

$$n(\vec{x}, t) = \int f(\vec{x}, \vec{v}, t)d^3v \qquad \text{数密度} \tag{A.94}$$

$$\rho(\vec{x}, t) = \int mf(\vec{x}, \vec{v}, t)d^3v \qquad \text{質量密度} \tag{A.95}$$

と表せる．

　このような粒子の運動は，位置 + 速度の 6 次元位相空間中の N 個の点の軌跡としてとらえることができる．仮に粒子間に衝突がなく，保存力のみを受けて運動する場合には，各粒子の軌道は連続なので，時刻 t に $(\vec{x}, \vec{v})$ の微小体積 $d^3x\,d^3v$ 中にあった全粒子は，微小時間 Δt 経過後には，少し離れた $(\vec{x} + \Delta\vec{x}, \vec{v} + \Delta\vec{v})$ の微小体積 $d^3x'\,d^3v'$ に含まれることになり，

$$f(\vec{x} + \Delta\vec{x}, \vec{v} + \Delta\vec{v}, t + \Delta t)d^3x'\,d^3v' = f(\vec{x}, \vec{v}, t)d^3x\,d^3v \tag{A.96}$$

が成り立つ．また，保存力のもとでは，リュービル（Liouville）の定理より

$$d^3x'\,d^3v' = d^3x\,d^3v \tag{A.97}$$

が満たされる．すなわち，粒子群の軌跡にそったラグランジュ（Lagrange）微分に対して

$$\frac{Df}{Dt} \equiv \lim_{\Delta t \to 0} \frac{f(\vec{x} + \Delta\vec{x}, \vec{v} + \Delta\vec{v}, t + \Delta t) - f(\vec{x}, \vec{v}, t)}{\Delta t} = 0 \tag{A.98}$$

が成り立ち，これは

$$\frac{\partial f}{\partial t} + \sum_{i=1}^{3} \left[\frac{\partial f}{\partial x_i}\dot{x}_i + \frac{\partial f}{\partial v_i}\dot{v}_i \right] = 0 \quad \text{無衝突ボルツマン方程式} \tag{A.99}$$

と書くことができる．ここで，$\vec{x} = (x_1, x_2, x_3)$，$\vec{v} = (v_1, v_2, v_3)$ と成分表示した．$\dot{v}_i$ は，運動方程式を通じて単位質量あたりのポテンシャル ϕ と結びつく．

　なお，粒子間の衝突が無視できない場合には，その効果が衝突項として加わり，

$$\frac{\partial f}{\partial t} + \sum_{i=1}^{3}\left[\frac{\partial f}{\partial x_i}\dot{x}_i + \frac{\partial f}{\partial v_i}\dot{v}_i\right] = \left(\frac{\delta f}{\delta t}\right)_{\text{coll}} \qquad \text{ボルツマン方程式} \qquad \text{(A.100)}$$

と表される.

A.5.2　デカルト座標系

3 次元デカルト座標系では,

$$\dot{x}_i = v_i, \qquad i = 1, 2, 3 \tag{A.101}$$

$$\dot{v}_i = -\frac{\partial \phi}{\partial x_i} \tag{A.102}$$

であるので, 式 (A.99) は,

$$\frac{\partial f}{\partial t} + \sum_{i=1}^{3}\left[v_i\frac{\partial f}{\partial x_i} - \frac{\partial \phi}{\partial x_i}\frac{\partial f}{\partial v_i}\right] = 0 \tag{A.103}$$

と表される.

　まず, 式 (A.103) に m をかけて速度について積分すると, 左辺第 3 項はガウスの定理を用いて

$$\int\sum_{i=1}^{3}\frac{\partial \phi}{\partial x_i}\frac{\partial f}{\partial v_i}d^3v = \int\frac{\partial \phi}{\partial \vec{x}}\cdot\frac{\partial f}{\partial \vec{v}}d^3v = \int_{S}\frac{\partial \phi}{\partial \vec{x}}\cdot\vec{n}f dS \tag{A.104}$$

のように速度空間全体の表面 S($\vec{n}$ が外向き法線ベクトル)上での積分に書きかえられるが, 粒子の数密度が有限であるためには $|\vec{v}| \to \infty$ で $f \to 0$ でなければならないので, この積分はゼロとなる. ここで, $\partial \phi/\partial \vec{x}$ $(= \nabla\phi)$ は速度によらないことを用いた. 残りの項からは, 式 (A.95) より

$$\frac{\partial \rho}{\partial t} + \sum_{i=1}^{3}\frac{\partial(\rho\bar{v}_i)}{\partial x_i} = 0 \qquad \text{連続の式} \tag{A.105}$$

が得られる. ここで, 任意の物理量 Q の平均値を

$$\bar{Q}(\vec{x}, t) \equiv \frac{\displaystyle\int Qf(\vec{x}, \vec{v}, t)d^3v}{\displaystyle\int f(\vec{x}, \vec{v}, t)d^3v} \tag{A.106}$$

で定義した. また, v_i は位相空間の座標であり, x_i や t とは独立なので,

$$\frac{\partial v_i}{\partial x_i} = 0, \qquad \frac{\partial v_i}{\partial t} = 0 \tag{A.107}$$

などが成り立つ. 一方, $\bar{v}_i$ は f を介して $\vec{x}, t$ にあらわに依存するため, $\partial \bar{v}_i / \partial x_i$, $\partial \bar{v}_i / \partial t$ などは一般にゼロとはならない. $\bar{v}_i$ は粒子集団の巨視的な速度に対応するので, 式 (A.105) は式 (2.86) と同形であり, 質量保存を表す.

次に, 式 (A.103) に mv_j をかけて速度について積分すると,

$$\frac{\partial(\rho \bar{v}_j)}{\partial t} + \sum_{i=1}^{3} \frac{\partial(\rho \overline{v_i v_j})}{\partial x_i} + \rho \frac{\partial \phi}{\partial x_j} = 0 \tag{A.108}$$

となる. 左辺第 1,2 項では式 (A.106) (A.107), 第 3 項では $f \to 0 \ (|\vec{v}| \to \infty)$ および

$$\begin{aligned} \int mv_j \frac{\partial f}{\partial v_i} d^3 v &= m \int \left[\frac{\partial(v_j f)}{\partial v_i} - \frac{\partial v_j}{\partial v_i} f \right] d^3 v \\ &= m \int_S (v_j f) n_i dS - m \delta_{ij} \int f d^3 v = -\rho \delta_{ij} \end{aligned} \tag{A.109}$$

をそれぞれ用いた. ここで, n_i は面 S の外向き法線ベクトル $\vec{n}$ の v_i 軸方向の成分である. さらに, 式 (A.105) に $\bar{v}_j$ をかけた式を差し引けば,

$$\frac{\partial \bar{v}_j}{\partial t} + \sum_{i=1}^{3} \bar{v}_i \frac{\partial \bar{v}_j}{\partial x_i} = -\frac{1}{\rho} \sum_{i=1}^{3} \frac{\partial(\rho \sigma_{ij}^2)}{\partial x_i} - \frac{\partial \phi}{\partial x_j} \quad \text{ジーンズ方程式} \tag{A.110}$$

を得る. ここで,

$$\sigma_{ij}^2 \equiv \overline{(v_i - \bar{v}_i)(v_j - \bar{v}_j)} = \overline{v_i v_j} - \bar{v}_i \bar{v}_j \quad \text{速度分散テンソル} \tag{A.111}$$

を定義した. σ_{ij}^2 は, i と j の入れ替えについて対称なので, 独立な成分は高々 6 つである.

特に, 速度が等方的であれば, σ_{ij}^2 の対角成分は互いに等しく, 非対角成分はすべてゼロとなるので,

$$\sigma_{ij}^2 = \sigma_{1\mathrm{D}}^2 \delta_{ij} \tag{A.112}$$

と表される. ここで, $\sigma_{1\mathrm{D}}^2$ は 1 次元速度分散である. このとき, 式 (A.110) は, 式 (2.89) の対応関係のもとで流体の運動方程式 (2.87) とまったく同形になる.

A.5.3 極座標系

3 次元極座標系では,

$$d^3 x d^3 v = dr \, (r d\theta) \, (r \sin \theta d\varphi) \, dv_r \, dv_\theta \, dv_\varphi \tag{A.113}$$

$$v_r = \dot{r} \tag{A.114}$$

$$v_\theta = r\dot{\theta} \tag{A.115}$$

$$v_\varphi = r\sin\theta\dot{\varphi} \tag{A.116}$$

$$\dot{v}_r = \frac{v_\theta^2 + v_\varphi^2}{r} - \frac{\partial\phi}{\partial r} \tag{A.117}$$

$$\dot{v}_\theta = \frac{v_\varphi^2\cot\theta - v_r v_\theta}{r} - \frac{1}{r}\frac{\partial\phi}{\partial\theta} \tag{A.118}$$

$$\dot{v}_\varphi = \frac{-v_\varphi v_r - v_\theta v_\varphi\cot\theta}{r} - \frac{1}{r\sin\theta}\frac{\partial\phi}{\partial\varphi} \tag{A.119}$$

であり，式（A.99）は，

$$\frac{\partial f}{\partial t} + v_r\frac{\partial f}{\partial r} + \frac{v_\theta}{r}\frac{\partial f}{\partial\theta} + \frac{v_\varphi}{r\sin\theta}\frac{\partial f}{\partial\varphi} + \dot{v}_r\frac{\partial f}{\partial v_r} + \dot{v}_\theta\frac{\partial f}{\partial v_\theta} + \dot{v}_\varphi\frac{\partial f}{\partial v_\varphi} = 0 \tag{A.120}$$

と表される．左辺第5〜7項は，デカルト座標系のように $-(\partial\phi/\partial\vec{x})\cdot(\partial f/\partial\vec{v})$ とは表せないことに注意してほしい．

式（A.120）に m をかけて速度について積分すると，式（A.95）のもとで

$$\frac{\partial\rho}{\partial t} + \frac{1}{r^2}\frac{\partial(r^2\rho\bar{v}_r)}{\partial r} + \frac{1}{r\sin\theta}\frac{\partial(\sin\theta\rho\bar{v}_\theta)}{\partial\theta} + \frac{1}{r\sin\theta}\frac{\partial(\rho\bar{v}_\varphi)}{\partial\varphi} = 0 \tag{A.121}$$

が得られる．ここで，式（A.109）より，式（A.120）の左辺第5項の積分はゼロになるが，第6項からは

$$\int m\frac{v_r v_\theta}{r}\frac{\partial f}{\partial v_\theta}d^3v = -\int m\frac{v_r}{r}f d^3v = -\frac{\rho\bar{v}_r}{r} \tag{A.122}$$

同様に第7項からは

$$\int m\left(\frac{v_\varphi v_r + v_\theta v_\varphi\cot\theta}{r}\right)\frac{\partial f}{\partial v_\varphi}d^3v = -\frac{\rho\bar{v}_r}{r} - \frac{\rho\bar{v}_\theta\cot\theta}{r} \tag{A.123}$$

が得られる．式（A.121）は，流体に対する連続の式（2.86）と同形である．

次に，式（A.120）に mv_r をかけて速度について積分し，式（A.121）に $\bar{v}_r$ をかけた式を差し引くと，r 方向のジーンズ方程式

$$\left[\frac{\partial}{\partial t} + \bar{v}_r\frac{\partial}{\partial r} + \frac{\bar{v}_\theta}{r}\frac{\partial}{\partial\theta} + \frac{\bar{v}_\varphi}{r\sin\theta}\frac{\partial}{\partial\varphi}\right]\bar{v}_r$$

$$+ \frac{1}{\rho}\left[\frac{\partial(\rho\sigma_{rr}^2)}{\partial r} + \frac{1}{r}\frac{\partial(\rho\sigma_{r\theta}^2)}{\partial\theta} + \frac{1}{r\sin\theta}\frac{\partial(\rho\sigma_{r\varphi}^2)}{\partial\varphi}\right]$$

$$+ \frac{2\sigma_{rr}^2 - \sigma_{\theta\theta}^2 - \sigma_{\varphi\varphi}^2 + \sigma_{r\theta}^2 \cot\theta - \bar{v}_\theta^2 - \bar{v}_\varphi^2}{r} = -\frac{\partial\phi}{\partial r} \tag{A.124}$$

が得られる．同様に，θ, φ 方向は，

$$\left[\frac{\partial}{\partial t} + \bar{v}_r \frac{\partial}{\partial r} + \frac{\bar{v}_\theta}{r} \frac{\partial}{\partial\theta} + \frac{\bar{v}_\varphi}{r\sin\theta} \frac{\partial}{\partial\varphi}\right]\bar{v}_\theta$$

$$+ \frac{1}{\rho}\left[\frac{\partial(\rho\sigma_{r\theta}^2)}{\partial r} + \frac{1}{r}\frac{\partial(\rho\sigma_{\theta\theta}^2)}{\partial\theta} + \frac{1}{r\sin\theta}\frac{\partial(\rho\sigma_{\theta\varphi}^2)}{\partial\varphi}\right]$$

$$+ \frac{3\sigma_{r\theta}^2 - \sigma_{\varphi\varphi}^2 \cot\theta + \sigma_{\theta\theta}^2 \cot\theta + \bar{v}_r\bar{v}_\theta - \bar{v}_\varphi^2 \cot\theta}{r} = -\frac{1}{r}\frac{\partial\phi}{\partial\theta} \tag{A.125}$$

$$\left[\frac{\partial}{\partial t} + \bar{v}_r \frac{\partial}{\partial r} + \frac{\bar{v}_\theta}{r} \frac{\partial}{\partial\theta} + \frac{\bar{v}_\varphi}{r\sin\theta} \frac{\partial}{\partial\varphi}\right]\bar{v}_\varphi$$

$$+ \frac{1}{\rho}\left[\frac{\partial(\rho\sigma_{r\varphi}^2)}{\partial r} + \frac{1}{r}\frac{\partial(\rho\sigma_{\theta\varphi}^2)}{\partial\theta} + \frac{1}{r\sin\theta}\frac{\partial(\rho\sigma_{\varphi\varphi}^2)}{\partial\varphi}\right]$$

$$+ \frac{3\sigma_{r\varphi}^2 + \sigma_{\theta\varphi}^2 \cot\theta + \bar{v}_\varphi\bar{v}_r + \bar{v}_\theta\bar{v}_\varphi \cot\theta}{r} = -\frac{1}{r\sin\theta}\frac{\partial\phi}{\partial\varphi} \tag{A.126}$$

となる．

速度が等方的な場合は，$\sigma_{r\theta}^2 = \sigma_{\theta\varphi}^2 = \sigma_{\varphi r}^2 = 0$, $\sigma_{rr}^2 = \sigma_{\theta\theta}^2 = \sigma_{\varphi\varphi}^2 = \sigma_{1\mathrm{D}}^2$ であるので，式（A.124）–（A.126）は，

$$\left[\frac{\partial}{\partial t} + \bar{v}_r \frac{\partial}{\partial r} + \frac{\bar{v}_\theta}{r} \frac{\partial}{\partial\theta} + \frac{\bar{v}_\varphi}{r\sin\theta} \frac{\partial}{\partial\varphi}\right]\bar{v}_r - \frac{\bar{v}_\theta^2 + \bar{v}_\varphi^2}{r}$$

$$= -\frac{1}{\rho}\frac{\partial(\rho\sigma_{1\mathrm{D}}^2)}{\partial r} - \frac{\partial\phi}{\partial r} \tag{A.127}$$

$$\left[\frac{\partial}{\partial t} + \bar{v}_r \frac{\partial}{\partial\theta} + \frac{\bar{v}_\theta}{r} \frac{\partial}{\partial\theta} + \frac{\bar{v}_\varphi}{r\sin\theta} \frac{\partial}{\partial\varphi}\right]\bar{v}_\theta + \frac{\bar{v}_r\bar{v}_\theta - \bar{v}_\varphi^2 \cot\theta}{r}$$

$$= -\frac{1}{\rho r}\frac{\partial(\rho\sigma_{1\mathrm{D}}^2)}{\partial\theta} - \frac{1}{r}\frac{\partial\phi}{\partial\theta} \tag{A.128}$$

$$\left[\frac{\partial}{\partial t} + \bar{v}_r \frac{\partial}{\partial\theta} + \frac{\bar{v}_\theta}{r} \frac{\partial}{\partial\theta} + \frac{\bar{v}_\varphi}{r\sin\theta} \frac{\partial}{\partial\varphi}\right]\bar{v}_\varphi + \frac{\bar{v}_\varphi\bar{v}_r + \bar{v}_\theta\bar{v}_\varphi \cot\theta}{r}$$

$$= -\frac{1}{\rho r\sin\theta}\frac{\partial(\rho\sigma_{1\mathrm{D}}^2)}{\partial\varphi} - \frac{1}{r\sin\theta}\frac{\partial\phi}{\partial\varphi} \tag{A.129}$$

に帰着する．式（A.127）–（A.129）は，式（2.89）の対応関係のもとで流体の運動方程式（2.87）を極座標表示したものとまったく同形である．

一方，球対称かつ定常な場合は，$\bar{v}_r = \bar{v}_\theta = \bar{v}_\phi = 0$, $\sigma_{r\theta}^2 = \sigma_{\theta\varphi}^2 = \sigma_{\varphi r}^2 = 0$,

$\sigma_{\theta\theta}^2 = \sigma_{\varphi\varphi}^2,\ \dfrac{\partial}{\partial t} = \dfrac{\partial}{\partial \theta} = \dfrac{\partial}{\partial \varphi} = 0$ であるので,r 方向の方程式だけが意味をもち,式(A.124)は,

$$\frac{1}{\rho}\frac{\partial(\rho\sigma_{rr}^2)}{\partial r} + \frac{2\sigma_{rr}^2\beta_v}{r} = -\frac{\partial\phi}{\partial r} \tag{A.130}$$

と簡略化される.ここで,

$$\beta_v \equiv 1 - \frac{\sigma_{\theta\theta}^2 + \sigma_{\varphi\varphi}^2}{2\sigma_{rr}^2} \qquad \text{速度異方性パラメータ} \tag{A.131}$$

を定義した.さらに,速度分布が等方的であれば,$\beta_v = 0$ であり,式(A.130)は式(2.89)のもとで流体の静水圧平衡の式(4.6)と同形になる.

A.6 単位系

初等的な物理学の教科書では，MKSA 単位系やそれを拡張した SI 単位系が標準的に用いられるが，実際の研究現場では別の単位系が用いられることが多く，本書でも，宇宙物理学で広く用いられるガウス単位系を採用している．この結果，長さや質量に関しては定数倍のずれが生じるにすぎないが，特に電磁気学では基本法則の係数や物理量の次元が変化して混乱を招きやすいので，相互の対応関係を以下に説明しておこう．

まず，電場 $\vec{E}$ と磁場 $\vec{B}$ の単位が未定であるとして，マックスウェル方程式およびローレンツ力 $\vec{F}$ を

$$\nabla \cdot \vec{E} = \alpha_1 \rho_q \tag{A.132}$$

$$\nabla \times \vec{B} = \alpha_2 \vec{j} + \alpha_3 \frac{\partial \vec{E}}{\partial t} \tag{A.133}$$

$$\nabla \times \vec{E} = -\alpha_4 \frac{\partial \vec{B}}{\partial t} \tag{A.134}$$

$$\nabla \cdot \vec{B} = 0 \tag{A.135}$$

$$\vec{F} = q \left(\vec{E} + \alpha_5 \vec{v} \times \vec{B} \right) \tag{A.136}$$

と表す．ここで，$\alpha_1 \sim \alpha_5$ は単位の選び方に依存する正の定数であり，ρ_q は電荷密度，$\vec{j}$ は電流密度，$\vec{v}$ は電荷 q をもつ粒子の速度である．q の単位は，式（A.136）右辺第 1 項より，$\vec{E}$ の単位に応じて定まる．次に，式（A.132）（A.133）は，電荷保存則

$$\frac{\partial \rho_q}{\partial t} + \nabla \cdot \vec{j} = 0 \tag{A.137}$$

を満たさなければならないので，

$$\frac{\alpha_1 \alpha_3}{\alpha_2} = 1 \tag{A.138}$$

が成り立つ．また，$\rho_q = 0$, $\vec{j} = 0$ の場合には，式（A.132）–（A.135）は電磁波の伝播を記述する波動方程式

$$\left(\nabla^2 - \alpha_3 \alpha_4 \frac{\partial^2}{\partial t^2} \right) \vec{E} = 0, \quad \left(\nabla^2 - \alpha_3 \alpha_4 \frac{\partial^2}{\partial t^2} \right) \vec{B} = 0 \tag{A.139}$$

に帰着するので，電磁波が光速で伝播するためには，

$$\alpha_3 \alpha_4 = \frac{1}{c^2} \tag{A.140}$$

が要請される．さらに，式（A.136）の $\vec{F}$ に対する具体例として，一定の速度 $\vec{V}$ をもつ点電荷 Q がつくる電場と磁場を考えると，上と同じ単位の任意性のもとで，

$$\vec{E}(\vec{x}, t) = \frac{\alpha_1}{4\pi} \frac{Q\vec{r}}{r^3} \tag{A.141}$$

$$\vec{B}(\vec{x}, t) = \frac{\alpha_2}{4\pi} \frac{Q\vec{V} \times \vec{r}}{r^3} \tag{A.142}$$

と表せる．ここで，$\vec{r} = \vec{x} - \vec{X}$，$r = |\vec{r}|$，$\vec{x}$ と $\vec{X}$ はそれぞれ q と Q の位置，$\vec{V} = \dot{\vec{X}}$ である．これらが，式（A.132）（A.133）（A.138）を満たすことは，$\rho_q = Q\delta_D(\vec{r})$，$\vec{j} = Q\vec{V}\delta_D(\vec{r})$，$\nabla \cdot (\vec{r}/r^3) = -\nabla^2(1/r) = 4\pi\delta_D(\vec{r})$ より示すことができる．式（A.141）（A.142）に対して，式（A.136）の右辺第 1 項と第 2 項の大きさを実験で比較することによって，

$$\frac{\alpha_1}{\alpha_2 \alpha_5} = c^2 \tag{A.143}$$

が成り立つことが示されている．以上より，$\alpha_1 \sim \alpha_5$ に対して，式（A.138）（A.140）（A.143）という 3 つの条件が存在するので，独立な定数は 2 つである．たとえば，α_1 と α_3 から，

$$\alpha_2 = \alpha_1 \alpha_3, \quad \alpha_4 = \alpha_5 = \frac{1}{c^2 \alpha_3} \tag{A.144}$$

によって他の定数を決めることができる．言い換えると，電磁気学の基本法則の形は保ちながら任意に α_1 と α_3 を選び，電場や磁場等の単位を定める自由度が存在するのである．

　実際には，真空の誘電率 ϵ_0 と透磁率 μ_0，定数 κ を用いて

$$\alpha_1 = \frac{4\pi\kappa}{\epsilon_0}, \quad \alpha_2 = \frac{4\pi\kappa}{c}\sqrt{\frac{\mu_0}{\epsilon_0}}, \quad \alpha_3 = \frac{\sqrt{\epsilon_0\mu_0}}{c}, \quad \alpha_4 = \alpha_5 = \frac{1}{c\sqrt{\epsilon_0\mu_0}} \tag{A.145}$$

と表し，これらの選び方によって単位系を指定することが多い．表 A.1（236 ページ）に代表的な単位系をまとめてある．$\kappa = (4\pi)^{-1}$ ととる単位系は有理系，それ以外は非有理系と呼ばれる．特に注意すべきは，電場と磁場の次元であり，式（A.136）等から

$$\frac{[E]}{[B]} = [v][\alpha_5] = \frac{1}{[\sqrt{\epsilon_0 \mu_0}]} \tag{A.146}$$

の関係がある．ここで，$[A]$ は物理量 A の次元を表すものとする．MKSA 単位系
では，$\sqrt{\epsilon_0 \mu_0} = c^{-1}$ であるので，電場と磁場が異なる次元をもつことになる．こ
れは，電場と磁場を統一的に扱う相対性理論の立場にはなじまない．一方，ガウ
ス単位系では，$\sqrt{\epsilon_0 \mu_0} = 1$（無次元）となって電場と磁場の次元は一致する．歴
史的な経緯に加えて，このような事情も，研究現場でガウス単位系が広く用いら
れる一因となっている．

表A.1　代表的な単位系のまとめ

単位系	κ	ϵ_0	μ_0
MKSA	$(4\pi)^{-1}$	$10^7/4\pi c^2$	$4\pi \times 10^{-7}$
ガウス	1	1	1
静電（esu）	1	1	c^{-2}
電磁（emu）	1	c^{-2}	1
ヘビサイド・ローレンツ	$(4\pi)^{-1}$	1	1

　MKSA 単位系とガウス単位系における物理量の具体的な対応関係を示してお
こう．たとえば，MKSA 単位系で書き下されたマックスウェル方程式やローレン
ツ力に現れる物理量を表 A.2 の左側の表式から右側の表式に置きかえれば，ガウ
ス単位系での電磁法則の表式が自動的に得られる．逆の手順によって，ガウス単
位系から MKSA 単位系に書き換えることも可能である．

表A.2　電磁法則における対応関係

MKSA 単位系	ガウス単位系
$1/\sqrt{\epsilon_0 \mu_0}$	c
$(q,\ \rho_q,\ \vec{j})$	$(q,\ \rho_q,\ \vec{j})\sqrt{4\pi\epsilon_0}$
$(\vec{E}, \phi)$	$(\vec{E}, \phi)/\sqrt{4\pi\epsilon_0}$
$\vec{D}$	$\vec{D}\sqrt{\epsilon_0/4\pi}$
$(\vec{B}, \vec{A})$	$(\vec{B}, \vec{A})\sqrt{\mu_0/4\pi}$
$\vec{H}$	$\vec{H}/\sqrt{4\pi\mu_0}$

また，主要な物理量の単位は，表 A.3 のように対応している．

表A.3 主要な物理量の単位

物理量	MKSA 単位系	ガウス単位系	換算方法
長さ	メートル（m）	センチメートル（cm）	$1\,\mathrm{m} = 100\,\mathrm{cm}$
質量	キログラム（kg）	グラム（g）	$1\,\mathrm{kg} = 1000\,\mathrm{g}$
時間	秒（s）	秒（s）	–
力	ニュートン（N）	ダイン（dyn）	$1\,\mathrm{N} = 10^5\,\mathrm{dyn}$
エネルギー	ジュール（J）	エルグ（erg）	$1\,\mathrm{J} = 10^7\,\mathrm{erg}$
電荷	クーロン（C）	静電単位（esu）	$1\,\mathrm{C}$ $= 2.99792458 \times 10^9\,\mathrm{esu}$
磁場	テスラ（T）	ガウス（G）	$1\,\mathrm{T} = 10^4\,\mathrm{G}$

最後に，本書で用いた諸量のガウス単位系での値を表 A.4 にまとめる．

表A.4 本書で用いた諸量のガウス単位系における値

物理定数	
光速	$c = 2.998 \times 10^8\,\mathrm{cm\ sec^{-1}}$
電気素量	$e = 4.803 \times 10^{-10}\,\mathrm{esu}$
万有引力定数	$G = 6.674 \times 10^{-8}\,\mathrm{cm^3\ g^{-1}\ sec^{-2}}$
プランク定数	$h_{\mathrm{P}} = 6.626 \times 10^{-27}\,\mathrm{cm^2\ g\ sec^{-1}}$
ボルツマン定数	$k_{\mathrm{B}} = 1.381 \times 10^{-16}\,\mathrm{cm^2 g\ sec^{-2}\ K^{-1}}$
電子質量	$m_{\mathrm{e}} = 9.109 \times 10^{-28}\,\mathrm{g}$
陽子質量	$m_{\mathrm{p}} = 1.673 \times 10^{-24}\,\mathrm{g}$
トムソン断面積	$\sigma_{\mathrm{T}} = \dfrac{8\pi e^4}{3m_{\mathrm{e}}^2 c^4} = 6.652 \times 10^{-25}\,\mathrm{cm^2}$
その他	
太陽質量	$1\,M_\odot = 1.989 \times 10^{33}\,\mathrm{g}$
年	$1\,\mathrm{yr} = 3.156 \times 10^7\,\mathrm{sec}$
パーセク	$1\,\mathrm{pc} = 3.086 \times 10^{18}\,\mathrm{cm}$
電子ボルト	$1\,\mathrm{eV} = 1.602 \times 10^{-12}\,\mathrm{erg}$
ジャンスキー	$1\,\mathrm{Jy} = 10^{-23}\,\mathrm{erg\ sec^{-1}\ cm^{-2}\ Hz^{-1}}$
ハッブル定数	$H_0 = 3.241 \times 10^{-18} h\,\mathrm{sec^{-1}}$
現在の臨界質量密度	$\rho_{\mathrm{cr0}} = \dfrac{3H_0^2}{8\pi G} = 1.878 \times 10^{-29} h^2\,\mathrm{g\ cm^{-3}}$

参考文献

　本文の内容に直接関連する文献はその都度注記したが，ここでは本書全般に関係の深い文献や，さらに学ぶ上で参考となり得る文献を紹介する.

　銀河団全般に関する内容を基礎過程まで含めて網羅した教科書は現状で本書以外に見あたらないが，主要なトピックスを抽出して解説した教科書としては以下がある.

- 谷口義明，岡村定矩，祖父江義明（編），『銀河 I』第 2 版（シリーズ現代の天文学 4），日本評論社（2018）
- J.S. Mulchaey, A. Dressler, A. Oemler（編），"Clusters of Galaxies"，Cambridge University Press（2004）
- C.L. Sarazin, "X-ray emissions from clusters of galaxies", Cambridge University Press（1988）

　2 章で解説した宇宙論と構造形成に関しては，本書よりも専門的な内容を扱った教科書が数多く出版されている．ここでは日本語で読むことができて比較的新しいものを挙げる.

- 松原隆彦，『現代宇宙論』，東京大学出版会（2010）
- S. ワインバーグ（著），小松英一郎（訳），『ワインバーグの宇宙論（上・下）』，日本評論社（2013）
- 二間瀬敏史，池内了，千葉柾司（編），『宇宙論 II』第 2 版（シリーズ現代の天文学 3），日本評論社（2019）

　3 章で解説した放射過程に関して，本書よりも広い範囲の天体現象を対象とした文献として以下がある.

- G.B. Rybicki, A. P. Lightman, "Radiative Processes in Astrophysics", Wiley（1979）
- M.S. Longair, "High Energy Astrophysics", 3rd edition, Cambridge University Press（2011）

- G.R. Blumenthal, R. J. Gould, Rev. Mod. Phys., 42, 237 （1970）
- 観山正見，野本憲一，二間瀬敏史（編），『天体物理学の基礎 II』（シリーズ現代の天文学 12），日本評論社（2008）

その他，4 章と 5 章で解説した内容を含めて，トピックスごとに代表的な教科書ないしレビュー論文を挙げる.

X 線分光： J. Kaastra, F. Paerels（編），"High-Resolution X-Ray Spectroscopy"，Springer（2011）；H. Böhringer, N. Werner, Astron. Astrophys. Rev., 18, 127（2010）

スニヤエフ–ゼルドビッチ効果： R.A. Sunyaev, Ya. B. Zel'dovich, Annu. Rev. Astron. Astrophys., 18, 537 （1980）；M. Birkinshaw, Phys. Rep., 310, 97 （1999）；T. Kitayama, Prog. Theor. Exp. Phys., 06B111 （2014）；T. Mroczkowski et al., Space. Sci. Rev., 215, 17 （2019）

重力多体系： J. Binney, S. Tremaine, "Galactic Dynamics", 2nd edition, Princeton University Press（2008）

重力レンズ効果： P. Schneider, J. Ehlers, E.E. Falco, "Gravitational Lenses"，Springer-Verlag（1992）；P. Schneider, C. Kochanek, J. Wambsganss, "Gravitational Lensing: Strong, Weak and Micro": Saas-Fee Advanced Course 33, Springer-Verlag（2006）；須藤靖，『もうひとつの一般相対論入門』，日本評論社（2010）

プラズマを含む流体力学： A. Raichoudhuri, "The Physics of Fluids and Plasmas"，Cambridge University Press（2008）；F.H. Shu, "Gas Dynamics", University Science Books（1992）；福江純，和田桂一，梅村雅之，『宇宙流体力学の基礎』（シリーズ宇宙物理学の基礎 1），日本評論社（2014）；坂下志郎，池内了，『宇宙流体力学』（新物理学シリーズ 30），培風館（1996）

衝撃波とコールドフロント： M. Markevitch, A. Vikhlinin, Phys. Rep., 443, 1 （2007）；Ya.B. Zel'dovich, Yu.P. Raizer, "Physics of Shock Waves and High-Temperature Hydrodynamic Phenomena"，Dover（1966）

電波ハローと電波レリック： L. Feretti, G. Giovannini, F. Govoni, M. Murgia, Astron. Astrophys. Rev., 20, 54,（2012）; R.J. van Weeren, F. de Gasperin, H. Akamatsu, M. Brüggen, L. Feretti, H. Kang, A, Stroe, F. Zandanel, Space Sci. Rev. 215, 16（2019）

相対論的粒子の加速： T.K. Gaisser, "Cosmic Rays and Particle Physics", 2nd edition, Cambridge University Press（2016）; M.S. Longair, "High Energy Astrophysics", 3rd edition, Cambridge University Press（2011）; G. Brunetti, T.W. Jones, Int. J. Mod. Phys., D23, 30007（2014）

ガス冷却と活動銀河核フィードバック： B.R. McNamara, P.E.J. Nulsen, Annu. Rev. Astron. Astrophys., 45, 117（2007）; A.C. Fabian, Annu. Rev. Astron. Astrophys., 50, 455 （2012）

銀河進化： C.J. Conselice, Annu. Rev. Astron. Astrophys., 52, 291（2014）; R. Maiolino, F. Mannucci, Astron. Astrophys. Rev., 27, 3（2019）

宇宙論パラメータの測定： S.W. Allen, A.E. Evrard, A.B. Mantz, Annu. Rev. Astron. Astrophys., 49, 409（2010）

索引

アルフアベット

Active Galactic Nuclei (AGN)
　→ 活動銀河核
Atacama Cosmology Telescope (ACT)
　212
Atacama Large Millimeter/submillimeter
　Array (ALMA)　　　　　　　11
Athena 衛星　　　　　　　　　213
cD 銀河　　　　　　　　　　　　3
Cosmic Microwave Background (CMB)
　→ 宇宙マイクロ波背景放射
eROSITA　　　　　　　　　　212
Hyper Suprime-Cam　　　　　212
$\log N$–$\log S$ 関係　　　　　　203
mass-sheet degeneracy　　　　171
NFW プロファイル 67, 168, 175
N 体計算　　58, 66, 138, 168, 214
Ω_{m} など　　　　→ 密度パラメータ
Prime Focus Spectrograph (PFS) 213
ROSAT 衛星　　　　8, 146, 212
σ_8　　　　　　　　　　　51
South Pole Telescope (SPT)　212
Square Kilometre Array (SKA)　214
SRG 衛星　　　　　　　　　212
SZ 効果　→ スニヤエフ–ゼルドビッチ
　効果
Vera C. Rubin Observatory (VRO,
　旧名 LSST)　　　　　　　213
Very Large Array (VLA)　10, 214
X 線　　8, 70, 86, 123, 135, 141, 183,
　198, 209, 212
　—スペクトル 87, 143, 187, 197,
　201, 210
X 線分光撮像衛星 (XRISM)　213

あ

アーク　　　　　　　　　　166

アーベル変換　　144, 154, 218
アインシュタイン
　—の A 係数　　　　　　　89
　—半径　163, 166, 169, 173
　—方程式　　　　　　17, 36
　—リング　164, 167, 173
あすか衛星　　　　　　　147
アブラハム–ローレンツ力　94
一般相対論　　　17, 156, 157
薄いレンズ近似　　　　　157
渦巻銀河　　　　　　3, 197
宇宙
　一様等方—　　17～35, 48
　平坦な—　40, 205, 208, 209
　—のエネルギー成分　　21
宇宙原理　　　　　　　　18
宇宙定数　　　　　　　　22
宇宙年齢　13, 76, 150, 190, 196
宇宙膨張　4, 19, 33, 39, 134, 211
　—の加速　　　　　→ 加速
宇宙マイクロ波背景放射　11, 17, 31～
　33, 117, 122, 130, 133
宇宙論パラメータ　22, 28, 145, 157,
　202, 241
エアリー
　—関数　　　　　　　　111
　—の微分方程式　　　　112
エイベル
　—カタログ　　　　　　7
　—半径　　　　　　　　7
音速　36, 41, 46, 138, 181, 184
温度関数　　　　　　　204
音波伝搬時間　　　137, 179

か

ガウス
　—関数　　　　　　　　96
　—単位系　　　　　→ 単位系
　—の超幾何関数　　　　40
　—の微分方程式　　　　40
　—分布　　　　　　62, 98

北山 哲 (きたやま・てつ)

1969年，さいたま市生まれ．
1998年，東京大学大学院理学系研究科物理学専攻博士課程修了．
博士(理学)．現在，東邦大学理学部物理学科教授．
2009-2017年，X線天文衛星ASTRO-H(ひとみ)サイエンスアドバイザー．
2017-2019年，JAXA宇宙科学研究所客員教授併任．
専門は，観測的宇宙論，銀河・銀河団の形成と進化．
2003年，第14回日本天文学会研究奨励賞受賞．
著書に，『宇宙と生命の起源』(分担執筆, 岩波ジュニア新書, 2004年)，『宇宙論II(第2版)』(シリーズ現代の天文学3)(分担執筆, 日本評論社, 2019年)がある．

銀河団
ぎん が だん

新天文学ライブラリー　第7巻
しん てん もん がく　　　　　　　だい　かん

発行日　　2020年9月15日　第1版第1刷発行

著　者　　北山 哲
発行所　　株式会社 日本評論社
　　　　　170-8474 東京都豊島区南大塚 3-12-4
　　　　　電話　03-3987-8621[販売]　03-3987-8599[編集]
印　刷　　三美印刷株式会社
製　本　　牧製本印刷株式会社
装　幀　　妹尾浩也

© Tetsu Kitayama 2020 Printed in Japan
ISBN978-4-535-60746-0

MA² シリーズ 現代の天文学 全18巻［第2版］

Modern Astronomy Series 2nd.Ed.

圧倒的な支持を得た旧版に、重力波の直接観測、太陽系外惑星など、
この10年のトピックスを盛り込んだ［第2版］刊行開始！

＊表示本体価格

日本評論社